区块链架构之美

从比特币、以太坊、超级账本看区块链架构设计

何昊 ◎ 编著

电子工业出版社
Publishing House of Electronics Industry
北京·BEIJING

内 容 简 介

本书由浅入深地介绍了比特币、以太坊和超级账本三个区块链平台的设计精华。除第 0 章导言外，全书还包含 10 章，按照区块链架构体系自底而上进行介绍。第 1 章介绍了区块链各模块所需要用到的密码学知识。第 2 章介绍了区块链中的 P2P 模块，揭示了区块链的网络结构。第 3 章介绍了区块链中的两种交易模型。第 4 章展示了如何使用 Solidity 编写智能合约。第 5 章从 EVM 的角度关注了智能合约的编译和执行。第 6 章讨论了区块链中的核心数据结构。第 7 章分别从公有链和联盟链两个方向介绍了二者所采用的共识算法和解决的问题。第 8 章围绕数字钱包技术介绍了如何生成私钥、存储私钥和保护私钥。第 9 章介绍了打通链上数据和链外数据的关键技术预言机。第 10 章从社区的角度介绍了公有链项目的标准制定流程和一些区块链标准。本书涵盖了区块链主流平台的新技术，可以帮助读者深入理解区块链的核心原理和设计思想，使读者不局限于某一平台，灵活运用区块链系统的设计思想。

未经许可，不得以任何方式复制或抄袭本书之部分或全部内容。
版权所有，侵权必究。

图书在版编目（CIP）数据

区块链架构之美：从比特币、以太坊、超级账本看区块链架构设计 / 何昊编著. —北京：电子工业出版社，2021.6
（高效实战精品）
ISBN 978-7-121-41265-3

Ⅰ. ①区… Ⅱ. ①何… Ⅲ. ①区块链技术 Ⅳ. ①TP311.135.9

中国版本图书馆 CIP 数据核字（2021）第 098876 号

责任编辑：董　英　　　　　特约编辑：田学清
印　　刷：三河市鑫金马印装有限公司
装　　订：三河市鑫金马印装有限公司
出版发行：电子工业出版社
　　　　　北京市海淀区万寿路 173 信箱　　邮编：100036
开　　本：787×980　1/16　印张：21　字数：407 千字
版　　次：2021 年 6 月第 1 版
印　　次：2021 年 6 月第 1 次印刷
定　　价：89.00 元

凡所购买电子工业出版社图书有缺损问题，请向购买书店调换。若书店售缺，请与本社发行部联系，联系及邮购电话：（010）88254888，88258888。
质量投诉请发邮件至 zlts@phei.com.cn，盗版侵权举报请发邮件至 dbqq@phei.com.cn。
本书咨询联系方式：（010）51260888-819，faq@phei.com.cn。

目录

- 第 0 章 导言 1
  - 0.1 区块链技术体系分类 2
  - 0.2 网络层 3
  - 0.3 共识层 4
  - 0.4 数据层 4
  - 0.5 智能合约层 5
  - 0.6 应用层 6
  - 0.7 本书目的 6
  - 0.8 阅读建议 7
  - 0.9 勘误和支持 7
  - 0.10 致谢 8
- 第 1 章 密码学基础 9
  - 1.1 基本元素 11
  - 1.2 对称加密 12
  - 1.3 非对称加密 13
  - 1.4 混合加密 14
  - 1.5 哈希算法 14
  - 1.6 数字签名 16
  - 1.7 可信通信 20
    - 1.7.1 TLS 协议 20
    - 1.7.2 双向认证 22
  - 1.8 ECDH 密钥协商 23
  - 1.9 身份验证 25
  - 1.10 数字证书 26
    - 1.10.1 数字证书结构 27
    - 1.10.2 数字证书类型 29

	1.10.3 数字证书编码	30
	1.10.4 简单应用	31
1.11	PKI 体系	32
1.12	证书链	34
1.13	可信执行环境	36

第 2 章 网络层 38

2.1	集中式网络	39
2.2	纯分布式网络	40
	2.2.1 Gossip 协议	41
	2.2.2 Gossip 协议流程	42
2.3	混合式网络	44
2.4	结构化网络	45
	2.4.1 Kademlia 算法原理	46
	2.4.2 K 桶	49
	2.4.3 K 桶的更新机制	50
	2.4.4 加入 Kad 网络	51
	2.4.5 定位节点	51
	2.4.6 以太坊中的 Kad 网络	52
2.5	RLP 编码	54
	2.5.1 RLP 编码定义	55
	2.5.2 RLP 编码规则	55
2.6	RLPx 子协议	57
2.7	Whisper 协议	60
	2.7.1 消息广播	61
	2.7.2 协议流程	64

第 3 章 交易模型 66

3.1	UTXO 模型介绍	67
	3.1.1 输入	69
	3.1.2 输出	70
	3.1.3 比特币脚本	71
3.2	账户模型	78
	3.2.1 外部账户	78
	3.2.2 合约账户	79
	3.2.3 世界状态	81

第 4 章 智能合约 83

4.1 Gas 85
4.1.1 Gas 支付 86
4.1.2 Gas 成本与 Gas 价格 86
4.1.3 Gas 成本限制和 Gas 耗尽 86
4.1.4 Gas 价格和交易优先顺序 87
4.1.5 区块 Gas 限制 87
4.1.6 Gas 限制 88
4.1.7 Gas 退款 88
4.1.8 GasToken 88
4.2 智能合约生命周期 88
4.3 以太坊高级语言简介 89
4.4 Remix 开发环境 90
4.5 Solidity 文件结构 94
4.5.1 版本标识 94
4.5.2 源文件导入 94
4.5.3 路径 95
4.5.4 注释 95
4.6 数据类型 96
4.6.1 变量 96
4.6.2 值类型 96
4.6.3 引用类型 99
4.6.4 数据位置 100
4.6.5 动态数组 102
4.6.6 映射 103
4.6.7 枚举 104
4.6.8 结构体 104
4.7 控制结构与表达式 105
4.7.1 构造函数与析构函数 106
4.7.2 函数参数 107
4.7.3 函数返回变量 107
4.7.4 作用域 108
4.7.5 函数调用 109
4.7.6 函数可见性 111

		4.7.7 函数装饰器	113
		4.7.8 回退函数	114
		4.7.9 错误处理及异常	115
	4.8	事件	117
		4.8.1 监听事件	117
		4.8.2 检索日志	118
	4.9	合约继承	119
		4.9.1 继承支持传递参数	120
		4.9.2 继承中的重名	121
		4.9.3 重写函数	123
		4.9.4 继承父类合约方法	125
		4.9.5 多继承与线性化	126
第5章	深入 EVM		128
	5.1	存储	132
		5.1.1 存储分类	132
		5.1.2 Hex 编码	135
	5.2	智能合约的 ABI	135
	5.3	编译 Solidity	136
	5.4	ABI 编码	140
		5.4.1 状态变量	140
		5.4.2 结构体	141
		5.4.3 布尔类型	142
		5.4.4 定长数组	144
		5.4.5 映射	144
		5.4.6 动态数组	147
		5.4.7 动态数组打包	149
		5.4.8 字节数组和字符串	150
		5.4.9 函数选择器和参数编码	151
	5.5	Solidity 汇编	152
		5.5.1 内联汇编	152
		5.5.2 基本语法	153
		5.5.3 操作码	153
		5.5.4 函数风格	156
		5.5.5 访问外部变量和函数	156

	5.5.6	汇编局部变量声明	157
	5.5.7	赋值	157
	5.5.8	条件判断与循环语句	158
	5.5.9	函数	160
	5.5.10	注意事项	161
	5.5.11	Solidity 惯例	161
	5.5.12	独立汇编	162
	5.5.13	EVM 中的事件与日志	162
5.6	跨合约调用	164
	5.6.1	call 和 callcode 异同	165
	5.6.2	callcode 和 delegatecall 异同	166
5.7	智能合约安全	167
	5.7.1	合约审计	168
	5.7.2	未来研究方向与改进思路	169
	5.7.3	漏洞分析	170

第 6 章 区块链核心数据结构 ... 176

6.1	交易结构		177
	6.1.1	AccountNonce	178
	6.1.2	Price	179
	6.1.3	Recipient	179
	6.1.4	Amount	180
	6.1.5	Payload	180
	6.1.6	V. R. S	180
6.2	交易池		181
6.3	交易回执		183
6.4	区块		187
	6.4.1	区块结构	188
	6.4.2	区块存储	192
	6.4.3	创世区块	192
	6.4.4	区块广播	193
	6.4.5	区块扩容	194
6.5	默克尔树与轻节点		196
	6.5.1	默克尔树	196
	6.5.2	轻节点	197

6.5.3 布隆过滤器.. 199
6.6 字典树.. 201
6.7 MPT 树... 204
  6.7.1 MPT 树持久化.. 206
  6.7.2 安全的 MPT 树.. 209
  6.7.3 持久化 MPT 树.. 209
  6.7.4 MPT 树应用.. 209
6.8 Bucket 树.. 211

第 7 章 共识算法.. 216

7.1 分布式系统模型.. 217
  7.1.1 分布式系统中的网络模型............................ 217
  7.1.2 分布式系统中的故障模型............................ 218
7.2 FLP 和 CAP 定理.. 219
  7.2.1 FLP 定理.. 219
  7.2.2 CAP 定理... 219
7.3 比特币共识.. 222
  7.3.1 比特币清算.. 223
  7.3.2 难度调整... 224
  7.3.3 出块时间调整.. 225
  7.3.4 算法原理... 225
  7.3.5 压缩算法... 225
  7.3.6 难度计算... 226
  7.3.7 算力.. 227
  7.3.8 铸币交易... 227
  7.3.9 算力单位... 228
  7.3.10 矿池收益... 228
  7.3.11 矿池.. 228
  7.3.12 全网算力... 229
  7.3.13 区块确认... 229
7.4 以太坊共识.. 230
  7.4.1 Dagger... 230
  7.4.2 Hashimoto.. 231
  7.4.3 Dagger-Hashimoto.................................... 232
  7.4.4 Ethash... 232

7.5	以太坊 Ghost 协议	243
7.6	公有链激励	248
	7.6.1 公有链共识与激励相容	248
	7.6.2 矿池利益分配	248
	7.6.3 挖矿风险	251
7.7	联盟链共识	253
7.8	Raft 算法	254
	7.8.1 复制状态机	254
	7.8.2 算法流程	255
	7.8.3 领导者选举	256
	7.8.4 选举流程	257
	7.8.5 日志复制	258
	7.8.6 领导者选举安全性	258
	7.8.7 候选者和跟随者安全性	260
	7.8.8 可用性	260
	7.8.9 增删节点	261
	7.8.10 配置变更流程	262
	7.8.11 日志压缩	263
7.9	实用拜占庭容错算法	264
	7.9.1 算法容错	265
	7.9.2 算法流程	266
	7.9.3 日志压缩	267
	7.9.4 视图切换	268
	7.9.5 主动恢复	269
	7.9.6 增删节点	271
7.10	共识算法的新进展	272

第 8 章 数字钱包 ... 275

8.1	确定性钱包	276
8.2	分层确定性钱包设计	278
	8.2.1 主密钥生成	280
	8.2.2 HCKD 函数	281
	8.2.3 节点派生路径	283
8.3	助记词	285
	8.3.1 助记词生成	285

	8.3.2 恢复种子	287
8.4	硬件钱包	288
8.5	双离线支付	289

第 9 章 预言机 292

9.1	预言机基本原理	293
9.2	预言机的起源与发展	295
	9.2.1 可信预言机	296
	9.2.2 奶酪模型	296
9.3	理想预言机	298
9.4	去中心化系统的弱点	299
9.5	去中心化预言机项目	301
	9.5.1 ChainLink	301
	9.5.2 Witnet	307
9.6	数据聚合方式	309
9.7	预言机面临的挑战	311

第 10 章 区块链标准 315

10.1	比特币标准	316
	10.1.1 BIP 的需求	316
	10.1.2 BIP 的剖析	317
	10.1.3 多种类型的 BIP	318
10.2	以太坊标准	321
10.3	金融分布式账本技术安全规范	324
10.4	区块链服务网络	325

读者服务

微信扫码回复：41265

- 获取作者提供的各种共享文档、线上直播、技术分享等免费资源
- 加入本书读者交流群，与作者互动
- 获取博文视点学院在线课程、电子书 20 元代金券

第 0 章
导言

　　区块链采用的是去中心化的组织形式,整个系统非常扁平化,不存在中心化的权威机构或层级管理机构,通过分布式节点间博弈来达到整个系统的自适应,确保了系统整体的稳定性。目前普遍认为区块链是一种"颠覆性"的新兴技术,其最大的创新性在于重建了弱信用主体间的信用体系,从而避免了之前依赖中心化的具有高信用的中介机构的方式。这种重建信用体系的方式并不基于个人或权威机构,而基于共识算法和密码学,具有公开、透明的特点。

　　区块链可以帮助建立全球的去中心化信用体系,让价值传递可以像互联网中的信息传递一样便捷,基于这样的方式可以重建新型的经济生态体系。以金融行业的清算和结算业务为例,传统中心化的数据库无法解决多方互信问题,每个参与方都需要独立维护一个承载自己业务数据的数据库,这些数据库实际上是一座座信息孤岛,清结算过程需要耗费大量人力,目前清结算周期最快也需要按天来计。如果存在一个多方参与者一致信任的数据库,就可显著降低人工成本,并缩短清结算周期。

大多数人因为加密货币开始关注区块链，特别是公有链。就比特币系统或以太坊来说，数字货币是区块链中显而易见的要素，但是我更希望可以将区块链看作一种去中心化的信息系统基础设施。大量的计算设备通过网络连接在一起，它们对自身信息的释放和记录都遵从相同的操作，并且可以通过一些密码学的操作来进行验证。

区块链目前被业界认为是引发产业革命的核心要素之一，拥有去中心化、去中介化、极难篡改、可追溯和安全可靠的特点。区块链技术的发展前景及其对社会带来的深刻影响已经获得了广泛认可。本书将从技术角度分析区块链中的关键技术原理。

看目录只能了解区块链的各个组成部分，对各个部分解决的问题及其相互之间的联系仍然无法探查，容易只见树木，不见森林。本章的作用是对全书内容进行梳理，带大家先鸟瞰整个系统，知道区块链的全貌与各模块间的关联后再深入探索其中细节。

0.1 区块链技术体系分类

业界一般按照区块链中心化程度将区块链划分为公有链、联盟链和私有链三种。

公有链通常对加入网络的节点没有限制，节点可以自由地加入或退出网络，每个节点具有平等的权利参与到整个区块链平台的运行中。公有链的区块链网络采用分布式、去中心化的组织结构。正是由于这种组织结构的灵活性，公有链对网络扩展能力和共识算法的稳健性提出了更高的要求。在公有链中所有节点共享整个区块链的账本，这无疑对区块链的隐私性和安全性构成了巨大的挑战。公有链对节点进行一定的正向激励，促使节点持续地维护区块链网络，为整个网络的可持续运行做出贡献。比特币系统和以太坊是典型的公有链。

联盟链弱化了公有链去中心化的特性，做到了部分中心化或多中心化，因此，具有更好的性能和更低的维护成本，能更好地满足企业对于区块链平台的期许。联盟链中的节点通常分属于不同的组织或联盟，想要加入其中的节点需要获得中心化或权限较高节点的授权，区块链的维护规则需要由联盟链的参与方协调定制。联盟链适用于范围小、数据交换频繁的组织间共享数据或服务的应用场景，如跨境汇款结算业务。超级账本是典型的联盟链。

私有链是一种中心化满足特定需求的区块链，它不用开放接口对外提供服务或选择性地开放少许接口。其重点是满足组织内部的数据管理和业务审计的需求。

本书通过比特币系统、以太坊和超级账本三个典型的区块链的经典技术来讲解区块链的核心技术原理,以及三者在不同技术背景和应用场景下的技术选择。

区块链架构体系对比如图 0-1 所示。

		比特币系统	以太坊	超级账本
应用层		比特币交易	DApp/以太币交易	企业级区块链应用
智能合约层	编程语言	Script	Solidity/Serpent	Go/Java
	沙盒环境	/	EVM	Docker
数据层	数据结构	Merkel树/区块链表	Merkle Patricia树/区块链表	Bucket树/区块链表
	数据模型	基于交易的模型	基于账户的模型	基于账户的模型
	区块存储	文件存储	LevelDB	文件存储
共识层		PoW	PoW/PoS	PBFT/SBFT
网络层		TCP-based P2P	TCP-based P2P	HTTP/2-based P2P

图 0-1 区块链架构体系对比

0.2 网络层

区块链里没有"中心"的概念。对于区块链体系结构来说,P2P 网络处于区块链的最底层。区块链网络的 P2P 协议主要用于节点间的通信,将分布在不同地理位置的节点通过 P2P 协议连接起来,节点间传输的内容主要是交易数据和区块数据。在区块链网络中,节点时刻监听网络中广播的数据,当接收到相邻节点发来的新交易和新区块时,节点首先会验证这些新交易和新区块是否有效,有效的条件包括交易中的数字签名、区块中的工作量证明等,只有通过验证的新交易和新区块才会被处理(新交易被加入正在构建的区块中,新区块被链接到区块链)或转发,以防止无效数据的继续传播。网络中的任意一个全节点,都可以根据它们对网络中其他交易的掌握情况来对外提供服务。

0.3 共识层

分布式共识打破了传统模式中的集中式共识，分布式共识采用一个中央数据库来检索交易并确认交易的有效性。分布式共识将权力和信任关系转移到了分布式的网络中，并且允许网络中的节点持续地将交易记录在公开的区块中，通过密码学的手段将区块进行串联，最终形成区块链这样的链式结构，从而保证记录的安全可靠。除分布式共识外，共识层还要保证分布式网络中节点的一致性。保证网络中节点一致性的算法决定了提交交易的方式，是分布式系统对外提供服务的必要保证。

去中心化的区块链由多方共同管理维护，其网络中的节点可由任意一方提供。当网络缺乏准入机制时，部分节点并不可信，因此需要可以容忍更多异常情况的共识算法，如拜占庭容错（Byzantine Fault-Tolerant，BFT）算法。超级账本（Hyperledger Fabric）添加了准入机制，只有被授权的节点才能加入网络，因此，它采取更高效的、不支持容忍拜占庭错误的 Raft 算法。但是在公有链场景下，并没有节点准入机制，并且节点数远远高于联盟链场景数，这导致超级账本并不适用 BFT 算法。为了解决节点自由进出可能带来的女巫攻击（Sybil Attack）问题，比特币系统使用了工作量证明（Proof of Work，PoW）机制。PoW 机制是一种基于哈希函数的工作量证明算法。比特币系统要求只有完成一定计算工作量并提供证明的节点才可生成区块，每个网络节点利用自身计算资源进行哈希运算以竞争区块记账权，只要全网可信节点所控制的计算资源高于 51%，即可证明整个网络是安全的。

> 女巫攻击是指攻击者通过创建大量的匿名身份来破坏网络服务的信誉系统，并且使用这些匿名身份获得不成比例的巨大影响力。

0.4 数据层

区块链作为一个分布式系统用于解决特定场景的一些问题，从本质来看，区块链是一个"状态机"。从技术角度来看，状态是指一个事物在某一特定的时间点所保存的信息。状态机是指记录某一时刻事物所处状态的机器或设备。给定某些输入，状态机的状态可能会发生改变，同时状态机会对这些发生改变的状态提供相应的输出，对于区块链这种状态机来说，这些输出可以看作是不可改变的。

比特币系统、以太坊和超级账本在区块链数据结构、数据模型和数据存储方面各有特色。在数据模型的设计上，比特币系统采用了基于交易的模型，每笔交易由表明花费来源的输入和表明花费去向的输出组成，所有交易通过输入与输出链接在一起，因此每一笔交易都可追溯。以太坊与超级账本需要支持功能更为丰富的通用应用，因此采用了基于账户的模型，可基于账户快速查询当前余额或应用状态。

在数据存储的设计上，因为区块链数据类似于传统数据库的预写式日志，因此通常按日志文件格式存储。由于系统需要大量基于哈希值的键值检索（如基于交易哈希值检索交易数据、基于区块哈希值检索区块数据），索引数据和状态数据通常存储在键值数据库中，如比特币系统、以太坊和超级账本都用 LevelDB 存储索引数据。

0.5 智能合约层

智能合约是一种用算法和程序来编制合同条款的部署在区块链上且可按照规则自动执行的数字化协议。早期由于计算条件的限制和应用场景的缺失，智能合约并未受到研究者的广泛关注，直到区块链技术出现之后，智能合约才被重新定义。区块链实现了去中心化的存储，智能合约在其基础上实现了去中心化的计算。

比特币脚本是指嵌在比特币交易上的一组指令，由于指令类型单一，实现功能有限，其只能算作智能合约的雏形。以太坊提供了图灵完备的脚本语言 Solidity 和 Serpent，并且提供了沙盒环境以太坊虚拟机（Ethereum Virtual Machine，EVM）供用户编写和运行智能合约。超级账本的智能合约被称为链码（Chaincode），它选用 Docker 容器作为沙盒环境，Docker 容器中带有一组经过签名的基础磁盘映像及 Go 与 Java 语言的运行环境和 SDK，以运行 Go 与 Java 语言编写的链码。本书只对比特币脚本和 Solidity 语言进行相关介绍。

0.6 应用层

对于应用开发者来说，区块链作为一个底层平台有着不同的应用程序编程接口（API），包括合约调用接口和网络通信接口。通过这些接口，应用开发者可以开发出一种全新的去中心化和加密安全的应用。

比特币平台上的应用主要是基于比特币的支付应用。以太坊除支持基于以太币的数字货币外，还支持去中心化应用（Decentralized Application，DApp）。超级账本是主要面向企业的区块链平台，并没有提供数字货币相关的功能。基于超级账本的应用可使用 Go、Java、Python、Node.js 等语言的 SDK 来进行构建，并通过 gPRC 或 REST 接口与运行在超级账本节点上的智能合约进行通信。

简单来说，网络层保证了节点连通，共识层保证了节点间数据的一致性，数据层高效地组织了区块链中的各种数据，智能合约层由用户定义了一套规则用于产生符合具体逻辑的数据，应用层被用来对外提供各种服务。

本书的章节划分基本按照如图 0-1 所示的区块链架构体系展开，并且增加了对不同架构体系优劣势的探索与分析。

0.7 本书目的

目前，区块链技术方面的图书大多停留在区块链的介绍或应用层开发上。本书希望可以更多地从区块链设计的角度出发，自底而上地揭示区块链各个模块的结构和特点。

本书主要涉及三个著名的区块链平台，分别是比特币、以太坊和超级账本，但又不局限于某一个平台。每一个平台都有其希望解决的问题和愿景，不同平台面临的问题不同自然会有不同的取舍。本书希望读者能了解这些取舍背后的原因，在阅读时能发出"哦，原来区块链是这样设计的"感叹。

0.8 阅读建议

本书大体按照区块链架构体系自底而上进行介绍。第 1 章介绍了区块链各模块所需要用到的密码学知识。第 2 章介绍了区块链中的 P2P 模块，揭示了区块链的网络结构。第 3 章谈及了区块链中的两种交易模型。第 4 章展示了如何使用 Solidity 编写智能合约。第 5 章从 EVM 的角度关注了智能合约的编译和执行。第 6 章讨论了区块链中的核心数据结构。第 7 章分别从公有链和联盟链两个方向介绍了二者所采用的共识算法和解决的问题。第 8 章围绕数字钱包技术介绍了如何生成私钥、存储私钥和保护私钥。第 9 章介绍了打通链上数据和链外数据的关键技术预言机。第 10 章从社区的角度介绍了公有链项目的标准制定和一些区块链标准。

0.9 勘误和支持

本书介绍了区块链的多个核心模块的技术细节，但是随着区块链技术的飞速发展，越来越多的功能和模块被加入区块链中，本书不可能面面俱到。但是我希望本书可以与时俱进，通过不断地修订，尽可能地把新的内容添加进来，因此欢迎区块链爱好者、从业者、区块链技术专家给本书提一些意见和建议。

本书在写作的过程中参考了大量的期刊、论文和网络公开内容，并且引用了一些区块链专家在不同新闻媒体或网络平台刊登的内容。对于被引用的内容，我尽量与各位专家进行了沟通，并且获得了同意，如 Nerthus 区块链前 CTO、电子书《以太坊技术与实现》的作者虞双齐，并且获得了深入浅出区块链社区的大力支持。本书每章均有参考资源（见博文视点网站），尽量包含了所引用参考的资源，但是仍有部分可能遗漏，如果在阅读本书的过程中发现有类似内容请与我联系，我会在修订版中增加引用的出处。同时，如果发现内容上的错误，请务必与我联系，以便及时修正。

0.10 致谢

本书的产出过程是一个顺其自然的过程。

我在 2017 年开始接触区块链,那时候,国内关于区块链的资料还非常少,社区论坛更多的还在普及区块链的概念和关于代币的知识,深入探讨区块链本身技术原理的文章资料几乎没有。本着程序员对技术的好奇,我从国外的技术论坛入手逐步研究起了区块链的底层技术原理,没想到这竟然影响了我后面的职业生涯。从 2018 年开始至今,我全职从事区块链底层平台的研发工作。对技术的敏感性让我尽早地进入了这个工作中,但是过于专注技术也让我错失了很多机会。

开始的时候,我只是把学习的知识总结成自己的学习笔记,发表在个人博客和一些技术社区中。随着时间的推移,总结了四十余篇。后来受到虞双齐老师所著的《以太坊技术与实现》电子书的启发,我把这些学习笔记润色了一下,系统性地整理成电子书《区块链架构之美——从比特币、以太坊、超级账本看区块链架构设计》放在了我的 GitHub 上。随着电子版内容的不断完善、体系化,出书就是一个顺其自然的过程了。

当然,这只是一个开始。尽管我觉得电子书已经足够完善,但是要达到出版的程度还需要付出更多的努力。区块链领域的迭代如此之快,新概念层出不穷。每当深入细节时就会有很多盲区,只有在源码中才能探得究竟,这个过程远比写博客文章有更多的挑战。

在本书的写作过程中,很多朋友给本书提出过中肯的建议,并且在每章完成后帮忙审阅内容。例如,蚂蚁区块链的杨攀、目前在区块链领域自主创业的曹力,以及在达摩院做共识算法的盖方宇等。还有很多对本书提供帮助的朋友,无法一一列举。此外,本书的写作离不开妻子许叶的支持,每当写作到深夜时,她总能变戏法般地给我准备好丰盛的宵夜。她凭借作为律师的文字功底,也帮我修改了很多表述方面的问题。

最后,非常感谢董英老师跟进本书的出版进度,以及腾讯云区块链产品中心给予我很好的成长环境。

第 1 章

密码学基础

区块链技术最初由中本聪在论文《比特币：一种点对点的电子现金系统》中提出，区块链技术作为比特币的底层技术，本质上是一个去中心化的数据库，是指通过去中心化和去信用化的方式集体维护一个可靠数据库的技术方案。

区块链技术是一种不依赖第三方，通过自身分布式节点进行网络数据的存储、验证、传递和交换的技术方案。因此，有人从金融会计的角度，把区块链技术看作一种分布式开放性去中心化的大型网络记账薄，任何人在任何时间都可以采用相同的技术标准加入自己的信息，延伸区块链，持续满足各种需求带来的数据录入需要。

通俗来说，区块链技术是指一种全民参与的记账方式。在区块链系统中，系统中的每个人都有机会参与记账。在一段时间内，如果有任何数据发生变化，那么系统中的每个人都可以通过记账的方式将这种变化记录下来，系统会评判这段时间内记账最快、最好的人，把他记录的内容写到账本上，并将这段时间内新增的账本内容发给系统内其他人进行备份，这样系统中的每个人都拥有了一份完整的账本，这种方式，我们就称它为区块链技术。

区块链技术被认为是互联网发明以来极具颠覆性的技术创新，它依靠密码学和数学巧妙的分布式算法，在无法建立信任关系的互联网上，无须借助任何第三方中心化机构的介入就可以使参与者达成共识，以极低的成本解决了信任与价值的可靠传递难题。

从区块链的形成来看，区块链具有如下特点。

- 去中心化，无须第三方介入即可实现人与人之间点对点的交易和互动。
- 信息不可篡改，数据信息一旦被写入区块中就极难更改撤销。例如，比特币交易信息被写入比特币系统中，任何人几乎都不能再对其进行更改。
- 公开透明，在极短时间内，区块信息会被发送到网络中的所有节点，实现全网数据同步，每个节点都能回溯交易双方过去的所有交易信息。
- 去信用化，区块链使用的非对称加密技术可实现去信用化，节点之间无须信任也可以进行交易。

本书将从基本的密码学知识开始，从 P2P 网络、智能合约到共识机制逐步介绍构建出值得信赖的价值网络所用到的技术原理。

中本聪撰写的《比特币：一种点对点的电子现金系统》对密码学在区块链系统中的作用有着很好的诠释：用户的账户或资产在区块链上使用密码学中数字签名算法的公钥进行表示，拥有这个公钥对应私钥的人就对相应的账户或资产拥有控制权。当数字资产的所有者需要使用这些资产，转移给下一个拥有者时，需要使用私钥对整个交易进行数字签名，区块链的其他参与节点通过公钥验证数字签名合法性的方式，确认该次转账是否经过资产所有者的授权。

例如，在以太坊中，智能合约的地址采用 SHA3 算法生成，在存储合约状态时也用到了 SHA3 算法，可以说密码学知识已经渗透到了区块链的方方面面。本章不会深入挖掘各个算法的具体实现，只讲在区块链系统中会面临哪些问题，利用密码学知识如何解决这些问题。

> SHA3（Secure Hash Algorithm 3）是第三代安全散列算法，该算法最开始被称为 Keccak，后来在 2015 年 8 月更名为 SHA3。

从区块链整体结构来看，通过本章可以了解如何在节点间建立一个安全的物理连接，保证节点间数据的可信传输，这是区块链信任机器的基石，同时为后面章节涉及密码学的技术做铺垫。

想象一下,如果我们不采用任何技术手段,在一条不加密的网络链路上传输信息可能会面临哪些问题呢?

- 窃听风险:黑客可能监听双方的通信链路,偷听双方的通信内容。
- 篡改风险:黑客可以随意修改双方的通信内容,使得双方无法正确地传递信息。
- 冒充风险:黑客可以冒充任意一个人的身份参与通信。

可以看到,如果在一条不加密的网络链路上通信是无法保证信息的可靠传输的,在此基础上建立的应用也就没有可信之说。为了解决上面的三个问题,我们需要一个密码体系。

1.1 基本元素

通常一个密码体系由一个五元组组成,这个五元组的构成如下。

- 明文 M:原始数据,待加密的数据。
- 密文 C:对明文 M 进行一定变换或伪装后得到的输出。
- 密钥 K:加密或解密中所使用的专门工具。
- 加密 E:将明文 M 通过密钥 K 变换或伪装得到密文 C 的过程。
- 解密 D:将密文 C 还原成明文 M 的过程。

一个密码体系的构建是基于这个五元组{ M,C,K,E,D }的,无论是比特币,还是以太坊千亿美元市值的数字货币都是基于这个密码体系的,甚至整个区块链系统都是基于这个密码体系展开的。

需要特别注意的是,并非所有加密算法的安全性都可以在数学上得到证明。目前被大家公认的高强度加密算法,以及其具体实现往往经过长时间和各方面充分实践和论证后,才被大家认可,但是并不代表其不存在漏洞。因此自行设计和发明未经大规模验证的加密算法是一种不太明智的行为,即使不公开算法的加密过程,也很容易遭到破解,无法在安全性上得到保障。

实际上,密码学安全是通过算法依赖的数学问题来进行保密的,不是通过对算法实现的过程来进行保密的。

在后续内容中，我们将会讨论多种加密方法及其在区块链中的应用场景。在讨论密码学的时候，为了方便起见，通常会使用 Alice 和 Bob 这两个名字。这两个名字是 Ron Rivest 在 1977 年介绍 RSA 密码系统的论文中被首次使用的。此后，又有一些其他的名字加入了密码学相关的讨论，如将一个具备窃听能力的攻击者命名为 Eve，并将另一个能妨碍网络流量的攻击者命名为 Mallory。

1.2 对称加密

对称加密（Symmetric Encryption）算法是一种混淆算法，能够让数据在非安全信道上进行安全通信。对称加密是指进行明文到密文加密时所使用的密钥和进行密文到明文解密时所使用的密钥是相同的。例如，当 Alice 需要向 Bob 发送一些加密消息时，需要先向 Bob 请求获得密钥 K，当 Alice 获得密钥 K 后就可以使用密钥对消息加密，当加密后的消息发送给 Bob 后，Bob 同样需要使用密钥 K 进行解密。只要 Alice 和 Bob 能保证密钥 K 的安全，那么他们就可以一直安全地通信，整个过程如图 1-1 所示。

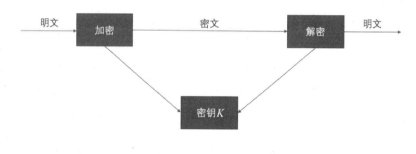

图 1-1 对称加密

对称加密的优点是加密速度快，保密强度高，适用于对大量数据进行加密的场景。但是由于双方使用相同的密钥，密钥的传输和管理成为一个很大的问题，如果传输过程不安全，密钥就无法可靠地传递，只能通过其他方法进行交换，如邮件、电话、短信等，可是这些通信方式是否可靠还有待商榷。为了解决这个问题，一般需要借助基于椭圆曲线的迪菲-赫尔曼密钥交换（Elliptic Curve Diffie–Hellman key Exchange，ECDH）协议来完成密钥分发。

在对称加密中，每一对发送者和接收者都需要使用一个共同密钥，于是在区块链这种拥有大量节点、需要大规模通信的网络中会产生大量的密钥，这无疑会极大增加节点管理密钥的负担。

> 对称加密代表算法：DES、AES、SM4。

1.3 非对称加密

非对称加密是指进行明文到密文加密和进行密文到明文解密时使用不同的密钥。非对称加密算法在使用前首先要生成公私钥对，一个用于加密，另一个用于解密，其中用于加密的密钥可以公开，称为公钥（Public Key），用于解密的密钥需要严格保存不能公开，称为私钥（Private Key）。

例如，当 Alice 向 Bob 请求公钥时，Bob 将公钥发送给 Alice。Alice 获得公钥后使用公钥对消息加密，对于加密后的消息，只有加密公钥所对应私钥的持有者才能解密消息，在这里也就是私钥的拥有者 Bob。Alice 使用获得的公钥将消息加密后发送给 Bob，然后 Bob 用自己的私钥进行解密，获得原始信息。与对称加密不同的是，Bob 不需要将私钥通过网络发送出去，因此安全性大大提高。非对称加密如图 1-2 所示。

图 1-2　非对称加密

非对称加密解决了对称加密中密钥传输难的问题，降低了密钥管理的难度，通信双方不需要建立一个安全的信道即可进行密钥的交换，但这样产生了新的问题。

非对称加密的加解密速度慢于对称加密，不适合大量数据需要加解密的场景，性能相对较差。同时因为公钥公开，如果有人用公钥加密数据发送给接收者，接收者是无法判断发送者身份的。

> 非对称加密代表算法：RSA、椭圆曲线算法（ECC）、SM2。

1.4 混合加密

混合加密同时使用了对称加密和非对称加密，对称加密的一个很大问题是通信双方如何将密钥传输给对方，为了安全，一般采用带外传输。也就是说，如果加密通信是在网络中进行的，那么密钥的传输就需要通过其他途径，如邮件、短信等，即使如此也很难保证密钥传输的安全性。非对称加密的最大优点是事先不需要传输密钥，但是加解密速度慢，因此在实际应用中，通常采用混合加密，首先通过非对称加密交换对称加密所需的密钥，然后在后续的通信中，双方使用交换后的密钥对消息进行加密和解密。

1.5 哈希算法

哈希（Hash）算法又常称为指纹（Fingerprint）或摘要（Digest）算法，是非常基础也非常重要的一种算法。哈希算法可以将任意长度的二进制明文映射为较短的（通常是固定长度的）二进制串（哈希值），并且不同的二进制明文很难映射为相同的二进制串。

消息摘要是指采用单向哈希函数将需要计算摘要的数据提取摘要后生成一串固定长度的密文，这一串密文又称为数字指纹。数字指纹有固定的长度，并且不同的明文提取摘要生成的密文结果总是不同的，但是同样的明文产生的摘要是一致的。由于生成摘要的明文没有任何限制，但是得到的摘要却是定长的，因此必然有一些明文会产生相同的摘要，这种现象称为"碰撞"。为了避免这种情况的产生，哈希函数必须具备很好的抗碰撞性，这意味着在现有的计算资源（包括时间、空间、资金等）下，找到一个碰撞是不可行的。

消息摘要算法有一个特性，就是在输入消息的过程中，如果消息发生了细微的改变，如改变输入消息二进制数据中的一位，最后都会导致输出结果大相径庭。因此，消息摘要算法对于检测消息或密钥等信息对象中的微小变化非常有用。从中可以归纳出消息摘要算法的如下三个特点。

- 消息摘要算法的输入长度是任意的，输出长度是固定的。
- 对消息摘要算法给定输入，计算输出是很容易的。
- 给定消息摘要算法 H，找到两个不同的输入，输出为同一个值在计算上不可行。
- 常见的消息摘要算法：MD5、SHA、SHA256、SHA512、SM3 等。

在本书中，经常会看到 SHA256 这个消息摘要算法，这个算法是在比特币系统和以太坊中大量使用的消息摘要算法。SHA256 对任意的输入产生定长的 32B，256bit 的输出，为了更方便地展示，一般采用 Hex 编码的方式来对结果进行编码。以 123 为例，对其使用 SHA256 计算后，用 Hex 编码得到的结果是 a665a45920422f9d417e4867efdc4fb8a04a1f3fff1fa07e998e86f7f7a27ae3。

消息摘要算法并不是一种加密算法，不能用于对信息的保护，但是消息摘要算法常用于对密码的保存。例如，用户登录网站需要通过用户名和密码来进行验证，如果网站后台直接保存了密码的明文，一旦发生了数据泄露，后果不堪设想，因为大多数用户都倾向于在多个网站使用相同的密码。为了避免这种情况的出现，可以利用哈希算法的特性，网站后台不直接保存明文密码，而保存用户密码的哈希值，这样当用户登录时比较密码最终的哈希值即可，如果一致，则证明登录密码是正确的，即使发生了数据泄露也很难根据单向哈希值推算出用户原始的登录密码。

但是，有时因为用户口令的强度太低，只使用一些简单的字符串，如 123456，攻击者可以通过对这些口令提前计算哈希值，得到口令和哈希值的一种映射关系来达到破解的目的。为了提高安全性，网站一般会通过加盐（Salt）的方式来计算哈希值，不直接保存用户密码的哈希值，而将密码加上一段随机字符（盐）再计算哈希值，这样把哈希值和盐分开保存可以极大地提高安全性。

消息摘要算法可以用于验证数据的完整性，但仅在数据的摘要与数据本身分开传输的情况下可以验证。否则攻击者可以同时修改数据和摘要，从而轻易地避开检测。消息验证码（Message Authentication Code，MAC）或密钥哈希值（Keyed Hash）是增加了身份验证来扩展摘要函数的密码学函数，只有拥有了摘要密钥，才能生成合法的 MAC。

MAC 通常与密文一起使用。加密通信可以确保通信的机密性，却无法保证通信消息的完整性，如果攻击者 Mallory 的能力非常强大，以至于可以修改 Alice 和 Bob 通信中的密文，他就可以诱导 Bob 接收并相信伪造的信息。但是，当 MAC 和密文一起发送时，Bob 就可以确认收到的消息未遭到篡改。

任何消息摘要算法都可以作为 MAC 的基础，其中一个基础是基于摘要的消息验证码（Hash based Message Authentication Code，HMAC）。HMAC 的本质是将摘要密钥和消息以一种安全的方式交织在一起的函数。在本书的第 8 章数字钱包章节中可以看到 HMAC-SHA512 这样的消息验证码，它表明基于摘要的消息验证码是以 SHA512 摘要函数为基础的。

1.6 数字签名

在现实世界中，在文件上手书签名已经长期被用作原作者的证明，或者用来表示同意文件所列的条款。签名所代表的不可辩驳的事实有以下几点。

- 签名是不可伪造的，签名是签名者慎重签在文件上的证明。
- 签名是可信的，签名使文件的接收者相信文件已由签名者慎重签名。
- 签名是不可再用的，签名是文件的一部分，不择手段的人不能把签名移到不同的文件上。
- 签名文件是不可改变的，文件签名后内容就不能发生改变。
- 签名是不可否认的，签名和文件是一个物理事件，签名者以后不能宣布自己没签名。

实际上，上面所述事实没有一个完全是真的，因为难以检测签名是否被伪造或被复制。文件在签名后可以篡改，甚至有时候签名者在不知情的情况下，被欺骗完成了对文件的签名，但是考虑到这些欺骗的困难程度和被检测发现后造假者所需承担的责任，我们仍愿接受这些威胁，相信签名是原作者的证明。

要想在计算机上签名，有很多问题需要解决。首先，数字信息容易复制，在计算机中把一个文件的有效签名信息移动到另一个文件中非常容易，传统方式的签名毫无意义。其次，签名后仍然容易修改文件，并且可以不留下任何修改的痕迹。

因此，我们需要一种方法可以将签名者的身份信息绑定到代表文档的整个二进制数据上，并且该操作不可撤销，这种方法就是数字签名。

数字签名（Digital Signature，又称公钥数字签名）的功能和我们在纸质文件上的签名类似，但是使用了公钥加密领域的技术，是一种用于鉴别数字信息真伪的方法。一套数字签名通常会定义两种互补的运算，一种用于签名，另一种用于验证。通常来说，私钥用来签名，签名后的消息表示签名者对该消息的内容负责，公钥用来验证签名的正确性。数字签名使用了消息摘要和非对称加密技术，可以保证接收者能够核实发送者对消息的签名，发送者事后不能抵赖对消息的签名，接收者不能篡改消息内容或伪造对消息的签名。

假设 Alice 向 Bob 发送一条消息，Alice 首先对消息生成一个消息摘要，生成消息摘要后对该消息用私钥进行签名并将签名信息附带在消息的最后，然后将消息和签名发送给 Bob。Bob 收到消息后用同样的算法生成消息摘要，然后拿 Alice 的公钥验证这个消息摘要，验证通过则表明消息确实是 Alice 发来的。Alice 的公钥可以放在网站上让大家获得，或者发邮件告知大家。通过数字签名可以确保三点：①确认信息是由签名者发送的；②确认信息从签发到接收没有被修改过，包括传输中的中间人修改；③确认信息在传输过程中没有发生丢失。

数字签名的全过程分为两部分，即签名与验证，验证的过程与签名的过程类似。以下列举了数字签名的步骤。

- 发送者要发送消息，运用散列函数（MD5、SHA1 等）生成消息摘要。
- 发送者用自己的私钥对消息摘要进行加密，形成数字签名。
- 发送者将数字签名附带在消息最后发送给接收者。
- 接收者用发送方的公钥对签名信息进行解密，得到消息摘要。
- 接收者以相同的散列函数对接收到的消息进行散列，也得到一个消息摘要。
- 接收者比较两个消息摘要，如果完全一致，说明数据没有被篡改，签名真实有效，否则拒绝该签名。

传统数字签名技术实现了基本的认证功能。然而，在一些区块链的应用场景中，存在身份匿名、内容隐藏等特殊的隐私保护需求。这时就需要通过群签名、环签名或盲签名等特殊的数字签名技术实现。例如，在区块链这样的弱中心化或多中心化场景中，为了实现完全化的匿名，签名者希望只需要自证其在一定的合法用户范围内，而不希望存在监管角色能够反推出签名者的身份，这时就需要采用群签名技术。

1）多重签名

多重签名（Multi Signature）是数字签名的一个重要应用方式，通常用于多个参与者对某消息、文件和资产同时拥有签名权或支付权的场景。例如，有一份文件需要多个部门联合签字后方可生效。根据签名顺序的不同，多重签名分为两类，即有序多重签名和广播多重签名。对于有序多重签名来说，签名者多次签名是有一定的串行顺序的，而广播多重签名没有限制。若数字资产需要经过多重签名确认后才能转移，则会极大地提高资产的安全性。恶意攻击者需要获得至少一个私钥才能盗用这些资产，降低了用户无意间泄露私钥所带来的风险和损失，因此多重签名在比特币脚本和以太坊智能合约中都有广泛的应用。

2）群签名

1991年Chaum和Heyst首次提出群签名（Group Signature）的概念，即某个群组内一个成员可以代表群组进行匿名签名，签名可以证明来自于该群组，却无法确定来自于群组中的哪一个成员。群签名方案的关键是群管理员，群管理员负责添加群成员，并且在发生争议时揭示签名者身份。在一些群签名的设计方案中，添加群成员和撤销签名匿名性的责任被分开，分别赋予群管理员和撤销管理员，但不管怎么说，所有方案都应该满足基本的安全性要求。

3）环签名

环签名（Ring Signature）是由Ron Rivest、Adi Shamir和Yael Tauman三位密码学家在2001年首次提出的。在环签名中，签名者首先会选定一个临时的签名者集合，集合中包括签名者自身。然后签名者利用自己的私钥和集合中其他人的公钥就可以独立地产生签名，无须其他设置。签名者集合中的其他成员，可能并不知道自己已经被包含在最终的签名者集合中。环签名的安全属性之一是，确定使用哪个成员的密钥来生成签名在计算上不可行。环签名类似于群签名，但在两个关键方面有所不同：第一，无法撤销单个签名的匿名性；第二，任何用户组都可以用作一个群。

4）盲签名

盲签名（Blind Signature）是在1982年由David Chaum提出的，是指签名者在无法看到原始内容的前提下对消息进行签名。一方面，盲签名可以实现对所签内容的保护，防止签名者看到原始的内容。另一方面，盲签名可以防止追踪，签名者无法将内容和签名结果进行对应。

5）门限签名

在 1979 年 Shamir 提出秘密分享技术后，Desmedt 等人在 1994 年正式提出了门限密码学的概念。在现有的门限签名方案中，与单一公钥所对应的私钥被分享到多个成员，只有指定数目的成员共同协作，才能完成密码操作（如解密、签名）。正因为门限签名方案的这种结构，门限密码学被提出后受到广泛的关注，被用于密钥的托管、恢复、权力的分配等，也被赋予了更多的特性，如动态门限、子分片可公开验证等。

近年来，门限密码学在区块链系统中逐渐被应用，分为门限加密和门限签名。门限密码学一般用于随机预言机、防止审查、共识网络中防拜占庭和分布式伪随机数生成器（Coin Tossing）。门限密码学优越的资产协同防盗特性慢慢被新兴数字资产托管机构重视。本书主要讨论公钥密码学中的门限签名机制及原理。

与公钥密码学中的签名机制类似，门限签名机制也分为两部分，分别是门限密钥生成和门限密钥签名。

在进行门限密钥生成时，需要依赖分布式密钥产生（Distributed Key Generation，DKG）协议，该协议将多个参与者联合起来，生成符合一定要求的总密钥对和密钥对份额。每一个参与者对应一个密钥对份额，单个参与者只能知道部分密钥，无法获知总私钥。

在进行门限密钥签名时，参与某次签名的参与者将自己的私钥作为隐私输入，需要签名的信息作为公共输入，以此来进行一次多方参与的联合签名运算，最后得到签名。在这个过程中，安全多方计算的隐私性保证了参与者并不能获得其他参与者的私钥信息，但都可以得到签名。这个签名与单个参与者用私钥签出的签名一模一样，在进行签名验证时，可以直接进行验证而无须与其他参与者进行交互，签名的验证者甚至都无法感知到验证的签名是通过门限签名的方式生成的。

通常我们在区块链中看到的都是(t,n)门限签名方案，该方案是指由 n 个成员组成一个签名群体，该群体有一对公钥和私钥，群体内大于或等于 t 个合法并且诚实的成员组合可以代表群体用群私钥进行签名。任何人均可利用该群体的公钥进行签名验证。这里 t 是门限值，只有大于或等于 t 个的合法成员才能代表群体进行签名，群体中任何 $t-1$ 个或更少的成员不能代表该群体进行签名，同时任何成员不能假冒其他成员进行签名。采用门限签名方式可以实现权力分配，避免滥用职权。

到目前为止，读者可能觉得门限签名和之前提到的多重签名非常相似，都是对于一个操作只需要部分参与者批准即可执行的，但实际上二者有着本质上的不同。

对于多重签名来说，多个参与者使用不同的私钥多次签名，每个签名之间互相独立，最终的验证是通过脚本或合约判断每个签名是否可以通过验证的，需要进行多次验证。而在门限签名中，每个私钥只是总私钥的一部分，多个私钥的多次签名在链下完成，最终生成一个总的签名，在验证时只需要在链上验证一次即可。但是无论是多重签名还是门限签名都可以帮助使用者分散风险，分配权力，使用时应依据具体的应用场景而定。

1.7 可信通信

比特币、以太坊和超级账本在建立网络连接保证节点间可信通信时，都直接采用了传输层安全性（Transport Layer Security，TLS）协议，TLS 协议的前身为安全套接字层（Secure Sockets Layer，SSL）协议，SSL 协议最初由 Netscape 公司开发，是一种为网络通信提供安全性及数据完整性的一种安全协议。SSL 协议的扩展版本 TLS 协议自从 1999 年发布以来已经广泛地应用在浏览器、电子邮件等应用中。并且，TLS 协议经过了大规模的验证，已经成为了互联网上保密通信的工业标准，可以说是目前构建区块链网络节点间可信通信的最佳选择。

1.7.1 TLS 协议

握手是 TLS 协议中最精密复杂的部分。在这个过程中，通信双方协商连接参数，并完成身份验证。TLS 协议在握手阶段使用混合加密的方式建立安全信道。TLS 协议可以通过未加密的信道进行初始密钥交换，一旦建立共享密钥就可以使用对称加密的方式确保通信安全，在这个过程中，每个加密方式、协议版本等都是可选的，均通过双方协商进行。

每一个 TLS 连接都会从握手开始，在握手过程中，客户端和服务端将会进行四个主要步骤。本节只讨论常见的 TLS 协议握手过程，即不需要身份验证的客户端与需要身份验证的服务端之间的握手。

下面通过客户端（Client）如何向服务端（Server）建立连接来展示 TLS 协议的握手过程，整个过程如图 1-3 所示。

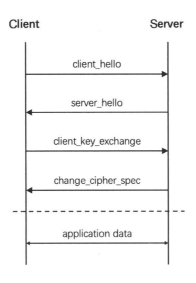

图 1-3　TLS 协议握手过程

第一步，客户端以明文的形式发出请求消息（client_hello），这条消息将客户端的功能和首选项发送给服务端，其中包含如下内容。

- 客户端生成的随机数 random_C。
- 客户端支持的最高 TLS 协议版本。
- 客户端支持的加密套件（Cipher Suites）。
- 客户端支持的压缩算法列表，默认值是 null，代表没有压缩。
- 扩展字段，可能会携带额外的数据。
- 加密套件包括身份验证算法 Au、采用的密钥交换算法（用于密钥协商）、对称加密算法和消息摘要算法（校验消息的完整性）。

第二步，服务端收到客户端发来的请求消息以后，返回协商消息（server_hello），server_hello 消息的意义在于将选择的连接参数传递回客户端。这条消息的结构与 client_hello 消息类似，其中包括如下内容。

- 服务端生成的随机数 random_S。

- 服务端使用的 TLS 协议的版本。
- 服务端选择使用的压缩算法版本。
- 服务端选择的加密套件（Cipher Suites）。
- 服务端配置的对应的证书链（可选）。

第三步，客户端收到服务端发来的协商消息以后，会向服务端发送 client_key_exchange 消息。这条消息的意义在于设置预主密钥，通过传递密钥协商算法所需的参数来允许双方协商出一致的预主密钥。当服务端收到 server_hello 消息后，首先会检查服务端证书的合法性，如果合法就会进行如下操作。

- 客户端生成预主密钥（Pre-Master）。
- 计算最终对称加密中使用的协商密钥，计算方法为 enc_key=Func(random_C, random_S, Pre-Master)。
- 计算之前通信的所有参数的哈希值作为 SessionSecret。
- 将 SessionSecret 和用数字证书携带的公钥加密 Pre-Master 后发送给服务端。

第四步，服务端收到客户端发来的 client_key_exchange 消息后，会进行如下操作。

- 用服务端的私钥解密客户端用服务端证书中的公钥加密的 Pre-Master 的值。
- 基于 random_S、random_C 和 Pre-Master 计算双方协商得到的密钥 enc_key=Func(random_C, random_S, Pre-Master)。
- 最后与客户端使用同样的方式将双方通信所用参数进行哈希计算，验证得到的 SessionSecret 是否正确。

至此，整个握手过程全部结束。接下来，客户端与服务端进入加密通信，通信的消息均通过双方协商出来的共享密钥加密。enc_key 就是 TLS 协议传输阶段对称加密所用到的密钥。这里省略了 TLS 协议很多细节和采用不同加密套件后，一些可选的握手过程，如果想要深入探究 TLS 协议握手过程可以参考 TLS 协议 1.2 版本的规范（RFC 5246）。

1.7.2 双向认证

在上面的整个过程中，都是客户端单向认证服务端的，这是 TLS 协议常用的场景。同时，服务端可以要求验证客户端，比较常见的场景就是大额网银汇款转账需要在计算机上插入 U 盾。

U 盾中包含银行签发的证书用来验证客户端。双向认证在单向认证第二步的时候,服务端会要求客户端发送证书,来验证客户端证书的有效性。

TLS 协议通过上面的四个步骤完成了密钥的协商,其中用到了三个随机数 random_C、random_S 和 Pre-Master,如何通过三个随机数完成密钥交换需要用到密钥协商算法。

1.8 ECDH 密钥协商

在 TLS 协议握手阶段,为了可以不传输密钥就完成共享密钥的协商,需要一种密钥协商算法。密钥协商算法并不唯一,需要双方协商决定,这里只介绍密钥协商算法中的其中一种,即基于椭圆曲线的迪菲-赫尔曼密钥交换算法,在 TLS/SSL 协议握手过程中交换的两个随机数 random_C 和 random_S 就是为了完成这个算法做准备的,通过这两个随机数和密钥协商算法可以计算得到 Pre-Master 而最终确定共享密钥。

基于椭圆曲线的迪菲-赫尔曼密钥交换(Elliptic Curve Diffie–Hellman key Exchange,ECDH)算法,主要用来在一个不安全的通道中建立起安全的共有加密资料,一般来说加密资料都是共享密钥,这个密钥作为对称加密的密钥被双方在进行后续数据传输时使用。

ECDH 算法是建立在这样一个前提之上的:给定椭圆曲线上的一个点 P 和一个整数 K,求 $Q=KP$ 很容易,但是通过 Q 或 P 求解 K 很难。

通过一个经典的场景来介绍 ECDH 算法流程,Alice 和 Bob 要在一条不安全的网络链路上协商共享密钥,并且协商的密钥不能被中间人知晓。

首先,双方约定使用 ECDH 算法,这个时候双方知道 ECDH 算法里的一个大素数 P,这个大素数 P 可以看作 ECDH 算法中的常量。

> P 的位数决定了攻击者破解的难度。

还有一个整数 g 用来辅助整个密钥交换,g 不用很大,一般是 2 或 5,双方知道 g 和 P 之后就开始了交换密钥的过程。

Alice 知道了公用参数 P 和 g,生成私有整数 a 作为私钥,公钥算法一般是公钥加密,私钥解密。公钥给对方来加密数据，对方拿到密文后再用私钥解密查看内容的正确性。这个时候如果 Alice 直接通过网络链路告诉 Bob 自己的私钥 a，这显然既不合理，也是一件风险很大的事，所以要避免直接通过网络链路传输私钥 a。

这个时候，Alice 需要利用 P 和 g 作为辅助生成自己的公钥 A，公钥 A 的生成公式为 $g^a \bmod P = A$，生成的公钥 A 可以通过网络链路传输。

Bob 通过网络链路收到 Alice 发来的 P、g 和公钥 A，知道了 Alice 的公钥 A。这个时候，Bob 生成自己的私钥 b，同样通过公式 $g^b \bmod P = B$ 生成自己的公钥 B。

在 Bob 发送自己的公钥 B 前，Bob 通过公式 $A^b \bmod P = K$ 生成 K 作为共享密钥，但是并不发送给 Alice，只通过网络链路发送自己的公钥 B。

Alice 收到 Bob 发来的公钥 B 以后，同样通过 $B^a \bmod P = K$ 生成共享密钥 K，这样 Alice 和 Bob 就通过不传递各自私钥 a 和 b 的方式完成了对共享密钥 K 的协商。

可以通过代入具体数字的一个例子来重复一下上面的过程。

（1）Alice 和 Bob 同意使用大素数 P 和整数 g。

$$P = 83, g = 8$$

（2）Alice 选择密钥 $a = 9$，生成公钥 $g^a \bmod P = A$ 并发送。

$$8^9 \bmod 83 = 5$$

（3）Bob 选择密钥 $b = 21$，生成公钥 $A^b \bmod P = B$ 并发送。

$$8^{21} \bmod 83 = 18$$

（4）Alice 计算 $B^a \bmod P = K$。

$$18^9 \bmod 83 = 24$$

（5）Bob 计算 $B^a \bmod P = K$。

$$5^{21} \bmod 83 = 24$$

至此 24 就是双方协商出来的共享密钥，可以看到在整个过程中共享密钥 24 都没有通过网络链路传输，保证了密钥的安全性，在后续通信过程中 Alice 和 Bob 可以使用 24 作为

Pre-Master 继续计算对称加密的密钥。

1）协议所面临的问题

由于 ECDH 协议不会验证公钥发送者的身份，因此无法阻止中间人攻击。如果监听者 Mallory 截获了 Alice 的公钥，就可以替换为自己的公钥，并将其发送给 Bob。Mallory 还可以截获 Bob 的公钥，替换为自己的公钥，并将其发送给 Alice。这样，Mallory 就可以轻松地对 Alice 与 Bob 之间发送的任何消息进行解密。Mallory 可以更改消息，用自己的密钥对消息重新加密，然后将消息发送给接收者。

为了解决此问题，Alice 和 Bob 可以在交换公钥之前使用数字签名对公钥进行签名，有两种方法可以实现此目的。

- 用安全的媒体（如语音通信或可信载运商）在双方之间传输数字签名密钥。
- 使用第三方证书颁发机构向双方提供可信数字签名密钥。

2）区块链中的应用场景

在联盟链中，当多个参与者共享同一条网络链路时，若各参与者想要在同一条网络链路上实现通信间的隔离，则可以使用 ECDH 算法将链路进行逻辑上的拆分，使得同一链路上的消息采用不同的密钥进行加密，来达到物理链路隔离的目的。通过这样的方式既可以实现通信连接的复用，避免频繁建立大量通信连接，又可以保证同一链路不同参与者的通信隔离。

各参与者的身份在加入区块链网络前已经由 MSP（Membership Service Provider）颁发过证书，并且进行过准入验证，这样就可以规避 ECDH 协议的缺陷。

1.9 身份验证

身份验证（Authentication）又称验证或鉴权，是指通过一定的手段完成对用户身份的确认。身份验证的目的是确认当前声称为某种身份的用户，确实是所声称的用户。在日常生活中，身份验证并不罕见。例如，通过检查对方的证件，我们一般可以确信对方的身份。虽然在日常生活中，这种确认对方身份的做法属于广义的"身份验证"，但"身份验证"一词更多地被用在计算机、通信等领域。

身份验证的方法有很多，基本上可分为基于共享密钥的身份验证、基于生物学特征的身份验证和基于公开密钥加密算法的身份验证。不同的身份验证方法，其安全性各有不同。

在 TLS/SSL 协议握手的第三步中，用到了数字证书中的公钥，为什么会出现数字证书呢？先假设不采用数字证书，观察一下在建立安全通信的过程中会面临哪些风险。

我们假设这样一种不使用数字证书就进行 TLS 协议建立连接的场景：在 TLS 协议握手的第一步中，客户端发送明文消息 client_hello 给服务端。Mallory 在服务端收到 client_hello 消息之前，截获了这条消息，发送给客户端伪造的协商消息 server_hello。客户端收到 Mallory 发来的伪造的协商消息，如果不验证证书，继续进行后续的密钥协商过程，流程也是可以走完的。后续的通信依然使用客户端和服务端协商的密钥加密通信过程，但是问题显而易见，客户端并没有和最初预想的服务端建立连接，而和 Mallory 的服务端建立了连接。

> Mallory 可以冒充客户端和真正的服务端建立连接，Mallory 作为中间人，监听转发通信内容。

产生这个问题的根源在于，大家都可以生成公私钥对，而客户端无法确认这个公私钥对到底属于谁，这个时候就需要一种方法来证明一个公私钥对的拥有者身份。

1.10 数字证书

数字证书是一种权威的电子证明，由权威公正的第三方证书颁发机构（CA）签发，用来证明公钥拥有者的身份。数字证书中包含了公钥信息、拥有者身份信息，以及 CA 对这份文件的数字签名，用以保证这份文件的整体内容正确无误。数字证书被广泛用于需要身份验证和数据安全的领域，简单来说就是数字证书能够证明这个公钥被谁拥有。数字证书主要用来保证信息保密、身份确认、不可否认性和数据完整性，常见的格式是 X.509 格式。

用户想要获得数字证书，应该先向 CA 提出申请，CA 验证申请者的身份后，为其分配一个公钥并且与其身份信息绑定。CA 为该信息进行签名，作为数字证书的一部分，然后把整个数字证书发送给申请者。

当需要鉴别数字证书的真伪时，只需要用 CA 的公钥对数字证书上的签名进行验证即可，验证通过则证明数字证书有效。

1.10.1 数字证书结构

数字证书的结构一般采用 X.509 格式，X.509 格式使用 ASN.1（Abstract Syntax Notation One）抽象语法标记来表示。ASN.1 是一种由国际标准组织（ISO/ITU-T）制定的标准，描述了一种对数据进行表示、编码、传输和解码的数据格式，用于实现平台之间的互操作性。X.509 格式的数字证书结构如图 1-4 所示。

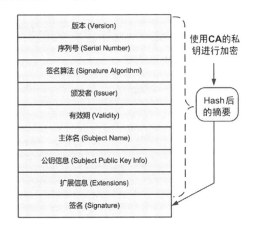

图 1-4　X.509 格式的数字证书结构

在 X.509 格式的数字证书中，各个字段含义如下。

- 版本：数字证书使用 X.509 规范的版本，目前普遍使用 v3 版本。
- 序列号：CA 会为每个颁发的数字证书分配一个整数，作为数字证书的唯一标识。
- 签名算法：CA 颁发数字证书使用的签名算法。
- 有效期：包含数字证书的起止日期。
- 主体名：该数字证书拥有者的名称，如果与颁发者相同，则说明该数字证书是一个自签名证书。
- 公钥信息：对外公开的公钥及所使用的公钥生成算法。

- 扩展信息：通常包含数字证书的用法、证书吊销列表（Certificate Revocation List，CRL）的发布地址等可选字段。
- 签名：颁发者用私钥对数字证书信息的签名。

前文提到 TLS 协议已经广泛地应用于浏览器中，我们在对网站进行浏览时，可以发现很多网站都采用 HTTPS 协议来提供对网站服务器的身份验证。HTTPS 协议经由 HTTP 进行通信，但利用 SSL/TLS 协议来加密数据包。我们可以通过找到采用 HTTPS 协议的网站查看网站证书来加深对数字证书的理解，图 1-5 查看了 Google 网站的数字证书。

图 1-5　通过浏览器查看数字证书

1.10.2 数字证书类型

数字证书根据用途的不同，有不同的分类。

自签名证书：自签名证书又称根证书，是 CA 颁发给自己的证书，证书的颁发者和主体同名，也就意味着证书中的公钥和用于验证证书的密钥是相同的。自签名证书通常不会被广泛信任，使用时可能会遇到系统软件的安全警告。

如果软件安装自签名证书则意味着对这个 CA 的信任，通常而言，自签名证书已预先安装在各种软件（包括操作系统、浏览器、电邮软件等）中，作为信任链的起点。自签名证书一般来自公认可靠的政府机关、软件公司（如 Google、Let's Encrypt）、证书颁发机构公司（如 VeriSign）等，各大软件商通过严谨的核认程序才可以在不同的软件中部署自签名证书。由于部署程序复杂、费时，需要行政人员的授权及机构法人身份的核认，一经部署，自签名证书有效期可能长达 10 年以上。某些企业可能会在内部计算机自行安装企业自签的自签名证书，以支持内部网的企业级软件，但是这些证书可能未被广泛认可，只在企业内部适用。

中介证书：CA 的一个重要任务是为客户签发证书，虽然广泛认可的 CA 都已拥有自签名证书，相对应的私钥可以用来签署其他证书，但因为密钥管理和行政考虑，一般会先行签发中介证书，才为客户进行数字签署。中介证书的有效期比自签名证书短，并可能对不同类别的客户进行不同的中介证书分工。

服务器证书：服务器通常以域名形式在互联网上提供服务，服务器证书上主体的通用名称就是相应的域名，相关机构名称则写在组织或单位一栏上。服务器证书（包括公钥）和私钥会安装在服务器（如 Apache）上，等待客户端连接时协议加密细节。客户端的软件（如浏览器）会运行认证路径验证算法以确保安全，如果不能肯定加密通道是否安全（如证书上的主体名不对应网站域名、服务器使用了自签名证书或加密算法不够强），可能会警告用户。

终端实体证书：不会被用作签发其他证书的证书都可称为终端实体证书。终端实体证书被用来在实际的软件中部署或在创建加密通道时应用。

授权证书：授权证书又称属性证书，本身没有公钥，必须依附在一张有效的数字证书上才有意义，其用处是赋予相关拥有者签发终端实体证书的权利。在某些情况下，如果只在短期内授予 CA 签发权利，便可以不改变（缩短）该机构本身持有的证书的有效期。这种情况，类似于某人持有长达 10 年的护照，而只通过签发短期入境签证来个别赋予护照持有人额外权利。

1.10.3　数字证书编码

数字证书在计算机中的表示方法有所不同，但是都是可以相互转换的，常见的编码格式为 PKCS#12、DER 和 PEM。

PKCS 标准是指由 RSA Security 设计和发布的一组公钥加密标准。因此，RSA Security 及其研究部门 RSA Labs 有义务促进公钥技术的使用。为此，他们（从 20 世纪 90 年代初开始）开发了 PKCS 标准，并保留了对 PKCS 标准的控制权，宣布他们会在自己认为必要的时候进行改变或改进，因此，PKCS 标准在重要意义上并不是真正的行业标准，尽管名称如此。对于 PKCS 标准，常见的是标准 PKCS#12，其中#12 是标准编号，文件后缀是 P12。

DER（可分辨编码规则）是一种用于存储 X.509 证书文件的流行编码标准。ASN.1 的可分辨编码规则是根据 X.509 规范对 BER 编码的约束得出的国际标准。DER 编码是有效的 BER 编码。DER 编码与 BER 编码相以，只是删除了一个发送者的选项。例如，在 BER 编码中，布尔值 true 可以用 255 种方式编码，而在 DER 编码中，只有一种方法可以编码布尔值 true。DER 编码的完整规范在 RFC 1421 中。

X.509 证书文件最常用的编码方案是 PEM（隐私增强邮件）编码。PEM 编码的完整规范在 RFC 1421 中。在 X.509 证书文件上进行 PEM 编码的想法非常简单：使用 Base64 编码对内容进行编码。编码后的文件后缀通常为 PEM，将 Base64 编码输出括在两行之间："----- BEGIN CERTIFICATE -----" 和 "----- END CERTIFICATE -----"，下面的例子是 PEM 编码的 X.509 证书结构示例。

```
-----BEGIN CERTIFICATE-----
MIICSTCCAfWgAwIBAgIBATAKBggqhkjOPQQDAjB0MQkwBwYDVQQIEwAxCTAHBgNV
BAcTADEJMAcGA1UECRMAMQkwBwYDVQQREwAxDjAMBgNVBAoTBWZsYXRvMQkwBwYD
VQQLEwAxDjAMBgNVBAMTBW5vZGUyMQswCQYDVQQGEwJaSDEOMAwGA1UEKhMFZWN1
cnQwIBcNMjAwNTIxMDU1MTE0WhgPMjEyMDA0MjcwNjUxMTRaMHQxCTAHBgNVBAgT
ADEJMAcGA1UEBxMAMQkwBwYDVQQJEwAxCTAHBgNVBBETADEOMAwGA1UEChMFZmxh
dG8xCTAHBgNVBAsTADEOMAwGA1UEAxMFbm9kZTExCzAJBgNVBAYTAlpIMQ4wDAYD
```

```
VQQqEwVlY2VydDBWMBAGByqGSM49AgEGBSuBBAAKA0IABBI3ewNK21vHNOPG6U3X
mKJohSNNz72QKDxUpRt0fCJHwaGYfSvY4cnqkbliclfckUTpCkFSRr4cqN6PURCF
zkWjeTB3MA4GA1UdDwEB/wQEAwIChDAmBgNVHSUEHzAdBggrBgEFBQcDAgYIKwYB
BQUHAwEGAioDBgOBCwEwDwYDVR0TAQH/BAUwAwEB/zANBgNVHQ4EBgQEAQIDBDAP
BgNVHSMECDAGgAQBAgMEMAwGAypWAQQFZWNlcnQwCgYIKoZIzj0EAwIDQgB3Cfo8
/Vdzzlz+MW+MIVuYQkcNkACY/yU/IXD1sHDGZQWcGKr4NR7FHJgsbjGpbUiCofw4
4rK6biAEEAOcv1BQAA==
-----END CERTIFICATE-----
```

DER 编码的 X.509 证书文件是二进制文件，无法使用文本编辑器查看，但几乎所有应用程序都支持 DER 编码的证书文件。DER 编码的证书文件的文件扩展名为".cer"".der"".crt"。

1.10.4 简单应用

假设一个简单的场景，Alice 需要通过银行转给 Bob 一笔钱，使用之前的密码学知识就可以保证这个过程的安全可靠。

可以通过对称加密的方式，生成公私钥对，其中，公钥 a 可以公开，作为银行账户；私钥 b 作为账户密码，不予公开。

当 Alice 向 Bob 转 100 元时，可以在计算机中向银行发送这样一条请求<form:Alice, to:Bob, value: 100>，表示 Alice 向 Bob 转账 100 元。如果整个过程不加验证，被黑客发现这个漏洞后就可以不断地重复这个过程，直到把 Alice 的账户余额转空。

为了表示这个交易确实是由 Alice 发出的，可以增加 Alice 的签名，用 Alice 的公钥 a 所对应的私钥对这个请求签名。整个请求就成了 {<form:Alice, to:Bob, value: 100>, signature: foo}，这样银行收到这笔交易后，就可以用 Alice 的公钥，也就是 a 对交易进行验证，判断是不是由 Alice 发出的。

但是由于 Alice 太过富有，转账成了 {<form:Alice, to:Bob, value: 1000000000.002>, signature: bar}，交易请求<form:Alice, to:Bob, value: 1000000000.002>体积太大，签名算法对大量数据的输入签名效率不高，这个时候，就可以采用消息摘要算法，减少计算签名输入的长度的工作量，如首先采用哈希算法计算 Hash(<form:Alice, to:Bob, value: 1000000000.002>) = baz，然后对摘要 baz 签名即可。当银行收到这笔交易时，同样先对交易计算哈希值，再验证签名即可。

1.11 PKI 体系

公开密钥基础设施（Public Key Infrastructure，PKI），又称公开密钥基础架构、公钥基础设施或公钥基础架构。PKI 是软件和硬件及管理政策与流程组成的基础架构，其目的在于有效地对数字证书进行创造、分配、使用、存储和撤销。PKI 能够为所有的网络应用提供加密和数字签名等密码服务需要的密钥和证书。简单来说，PKI 的主要任务是在开放环境中为开放性业务提供基于非对称密钥密码技术的一系列安全服务。

PKI 体系是一种安全体系，通过一系列的手段来保证通信双方的安全可靠，PKI 体系建立在公私钥基础之上，是实现安全可靠传递消息和身份确认的一个通用框架，并不代表某个特定的密码学技术和流程。实现了 PKI 体系的平台可以安全可靠地管理网络中用户的密钥和证书。目前 PKI 体系包括多个具体规范和实现，知名的有 RSA 公司的 PKCS（Public Key Cryptography Standards）规范和 OpenSSL 开源实现。

PKI 体系对于区块链来说并不是必要的。对于公有链来说，CA 显然过于中心化，并不符合公有链的设计思想。但是对于联盟链或私有链来说，多个机构可以自建 CA 或接入现有成熟 CA，大大提高了区块链系统的安全性，也易于对链上数据进行审计和监管。基于这些优势，联盟链大多都采用 PKI 体系，其中典型的例子是超级账本（Hyperledger Fabric）。

PKI 体系通过 CA 将用户的个人身份与公钥链接在一起，对于每个证书中心来说，用户的身份必须是唯一的。链接关系由注册和发布过程确定，链接关系可以由 CA 的各种软件或在人为监督下完成。PKI 体系如图 1-6 所示。

节点 1：被称为订阅人或最终实体，是指那些需要证书来提供安全服务的团体或服务端节点。

登记机构（Registration Authority，RA）：主要完成一些证书签发的相关管理工作。例如，RA 首先会对用户进行必要的身份验证，然后才会去找 CA 签发证书。在某些情况下，当 CA 希望在用户附近建立一个分支机构时（如在不同的国家建立当地登记中心），我们也称 RA 为本地登记机构（Local Registration Authority，LRA）。实际上，很多 CA 也执行 RA 的职责。RA 确保公钥和个人身份链接，可以防止抵赖。

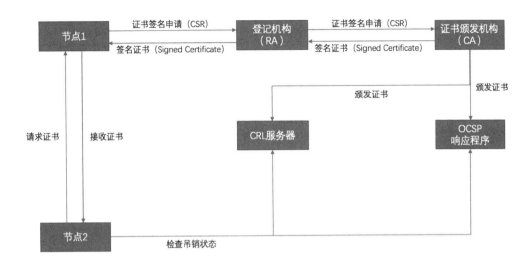

图 1-6　PKI 体系

证书签名申请（Certificate Signing Request，CSR）：一种包含证书签发时所需的公钥、组织信息、个人信息（域名）等资料的文件，需要特别说明的是 CRS 不含私钥信息。

证书颁发机构（Certification Authority，CA）：是指双方都信任的证书颁发机构。CA 通过线上、线下等多种手段验证申请者提供信息的真实性，如组织是否存在、企业是否合法、是否拥有域名的所有权等，待确认申请者的身份之后再签发证书。同时，CA 会在线提供其所签发证书的最新吊销信息，这样信赖方就可以验证证书是否仍然有效。

证书（Certificate）包含申请者公钥、申请者的组织信息和个人信息、CA 的信息、有效期、证书序列号等信息的明文，同时包含一个签名（使用散列函数计算公开的明文信息的信息摘要，然后采用 CA 的私钥对信息摘要进行加密，此密文即签名）。简单来说，证书 = 公钥 + 申请者与颁发者信息 + 签名。

节点 2：也被称为证书的信赖方（Relying Party），是指证书的使用者，一般是指那些需要证书验证的网页浏览器、其他程序及操作系统。信赖方通过维护可信自签名证书库来执行验证，这些证书库中包含某些 CA 的最终可信证书（信任密钥）。更广泛地说，信赖方是指那些需要通过证书在互联网上进行安全通信的最终用户。用户接收到证书后，读取证书中的相关明文信息，采用相同的散列函数计算得到信息摘要，然后利用对应 CA 的公钥解密签名数据，对比证书的信息摘要，如果一致，则可以确认证书的合法性。验证证书合法后，还要去查询证书的吊销情况。证书超出有效期后会作废，或者用户可以主动向 CA 申请吊销某证书文件。由于 CA 无法强制收回已经颁发出去的证书，因此，为了实现证书的作废，往往还需要维护一个吊销证书列表（Certificate Revocation List，CRL），用于记录已经吊销的证书序列号。

证书吊销列表：一个单独的文件。该文件包含 CA 已经吊销的证书序列号（唯一）与吊销日期，同时该文件包含生效日期和下次更新该文件的时间，当然该文件必然包含 CA 私钥的签名以验证文件的合法性。证书中一般会包含一个 URL 地址，通知使用者去哪里下载对应的 CRL 以校验证书是否吊销。这种吊销方式的优点是不需要频繁更新，但是不能及时吊销证书。因为 CRL 更新时间一般是几天，这期间可能已经造成了极大损失。

为了方便同步 CRL 信息，IETF 提出了在线证书状态协议（Online Certificate Status Protocol，OCSP）：一个实时查询证书是否吊销的方式。请求者发送证书的信息并请求查询，服务器返回正常、吊销或未知中的任何一个状态。证书中一般也会包含一个 OCSP 的 URL 地址，要求查询服务器是否具有良好的性能。部分 CA 或大部分的 CA 自签名证书都是未提供 CRL 地址或 OCSP 的，这对于吊销证书会是一件非常麻烦的事情。

在一个依赖 PKI 体系的区块链中，每个节点既作为数字证书的订阅人，又作为数字证书的信赖方，为其他节点提供安全服务的同时信赖其他节点。

在以超级账本为代表的联盟链中依赖 PKI 体系实现区块链网络的节点证书的管理，以此来达到对网络节点进行准入的目的。在超级账本项目中，既允许启动超级账本项目提供的 Fabric CA，又允许和用户已有的 CA 系统进行结合。

1.12 证书链

大多数情况下，仅仅有终端实体证书是无法进行有效性验证的，在实践中，服务器需要提供证书链才能一步步地最终验证到可信自签名证书。CA 自签名证书和终端实体证书中间会增加一层证书机构，即中介证书，证书的产生和验证原理不变，只是增加一层验证，只要最后能够被任何信任的 CA 自签名证书验证合法即可。增加中介证书以后，证书链变为了自签名证书、中介证书和终端实体证书，如图 1-7 所示。

图 1-7　证书链

服务器证书 server.pem 的 CA 为中介证书机构 inter，inter 根据证书 inter.pem 验证 server.pem 确实为自己签发的有效证书。中介证书 inter.pem 的 CA 为 root，root 根据证书 root.pem 验证 inter.pem 为自己签发的有效证书。客户端内置可信 CA 的证书 root.pem，因此，服务器证书 server.pem 被信任。

通过浏览器可以比较直观地看到申请过 CA 认证网站的证书链，以必应搜索为例，使用 Chrome 浏览器，输入网址进入网站后，单击浏览器地址栏的"小锁"图标就可以查看网站的证书链，如图 1-8 所示。

图 1-8　通过浏览器查看网站证书链

为了保证自签名证书的安全，一般采用多级证书的结构，通常来说应该使用脱机的自签名证书来创建证书层次结构，不同用途的证书使用不同的中级自签名证书来颁发。同时，CA 的层次结构提供了如下管理上的好处。

- 减少自签名证书结构的管理工作量，可以更高效地进行证书的审核与签发。
- 自签名证书一般内置在客户端中，私钥一般离线存储，一旦私钥泄露，则吊销过程非常困难，无法及时补救。
- 中介证书结构的私钥泄露，则可以快速在线吊销，并重新为用户签发新的证书。
- 证书链在四级以内一般不会对 HTTPS 协议的性能造成明显影响。

服务器一般提供一条证书链，但有多条路径的可能。以交叉证书为例，一条可信路径可以一直到 CA 的主要自签名证书上，另一条则到可选自签名证书上。

CA 有时候会为同样的密钥签发多张证书，如现在常用的签名算法是 SHA1，但因为安全原因正在逐步转变为 SHA256。CA 可以使用同样的密钥签发出不同签名的新证书，如果信赖方恰好有两张这样的证书，那么就可以构建出两条不同的可信路径。

1.13 可信执行环境

可信执行环境（Trusted Execution Environment，TEE）是 CPU 内的一个安全区域，运行在一个独立的环境中，并且与操作系统并行运行。CPU 确保 TEE 中代码和数据的机密性和完整性都得到保护。TEE 作为隔离的执行环境提供安全性功能，如隔离执行。一般而言，TEE 通过同时使用硬件和软件来保护数据和代码，TEE 比操作系统更加安全。在 TEE 中运行的受信任应用程序可以访问设备主处理器和内存的全部功能，硬件隔离负责保护这些组件不受主操作系统中运行的用户安装应用程序的影响。

TEE 具有自身的执行空间，它所能访问的软硬件资源与操作系统是分离的。TEE 为授权安全软件或可信安全软件（Trust App）提供了安全的执行环境，保护了其数据和资源的保密性、完整性和访问权限。TEE 在启动时为了保证整个系统的安全，从系统引导启动开始逐步验证以保证 TEE 平台的完整性。当设备加电后，TEE 首先加载 ROM 中的安全引导程序，并利用根密钥验证其完整性。然后，该引导程序进入 TEE 初始化阶段并启动 TEE 内置的安全操作系统，逐级核查安全操作系统启动过程中的各个阶段的关键代码以保证安全操作系统的完整性，同时防止未授权或经过恶意篡改的软件的运行。安全操作系统启动后，运行非安全世界的引导程序并启动普通操作系统。至此基于信任链，TEE 完成了整个系统的安全启动，能够有效抵御 TEE 启动过程中的非法篡改、代码执行等恶意行为。

目前的 TEE 在不同 CPU 上有不同的实现方案，在 Intel 的 CPU 上实现 TEE 的技术方案叫 SGX，全称为 Intel Software Guard Extension，在 ARM 架构的 CPU 上实现 TEE 的技术方案叫 TrustZone，但是由于 ARM 架构的开放性，各大厂商在进行定制的时候会采用不同的方案，如高通的 QSEE、华为的 TEE OS 等。

TEE 与普通操作系统之间的接口称为 TEE Client API，在 2010 年 GlobalPlatform 对其进行了标准化，可信应用程序与可信操作系统之间的互操作接口（TEE Internal API）在 2011 年完成了标准化。

在区块链场景下，使用 TEE 的模块主要集中在智能合约、预言机、共识模块和数字钱包中。智能合约和预言机期望通过使用 TEE 来保证数据的安全性和隐私性，如在蚂蚁链中利用 TEE 技术将合约引擎和必要的交易处理及密码学运算单元集成封装在 TEE 中，配合安全协议流程达到隐私保护的目的，具体隐私保护结构如图 1-9 所示。在共识模块中，则期望通过 TEE 对特定信息的保护来加速共识流程，如浙江大学百人计划研究员刘健提出的 FastBFT 就使用了 TEE 来加速实用拜占庭共识算法。在数字钱包中，则利用 TEE 实现密钥的生成与安全存储。

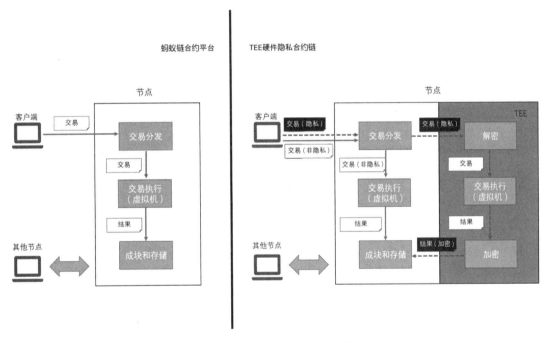

图 1-9 蚂蚁链中的隐私保护结构

第 2 章
网络层

  P2P 是 "peer-to-peer" 的缩写，peer 在英语里一般是同伴、同事的意思，因此 P2P 网络通常被称为对等网络，网络中的每个节点被称为对等节点。在 P2P 网络中的每个节点地位是对等平权的，既可以作为服务的请求者，又可以为其他节点提供服务。P2P 网络打破了互联网中传统的客户端/服务器结构，使每个节点具有了自由和平等通信的权利。

  P2P 网络发展到目前经历了四个阶段：集中式网络、纯分布式网络、混合式网络和结构化网络，每一阶段都代表着一种网络模型。目前主流区块链平台大多采用混合式和结构化网络模型来构建。

  当我们通过 TLS 协议构建两个节点间的安全通信后，只需要很简单地将这个模式扩展，就可以得到一个由多个节点两两建立安全通信的网络。

2.1 集中式网络

当我们开始建立一个由数百个节点组成的 P2P 网络时,就会发现一些之前没有预料到的问题,建立两个节点之间的连接时,只需要知道彼此的 IP 地址即可。当有新节点加入网络的时候,节点数量不多还容易处理,网络中的旧节点可以记住其他节点的 IP 地址,只要由此组成的 IP 地址列表发送给新节点就可以让新节点与网络中的其他节点建立连接。但是,当网络中存在大量节点时,网络中的旧节点已经很难全部记住其他节点的 IP 地址,这时又该如何告知新节点网络中其他节点的 IP 地址,以供新节点与网络中的其他节点建立连接呢?

在以太坊网络中,全部节点大约有 8 000 个,这些节点分布在全球不同的地方,并且节点数量随时增加或减少,一个新节点加入网络想要知道网络中全部节点的 IP 地址是一件非常困难的事情。

在生活中是如何解决这个问题的呢?一般对于一个比较大的公司而言,新人入职以后都会获得一个通讯录,通讯录中记录其他同事的电话号码,或者邮件地址。当需要联系同事时,只需要查询这个通讯录即可。受到这种方式的启发,我们不再单纯地将节点简单地两两连接,而用一个节点作为索引服务器来充当通讯录的角色,采用这种方式组建新的网络。

在集中式网络中,设置了一个索引服务器,用来保存所有节点的信息。当有新节点想要加入网络的时候,只需要向索引服务器索要网络中的节点信息即可。集中式网络如图 2-1 所示。

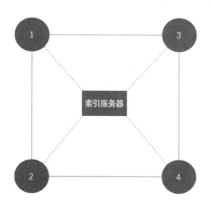

图 2-1 集中式网络

这样，当有新节点想加入网络的时候，只需要把自己的信息告诉索引服务器，连接到索引服务器的其他节点就可以及时感知到有新节点加入网络，并且可以获得新节点的信息，从而及时和新节点创建连接，尽快建立通信。除允许索引服务器保存地址之外，网络中的其他节点还可以对索引服务器进行资源注册，了解索引服务器存储的所有资源的分布情况，但具体的资源还是存储在各个节点中的。当用户需要查找具体的资源时，向索引服务器发出查询请求即可，当索引服务器定位到具体资源所在节点后，资源的下载可以不依赖索引服务器，直接由用户和资源所在的服务器两两交互完成下载。

集中式网络的建立完成，开始了日常运行，不断地有新节点加入网络，也不断地有旧节点退出网络，整个体系运行得十分完美。但是突然有一天，索引服务器出现了故障，停止运行，看似有条不紊的节奏被打乱了。

如此设计的网络结构的问题暴露了出来，如果索引服务器出现故障，整个网络就无法正常工作，至少新节点将无法加入网络。如果索引服务器存在恶意，它就能决定哪些节点可以加入网络，哪些节点不能加入网络，这显然和区块链中每个节点对等平权这一理念相冲突，权力都集中到索引服务器是我们所不想看到的结果。

> 这种网络结构过于依赖索引服务器，不妨称之为集中式的 P2P 网络。问题是由索引服务器权力集中引起的，在这个基础上进一步进行改造，首先需要解决索引服务器中心化的问题，将权力下放到每一个节点。

2.2 纯分布式网络

回想一下引入索引服务器的目的？是因为网络中的节点过多，需要索引服务器来保存全部的节点信息，并且需要通过索引服务器来获得整个网络的节点信息列表。

回到生活中的例子，如果某天在工作时，不小心丢失了通讯录，但是因工作需要必须找到同事 A，此时应该怎么办呢？当然是询问和自己熟悉的同事 B 是否知道 A 的电话号码，这个时候如果同事 B 知道问题就解决了。如果同事 B 不知道，但是 B 突然想到同事 C 可能知道，于是好心地询问了一下同事 C，于是通过同事间的热心帮助联系到了同事 A。

丢失通讯录的问题好像并不严重，即便丢失也并不会让人束手无策。只要认识的同事足够多，向同事逐个询问，最终就可以获得答案。虽然频繁地向同事询问其他同事的联系方式并不是一个好习惯，但是计算机却可以不厌其烦地回答每一个问询。

受到这种方式的启发，当构建拥有大量节点的 P2P 网络时，节点间不需要全部连接，每个节点只需要随机和几个节点连接即可，而每个节点都这样，只要运气不是太差，整个网络就不会产生分区。纯分布式网络如图 2-2 所示。

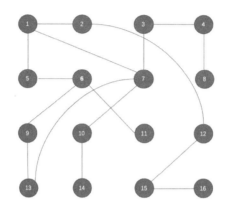

图 2-2 纯分布式网络

在图 2-2 中，连接 12、15、16 三个节点的时候，都只有一条连接，当 2 号节点到 12 号节点的网络连接出现故障后，即使 15 号和 16 号节点的网络连接是正常的，也会导致整个网络产生分区。针对这种情况，只需要规定一个节点至少连接几个节点即可保证网络的健壮性。每个节点在考虑自身的负载情况后，连接的节点越多，整个网络越健壮。

当发送者需要把消息从 1 号节点传递到 16 号节点的时候，可以通过 1→2→12→15→16 这个路径把消息传递过去，每个节点只需要把自己接收到的消息告诉和自己建立连接的节点即可。这种传递消息的方式是泛洪请求（Flooding Request）方式，用户的请求通过与之连接的节点传递。这些节点如果不能满足传递消息到目标节点的要求，则向与自己相连的其他节点传递，直到满足某种条件为止。

2.2.1 Gossip 协议

Gossip 是流言的意思，Gossip 协议启发于现实社会中流言蜚语或病毒的传播方式。Gossip 协议也被称为反熵（Anti-entropy）。熵是物理学中的一个概念，代表杂乱无序，反熵则代表在杂乱中寻求一致,生动地体现了 Gossip 协议中达到最终一致性的过程:在与相邻节点杂乱无章的通信中最终达成一致的状态。

Gossip 协议最早由施乐公司帕洛阿尔托研究中心的研究员 Alan Demers 于 1987 年在发表于 ACM 上的论文《Epidemic Algorithms for Replicated Database Maintenance》中提出的,主要用在分布式数据库系统中各个副本节点之间同步数据,这种场景的一大特点就是组成网络的节点都是对等节点,组成的网络是非结构化网络。

2.2.2 Gossip 协议流程

Gossip 协议的步骤只有如下两步,整个信息的传播流程如图 2-3 所示。

- 节点 A 周期性地选择相邻的 *K* 个节点,并且向这 *K* 个节点发送自身存储的数据。
- *K* 个节点接收到 A 发送过来的数据后,发现自身没有相同的数据则存储下来,如果有则丢掉,并且重复节点 A 的行为。

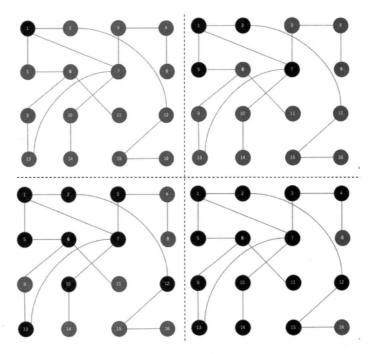

图 2-3　Gossip 协议流程

在 Gossip 协议中，节点间发送数据的方式有三种，但无论哪种方式都是为了达成尽可能减少通过网络传输的数据的体积及尽快完成数据同步的目的。以节点 A 向节点 K 发送数据为例，三种方式如下。

- push 模式：节点 A 将数据(key,version,value)推送给相邻的 K 个节点，相邻节点 K 更新 version 比自己新的数据。
- pull 模式：节点 A 将数据(key,version)推送给相邻的 K 个节点，相邻节点 K 将本地 version 比节点 A 新的数据推送给节点 A。
- push/pull 模式：首先采用 push 模式更新节点 K，然后采用 pull 模式更新节点 A。

在 Gossip 协议三种发送数据的方式中，push 模式需要通信一次，pull 模式需要通信两次，pull/push 模式需要通信三次，最终一致性的收敛速度与通信次数成正比。

在分布式网络中，没有一种完美的解决方案，Gossip 协议跟其他协议一样，也有一些不可避免的缺陷，主要是消息延迟和消息冗余。

- 消息延迟：由于在 Gossip 协议中，节点只会随机向少数几个节点发送消息，消息最终是通过多个轮次的散播而到达全网的，因此使用 Gossip 协议不可避免地会造成消息延迟，这导致 Gossip 协议不适合用在对实时性要求较高的场景中。
- 消息冗余：Gossip 协议规定，节点会定期随机选择周围节点发送消息，而收到消息的节点也会重复该步骤，因此就不可避免地存在消息重复发送给同一节点的情况，造成消息冗余，同时增加了收到消息的节点的处理压力。而且，由于是定期发送的，因此收到了消息的节点还是会反复收到重复消息，更加重了消息冗余。

网络采用 Gossip 协议以后，如果想要确定性地把一个消息传递给一个节点就变得不可能了。例如，在图 2-3 中，发送者想把消息从 1 号节点确定性地传递到 16 号节点，即使 16 号节点不在网络中，也很难明确地给发送者一个传递失败的反馈。1 号节点能做的只是把想传递的消息告诉相邻的节点，然后期望能被 16 号节点接收，如果其中一个节点传递失败，这个节点也需要等待一会儿以期别的节点能把消息传递到 16 号节点。导致这个问题的根本原因是 Gossip 协议中消息的传递缺乏实时性，只能通过随机性的方法期待结果最终收敛。

在超级账本中，节点间同步数据采用的就是 Gossip 协议，当节点异常而缺少账本数据时，可以通过 Gossip 协议从相邻的节点获得账本数据，从而保证集群中节点账本数据的最终一致性。在比特币系统和以太坊中,当一个节点接收到一笔交易或当矿工挖出新的区块之后都会通过 Gossip 协议的数据传输方式,将这笔交易或区块传输到整个区块链网络中。这种完全由对等节点组成的随机网络被称为纯分布式网络。

2.3 混合式网络

纯分布式网络的问题是每个节点都只知道与自己相邻的节点,无法感知整个网络的状况,在发送消息的时候只能通过泛洪的方式发起请求,发送者需要等待网络中的节点层层转发,最后才能得到响应,整个过程缺乏确定性。

这个时候可以结合集中式网络和纯分布式网络的特点,适当地集中节点在整个网络中承担的职能,但是又避免完全地依赖特定节点,组成一种混合式网络。混合式网络如图 2-4 所示。

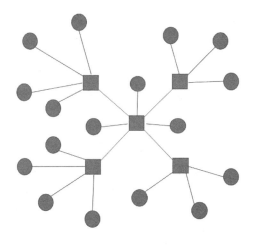

图 2-4 混合式网络

在混合式网络中,方形节点为超级节点,每个圆形的普通节点都需要和超级节点建立连接才能和整个网络中的其他节点通信,超级节点作为普通节点的代理人。这样当有多个超级节点的时候,即使少量的超级节点限制普通节点加入网络或出现故障,也不会影响网络的正常运行。

混合式网络中存在多个超级节点，每个超级节点又与多个普通节点组成局部的集中式网络。一个新的普通节点加入网络需要先选择一个超级节点进行通信，该超级节点再推送超级节点列表给新加入的普通节点，新加入的普通节点根据超级节点列表中的状态选择某个超级节点作为父节点。这种结构限制了泛洪广播的范围，将泛洪广播的范围限制在超级节点之中，避免了网络中大规模的泛洪问题。

当发送者需要明确地知道消息是否传递到目标节点的时候，只要将请求发送给超级节点，超级节点帮助发送者将消息传递到目标节点所属的超级节点，最后发送给目标节点，其中的任意一环出现问题，发送者都能及时收到答复，整个过程是确定的。例如，每一步等待结果的超时时间是 5s，发送者发送消息以后，最多等 15s 就可以知道是否有响应，而不用像 Gossip 协议那样等待一个"maybe"。

在实际应用中，混合式网络是相对灵活且比较有效的网络架构，其实现相对容易。

混合式网络在中心化和分布式之间进行了权衡，普通节点与网络之间只有一条连接，连接依然脆弱，超级节点的数量也有限，与构建区块链系统理想化的 P2P 网络还有一定的距离。

2.4 结构化网络

混合式网络对其中的超级节点有一定的依赖性，相当于超级节点之间组成了一种集中式网络，普通节点与其依赖的超级节点共同组成了星形网络，从系统外部来看，网络整体表现为分布式网络。普通节点依赖特定的超级节点组织网络会出现问题，或者更抽象一下，只要一部分节点依赖另一部分节点组织网络，就相当于放弃了自己组织网络的权利，让渡了一部分权利到其他节点来帮助整个区块链网络的建立。

这个时候需要建立一种规则，使组织网络的权利不用在节点间让渡，这个规则与节点并无利害关系，是一种中立的存在，其存在的意义只是帮助节点建立网络。这个时候，我们可以设计一种结构化的 P2P 网络来达成目的。

结构化网络是一种分布式网络，但与纯分布式网络有所区别。纯分布式网络是一个随机网络，而结构化网络将所有节点按照某种结构有序地组织起来，如形成一个环状网络或树状网络。

2.4.1 Kademlia 算法原理

Kademlia 算法简称 Kad 算法,是一种通过分散式杂凑表实现的协议算法,该算法是 Petar Maymounkov 与 David Mazières 在 2002 年为构建 P2P 网络设计的一种网络传输协议。通过使用 Kad 算法,节点可以在分布式环境中准确地路由和定位数据。在采用 Kad 算法构建的 P2P 网络中,每个节点都有一个随机产生的 160bit 的标识符作为节点 ID,节点通过计算与目标节点 ID 间的距离来快速路由和定位资源。Kad 算法通过异或(XOR)节点 ID 来计算节点之间的距离,这个距离是逻辑上的距离,并不是物理上的距离,逻辑距离近的节点不一定在物理距离上近。下面是一个计算节点间距离的例子。

```
节点 A 的 ID(010)
节点 B 的 ID(110)
A XOR B = 100(二进制) = 4(十进制)
```

在 Kad 算法中,节点需要根据节点 ID 从高位到低位映射为一个二叉树,每个节点按照一定规则对二叉树进行拆分,以便快速路由。二叉树的映射规则如下。

- 将节点 ID(160bit)从高位到低位依次分层,第 N 位对应第 N 层。
- 如果是 0,则进入左子树,如果是 1,则进入右子树。
- 每个节点对应树中的一片叶子。

将节点映射为二叉树后就需要每一个节点按自己的视角将二叉树进行拆分,拆分规则是从根节点开始,首先把不包含自己的子树拆分出来,然后剩下的子树再拆分不包含自己的下一层子树,以此类推,直到最后只剩下自己。图 2-5 展示了 ID 为 110 的节点,从自己的视角出发按照二叉树的映射规则,对二叉树拆分后的结构。

在拆分后,需要保证自己至少存储了每个子树中的一个节点,这对于节点路由非常重要。在进行拆分后,对于一个由 2^n 个节点组成的 P2P 网络,在最坏的情况下只需要 n 步就可以找到目标节点。查找过程为假设 ID 为 110 的节点作为发起节点想快速找到 ID 为 010 的节点,此时节点 110 对子树拆分后的结构如图 2-5 所示,节点 110 分别存储了子树 1 的 000 节点、子树 2 的 100 节点和子树 3 的 111 节点。节点 110 首先会从自己所存储的子树中寻找与目标节点距离最近的节点。

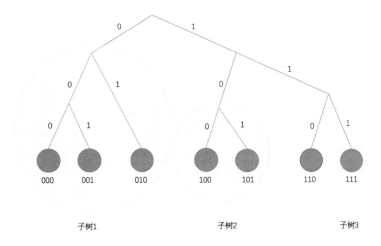

图 2-5　ID 为 110 的节点的子树拆分

与目标节点的距离：110 XOR 010 = 100 = 4（十进制）。

与子树 1 节点 000 的距离：110 XOR 000 = 110 = 6（十进制）。

与子树 2 节点 100 的距离：110 XOR 100 = 010 = 2（十进制）。

与子树 3 节点 111 的距离：110 XOR 111 = 001 = 1（十进制）。

为了找到目标节点，首先需要缩短与目标节点的距离，所以先查询子树 2 的节点 100。同样 ID 为 100 的节点会按自己的视角拆分子树，拆分后的结果如图 2-6 所示。

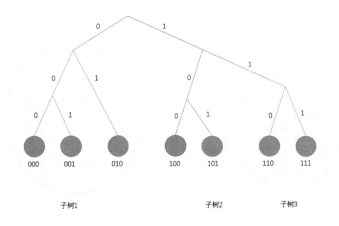

图 2-6　ID 为 100 的节点的子树拆分

此时 ID 为 100 的节点作为发起节点，想快速找到 ID 为 010 的节点，ID 为 110 的节点知道子树 1 的 000 节点、子树 2 的 100 节点和子树 3 的 111 节点，为了找到目标节点，需要缩短与目标节点的距离。

与目标节点的距离：100 XOR 010 = 110 = 6（十进制）。

与子树 1 节点 000 的距离：100 XOR 000 = 011 = 3（十进制）。

与子树 2 节点 101 的距离：100 XOR 101 = 001 = 1（十进制）。

与子树 3 节点 110 的距离：100 XOR 110 = 010 = 2（十进制）。

经过计算后发现子树 1 节点 000 与目标节点的距离最近（距离为 3），所以向子树 1 节点 000 查询。

同样 ID 为 000 的节点会按自己的视角拆分子树，拆分后的结果如图 2-7 所示。

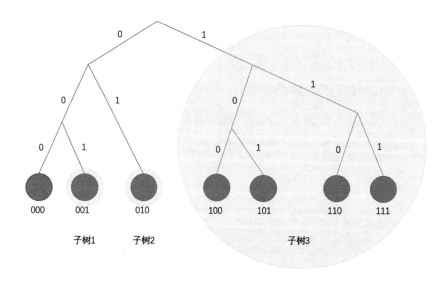

图 2-7　ID 为 000 的节点的子树拆分

节点 000 存储了目标节点 010 的地址，至此整个递归查询的过程就完成了。

因为 Kad 算法默认的节点 ID 是 160bit 的，所以，拆分以后最多可以有 160 个子树，对于每个子树，如果我们分别知道其中的一个节点，就可以利用这个节点递归路由到子树中的任意一个节点。但是在实际应用中，由于节点数量是动态增加或减少的，如果节点保存的其他子树中的节点恰好宕机或下线了就会出现问题，为了保证系统的稳健性，Kad 算法引入了 K 桶（K-bucket）。

2.4.2 K 桶

节点在完成子树拆分以后需要记录每个子树里面的 K 个节点，保存这 K 个节点记录的结构叫作 K 桶。在 Kad 算法中，每个节点按自己的视角进行子树拆分后，离自己近的子树节点少，离自己远的子树节点多。由于每个 K 桶的容量是固定的，因此，节点有更大的可能找到自己的相邻节点，在查找节点时更有可能缩短与目标节点的距离，从而保证路由查询过程是收敛的。K 可以由用户自己定义，在 BT 下载使用的 Kad 算法中，K 是常数 8。

K 桶实际上是路由表，每个节点按自己的视角拆分完子树以后可以得到 N 个子树，那就需要维护 N 个路由表，对应 N 个 K 桶，当需要跨子树查找节点时需要依赖包含对应子树节点的 K 桶。K 桶的结构如图 2-8 所示，不同的 K 桶包含不同子树中的节点，有些 K 桶中节点数量少，有些 K 桶中节点数量多，为了统一处理，确定常数 K 作为 K 桶的大小。

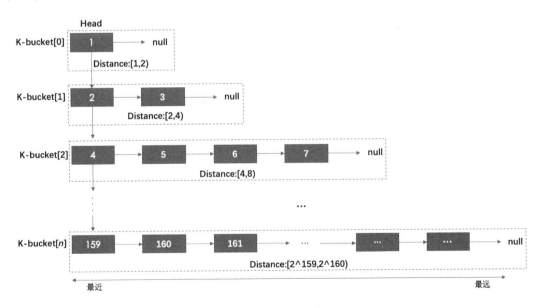

图 2-8　K 桶的结构

每个节点维护 N 个 K 桶以后还会出现一个问题，在 Kad 网络中的节点会动态地增加或减少，对应到具体的数据结构里就表现为 K 桶中节点数据的动态增加或减少，为了保证 K 桶中保存节点数据的有效性，需要对 K 桶中的节点状态进行实时更新。

2.4.3 K 桶的更新机制

Kad 算法为了尽可能地保证 K 桶中节点信息的有效性，主要通过三种方式来更新节点信息。

- 主动收集节点信息，主动发起 Find_Node（查询节点信息）请求，从而更新 K 桶中的节点信息。
- 被动收集节点信息，当收到其他节点发送过来的请求（如 Find_Node、Find_Value）时，会把对方的节点 ID 加入某个 K 桶中。
- 检测失效节点，周期性地发起 Ping 请求，首先判断 K 桶中某个节点是否在线，然后清理 K 桶中那些下线的节点。

当节点收到其他节点发来的请求（Find_Node 或 Find_Value）时，需要用发起节点的 ID 来更新自己的 K 桶，更新步骤如下。

- 计算自己 ID 和发起节点 ID 之间的距离 d。
- 通过距离 d 找到对应的 K 桶，如果发起节点 ID 已经在 K 桶中，则把对应项移到 K 桶的末尾。
- 如果不在 K 桶中，则有两种情况。

    1. 如果该 K 桶存储的节点小于 K 个，则直接把目标节点插入到 K 桶尾部。
    2. 如果该 K 桶存储的节点大于或等于 K 个，则选择 K 桶中的头部节点进行 Ping 操作，检测节点是否存活。如果头部节点没有响应，则移除该头部节点，并将发起节点插入到 K 桶尾部。如果头部节点有响应，则把头部节点移到 K 桶尾部，同时忽略目标节点。

这种更新机制可以保证在线时间长的节点有较大的可能继续保存在 K 桶中，一般而言，在线时间越长的节点越有可能继续保持在线状态。通过这样的方式，可以大幅降低构建稳定网络路由表所需的成本。

2.4.4 加入 Kad 网络

当一个新节点需要加入 Kad 网络时，新节点首先需要和引导节点建立连接，再通过引导节点逐步构建自己的路由表，具体的步骤如下所示。

- 新节点 A 需要一个种子节点 B 作为引导节点，并把该种子节点加入自己的 K 桶中。
- 生成一个随机的节点 ID，直到离开网络时也一直使用。
- 向节点 B 发送 Find_Node 请求。
- 节点 B 在收到节点 A 的 Find_Node 请求后，会根据 Find_Node 请求的约定，找到 K 个距离节点 A 最近的节点，并返回给节点 A。
- 节点 A 收到这些节点以后，就把它们加入自己的 K 桶中。
- 节点 A 继续向这些刚拿到的节点发起 Find_Node 请求，如此往复，直到节点 A 建立了足够详细的路由表。

2.4.5 定位节点

当需要通过 Kad 网络中的某个节点查找指定节点时，可以向这个节点发起 Find_Node 请求，然后等待返回需要查询的目标节点。这个查询过程可以同步进行，也可以异步进行，通常来说同时查询的并发数量一般为 3。节点查询的具体步骤如下所示。

（1）确定目标节点 ID 对应路由表中的 K 桶位置，然后从自己的 K 桶中筛选出 K 个距离目标节点最近的节点，同时向这些节点发起 Find_Node 请求。

（2）被查询节点收到 Find_Node 请求后，从对应的 K 桶中找出自己所知道的最近的 K 个节点，并返回给发起节点。

（3）发起节点在收到这些节点后，更新自己的结果列表，并再次从其中 K 个距离目标节点最近的节点中，挑选未发送请求的节点重复第（1）步。

（4）不断重复上面的步骤直到找到目标节点为止。

当有消息需要传递到整个 P2P 网络的时候，只需要将消息告诉相邻节点即可，然后层层传递至整个网络。当需要与指定节点通信时，可以不断地缩短与目标节点的距离，这样很快就可以找到目标节点。需要注意的是，这种查找复杂度是 $\log_2 N$ 级别的。

这种组织形式的网络的整体的稳健性非常强，当网络中的部分节点遭受攻击或出现故障不能及时恢复的时候，其他节点可以绕过这些节点，重新组织网络，使网络得到恢复，非常适用于区块链的场景。

2.4.6 以太坊中的 Kad 网络

在以太坊中，P2P 网络就是采用 Kad 网络模型来组织大量节点的，但是又基于区块链的场景进行了一些改造。

1）节点 ID

以太坊中的每个节点都有一个通过椭圆曲线算法（Secpk256k1）生成的公私钥对，其中的公钥作为标识节点的 ID，节点间的距离是通过对节点公钥进行哈希后，将得到的二进制数按位异或得到的。具体的计算方式如下所示。

```
Distance(N1,N2) = Keccak256(N1) XOR Keccak256(N2)
```

2）节点列表

节点列表用来节点发现协议中保存的相邻节点的信息，相邻节点的信息被保存在 K 桶路由表中，路由表可以保存 16 个节点条目，按时间排序，越新发现的节点越靠前。当一个新节点 N1 被发现，就可以添加到 K 桶中，如果 K 桶中少于 16 个节点，则可以添加到 K 桶的第一位中，如果 K 桶满了，则需要从 K 桶的最后一位开始 Ping 检测。如果有下线的节点，则移除后再添加新节点，如果 K 桶中的节点都在线，则把这个节点加入备份列表。每个节点通过节点列表的方式负责了整个区块链网络中一小部分的节点路由，多个节点的节点列表又有重复，互为备份最终使整个区块链网络可靠、高效。以太坊中 Kad 网络整体流程如图 2-9 所示。

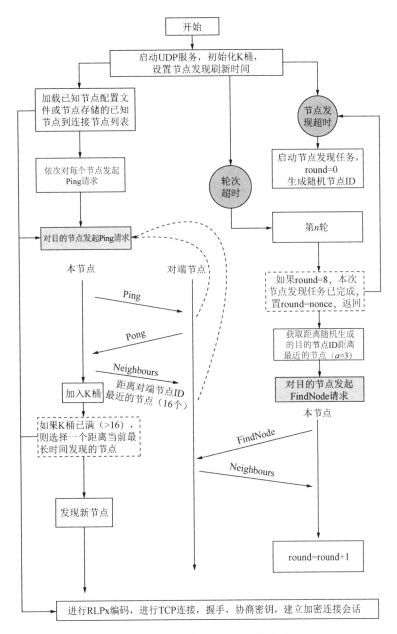

图 2-9 以太坊中 Kad 网络整体流程

2.5 RLP 编码

当设计完 P2P 网络结构以后，就需要具体到每一条连接来发送数据。但是，我们知道 TCP 是基于流数据的协议，也就意味着我们需要把编写的代码序列化成二进制数据进行传输。当对端节点接收到这些流数据后，再进行反序列化，得到具体的数据结构进行后续的操作。

一般而言，序列化的协议有文本协议和二进制协议。文本协议一般是由一串 ACSII 字符组成的数据，这些字符包括数字、大小写字母、百分号、回车（\r）、换行（\n）及空格等。文本协议设计的目的是方便人们理解，但文本协议通常编码后的体积较大。二进制协议是一串字节流，通常包括消息头（Header）和消息体（Body），消息头的长度固定，并且消息头的长度包括了消息体的长度。这样就能够从流数据中解析出一个完整的二进制数据。两种协议各有优劣，如 Json 这种文本协议，编码后的体积就比较大。下面是通过 Json 的方式序列化一个结构体的过程。

```
type Person struct {
    Name string
    Age uint
}

p := &Person{Name: "Tom", Age: 22}
data, _ := json.Marshal(p)
fmt.Println(string(data))
// 编码后的结果 {"Name":"Tom","Age":22}
```

从编码后的结果可以看到，实际需要的数据是 Name：Tom 和 Age：22，其余的括号和引号都是描述这种格式的，也就是冗余数据，不过这种编码方式的可读性非常好，可以非常容易地看出键所对应的值。

二进制协议序列化后是一串二进制数据，基本不可读，但是冗余信息少，传输效率高。在区块链场景下显然需要一种高性能、易解析、低冗余的传输协议，所以优先选择二进制协议。

在二进制协议中，比较出名的是 Google 的 Protobuf 和 Facebook 的 Thrift，但是以太坊中并没有采用这两种序列化方式，这主要是因为在以太坊这种区块链场景下，要求序列化后的字节序一致。Protobuf 和 Thrift 在一些场景下序列化后得到的字节序是不一致的，虽然程序依然可以正常解析，但是这会导致哈希算法对同一数据结构的哈希值不一致，从而被认为是不同的两份数据。

为了解决这个问题，以太坊设计了新的编码方式 RLP（Recursive Length Prefix）编码，即递归长度前缀编码，RLP 编码除用于以太坊的网络数据传输之外，还用于持久化存储。

2.5.1　RLP 编码定义

RLP 编码简化了编码的类型，只定义了两种类型的编码：byte 数组和 byte 数组的数组，也就是列表。不同于 Protobuf、BSON 和其他序列化方法，RLP 编码不企图定义任何特定数据类型，如布尔值、浮点数、双精度数，甚至整数。相反，RLP 编码只是以嵌套数组的形式存储结构型数据，由上层协议来确定数组的含义。例如，struct 可以转成列表，int 可以转成二进制数据（属于字符串一类）。

以 Go 语言编码结构体（struct）为例，RLP 编码会将其映射为列表。

```
type Student struct{
    Name    string
    Country string
}
s := Student{Name:"qyuan", Country:"china"}
```

又如，Student 这个对象可以处理成列表["qyuan","china"]，如果编码 map 类型，则可以采用以下列表形式。

```
foo := make(map[string]string)
foo["name"]    = "qyuan"
foo["country"] = "china"
```

也就是说，foo 这个 map 可以处理成列表[["name","qyuan"],["country","china"]]。

2.5.2　RLP 编码规则

RLP 编码基于上面两种编码类型提出了如下 5 条编码规则。

1）规则一

对于值在[0, 127]之间的单个字节，其编码结果是其本身，如字符 a 的编码是 97。

2）规则二

如果 byte 数组的长度 Len 的值小于或等于 55，则编码结果是数组本身，再加上 128+Len 作为数组的前缀。

```
空字符串的编码是128，即 128=128+0
abc 的编码是 131 97 98 99，其实131=128+Len("abc")，97 98 99依次是 a b c
```

3）规则三

如果 byte 数组的长度 Len 的值大于 55，则编码结果第一位是 183（128+55）加 byte 数组长度的编码的长度，然后是数组长度本身的编码，最后是 byte 数组的编码。

```
编码一个重复1024次"a"的字符串，其结果是 185 4 0 97 97 97 …
```

1024 按照大端编码是 0000 0000 001，转换为十进制数据是 0 0 4 0，省略前面的 0，长度为 2，因此，185 = 183 + 2。

4）规则四

如果列表长度小于或等于 55，则编码结果第一位是 192 加列表长度的编码的长度，然后依次连接各个子列表的编码。

```
["abc", "def"]的编码结果是 200 131 97 98 99 131 100 101 102
```

其中，abc 的编码是 131 97 98 99，其中，131 = 128 + 3，总长度是 4；def 的编码是 131 100 101 102，总长度是 4。二者相加的总长度是 8，编码结果的第一位是 200 = 192 + 8。

5）规则五

如果列表长度大于 55，则编码结果第一位是 247（192 + 55）加列表长度的编码的长度，然后是列表本身的编码，最后依次连接子列表的编码。

["The length of this sentence is more than 55 bytes, ", "I know it because I pre-designed it"] 的编码结果如下。

```
248 88 179 84 104 101 32 108 101 110 103 116 104 32 111 102 32 116 104 105
115 32 115 101 110116 101 110 99 101 32 105 115 32 109 111 114 101 32 116 104
97 110 32 53 53 32 98 121 116 101 115115 44 32 163 73 32 107 110 111 119 32 105
```

```
116 32 98 101 99 97 117 115 101 32 73 32 112 114101 45 100 101 115 105 103
110 101 100 32 105 116
```

其中前两个字节的计算方式如下。

- 248 = 247 + 1。
- 88 = 86 + 2， 在规则三的示例中，长度为 86，而在此例中，由于有两个子字符串，每个子字符串本身的长度的编码各占 1 个字节，因此，总共占 2 个字节。
- 第 3 个字节 179 依据规则三得出。第 55 个字节 163 同样依据规则三得出，163=128+35。
- 其中规则三、规则四和规则五是递归定义的，允许嵌套。

2.6　RLPx 子协议

采用 Kad 算法构建的 P2P 网络不仅可以供区块链应用使用，也可以供其他的分布式应用使用。以太坊 2.0 计划使用 Libp2p 来构建 Kad 网络，Libp2p 是分布式文件系统（IPFS）所使用的底层网络库。开发者可以基于 Kad 网络构建自己的区块链系统，这就好比计算机连接一条网线以后可以听歌、打游戏、浏览网页，而 Kad 网络就是这条网线。

开发者可以用采用 Kad 算法构建的网络作为基础，在其上创建不同的子协议来支持不同的应用。

以太坊的 P2P 网络也确实是这样做的，如果将以太坊的 P2P 网络类比为 TCP，那么 P2P 网络暴露出来的子协议就类似于 HTTP。以太坊在这种支持子协议的 P2P 网络的基础上构建出了自己的网络用以支持以太坊的运行。

在以太坊启动子协议前，首先需要对网络层的 Server 进行配置，其中包括最多可以连接的节点数量、本节点的私钥等，配置完成之后就可以建立节点间的连接。具体配置的结构体如下所示。

```
srv := p2p.Server{
    Config: p2p.Config{
        MaxPeers: 10,                    // 最多可以连接的节点数量
```

```
    PrivateKey: nodekey,              // 节点私钥
    Name: "NodeName",                 // 节点名称
    ListenAddr: ":30300",             // 节点监听的端口
    Protocols: []p2p.Protocol{},      // 子协议列表
    NAT: nat.Any(),                   // 支持内网穿透
    Logger: log.New(),                // 日志实例
  },
}
```

RLPx 子协议是用于以太坊节点之间通信的基于 TCP 的传输协议，该协议携带属于连接建立期间协商的一个或多个功能的加密消息。RLPx 以 RLP 序列化格式命名，该名称不是首字母缩写词，也没有特殊的含义。

在以太坊中，所有的 RLPx 子协议都是基于 TCP 连接的，多个 RLPx 子协议共用同一条 TCP 连接，整体关系如图 2-10 所示。

图 2-10　RLPx 子协议与 TCP 连接关系

当区块链系统中的不同模块需要通信时，可以自定义子协议来完成不同的通信需要，子协议只需要按照以太坊子协议规范定义一个结构体即可。

```
func MyProtocol() p2p.Protocol {
  return p2p.Protocol{
    Name: "MyProtocol",
    Version: 1,
    Length: 12,
    Run: func(peer *p2p.Peer, ws p2p.MsgReadWriter) error { return nil },
  }
}
```

- Name：一个子协议即一个 p2p.Protocol 的名称。

- Version：子协议版本号，每个子协议都需要的唯一标识，当一个子协议有多个版本时，将采纳最高版本号的子协议。
- Length：子协议拥有的消息类型个数，P2P 网络的处理函数需要知道应该预留多少空间用来服务这个子协议。同时，Length 字段是不同节点各个模块的消息能够通过 message ID 到达不同节点相同模块的保障。
- Run：当以太坊 P2P 服务启动时，会调用 Run 函数来启动子协议，子协议启动以后的所有消息处理逻辑都在 Run 函数中完成。

上层模块在发送消息的时候，并不会感知到不同的子协议，只需要统一调用发送消息的接口 WriteMsg 即可，接口的定义如下。

```
type MsgWriter interface {
    WriteMsg(Msg) error
}
```

对于不同的子协议而言，发送消息的接口都是 WriteMsg，而区别不同子协议的字段 Code 在消息（Msg）结构体中。RLPx 子协议结构体中的 Length 表示一个子协议有多少种消息，当发送消息时，结合消息的 Code 来实现消息分发。例如，子协议 A 的长度是 13，表示有 13 种消息，其消息中可以使用的 Code 就是 0~12。当 P2P 网络中的 Server 收到一条消息时，通过查看消息的 Code 就可以将消息分发给对应的子协议来处理。假设协议栈的长度是 40，一共有 5 个子协议，则多个子协议的协议栈如图 2-11 所示。

图 2-11　RLPx 协议栈

这样就实现了在一条 TCP 连接上支持多种子协议，避免了为每个子协议单独建立连接所带来的资源消耗。但是当多个子协议共用同一条 TCP 连接时，就不得不面对链路安全的问题。

以太坊解决这个问题采用的方案是每个 RLPx 子协议在建立连接时独立进行握手，交换密钥建立自己的安全信道，具体采用 ECIES 算法。ECIES 算法基于椭圆曲线，是一套集成了密钥交换、对称加密、消息验证码的算法体系。

假设 Alice 想和 Bob 建立安全的链路，同时 Alice 知道 Bob 的公钥，那么需要通过下面的流程建立安全的链路。

1. Alice 首先选择一个随机数 r，然后通过 Secpk256k1 生成 G，r 与 G 相乘得到一个值 $R = r \times G$（一个临时密钥对），R 可以视为临时公钥，r 可以视为临时私钥。

2. Alice 用自己的随机数 r 与 Bob 的公钥在曲线上相乘得到点对。

$$(S_x, S_y) = r \times K_{\text{pub,Bob}}，其中 K_{\text{Pub,Bob}} = K_{\text{private,Bob}} \times G$$

3. Alice 选择共享秘密种子 $S_{\text{secret}} = S_x$，并且通过 S_{secret} 和生成函数（KDF）来生成后面对称加密算法的密钥、IV（对称加密所需的初始化向量）和消息验证码的密钥，最后发送 R 给 Bob。

4. Bob 接收到 R 之后，通过使用自己的私钥计算。

$$K_{\text{private,Bob}} \times R = K_{\text{private,Bob}} \times r \times G = r \times K_{\text{pub,Bob}} = (S_x, S_y)$$

这样一来，就推导出了共享的秘密种子 S_{secret}。

5. Bob 使用同样的 KDF 即可生成 Alice 已经生成的那些对应的密钥和 IV，从而使得安全链路得以建立。

当 RLPx 子协议的握手完成后，后续通信的消息全部使用共享密钥 S_{secret} 进行 AES 加密，这样既保证了连接复用，也保证了信道隔离。

2.7 Whisper 协议

Whisper 协议是一种信息检索协议，它允许节点间直接以一种安全的形式互发消息，并且对第三方窥探者隐藏发送者和接收者的信息。Whisper 协议是 DApp 间通信的通信协议，是专门为需要大规模的多对多数据发现、信号协商和少量数据传输通信、完全隐私保护的下一代 DApp 而设计的。需要特别注意的一点是，Whisper 协议是基于 RLPx 子协议的一个应用层协议。

以太坊作为一个区块链生态系统，为区块链应用 DApp 提供了丰富的环境，Whisper 协议就是其中一个基础性设施。Whisper 协议是一个比较独立的模块，它的运行完全独立于 Geth 客户端，也就是以太坊区块链，这意味着我们可以将 Whisper 协议作为一个单独的模块，以此为基础来开发我们自己的应用。

2.7.1 消息广播

Whisper 协议对上层网络暴露出一套类似于订阅—发布的 API 体系，节点可以申请自己感兴趣的主题（Topic），申请后就会只接收这些主题的消息，无关主题的消息将被丢弃。在这套体系内，有几个基础构件需要说明一下。

1. 信封

信封（Envelope）是 Whisper 协议节点传输数据的基本形式。信封包含了加密的数据体和明文的元数据，元数据主要用于基本的消息校验和消息的解密。信封通过以下格式的 RLP 编码结构在网络中传输。

[Version, Expiry, TTL, Topic, AESNonce, Data, EnvNonce]

- Version：最多占用 4 个字节（目前仅使用了 1 个字节）。如果信封的 Version 比本节点当前 Version 的值高，节点将无法解密信封，仅会对此信封进行转发操作。
- Expiry：占用 4 个字节（表示 Unix 时间戳秒数），标明消息的过期时间。
- TTL：占用 4 个字节，表示消息在网络中剩余存活时间的秒数。
- Topic：占用 4 个字节，表示消息所属的信封主题。
- AESNonce：占用 12 个字节的随机数据，仅在对称加密时有效。
- Data：具体发送的消息。
- EnvNonce：占用 8 个字节的随机数据（用于 PoW 计算）。

如果节点无法解密信封，那么节点对信封内的消息内容一无所知，但这并不影响节点将消息进行转发扩散。每当发送一条消息时都需要进行 PoW 工作量证明，消息发送者需要进行一些计算，消耗一定的时间和计算资源，避免一个节点无限制地发送垃圾消息，增加网络负担。发送者发送消息所计算 PoW 付出的代价，可以理解为该节点为其他节点传递和存储消息所花费资源的抵扣。

在 Whisper 协议最新的 v6 版本中，PoW 需要完成的工作定义为

$$\text{PoW} = \frac{2^{\text{BestBit}}}{\text{Size} \times \text{TTL}}$$

- BestBit：计算哈希值后前导 0 的个数。
- Size：发送消息的大小。
- TTL：发送消息剩余存活时间的秒数。

如果发送者希望网络消息存活特定时间（TTL），就可以将计算 PoW 的成本视为发送者为分配的资源支付的价格。就资源而言，消息的体积越大，在网络中存活时所占用的资源越多。因此，所需的 PoW 所做的工作量应该与消息大小和 TTL 成正比。

2．主题

节点尝试解密所有接收到的信封，其花费的代价是非常高的，因为解密需要消耗较多的计算资源。为了便于过滤，Whisper 协议引入了主题（Topic）的概念。

节点收到消息后，如果节点检测到主题是自己感兴趣的，它将尝试使用相应的密钥对消息进行解密。在失败的情况下，该节点会认为出现了有冲突的主题。例如，该消息已使用另一个密钥加密，应将其进一步转发。任何信封都只能用一个密钥加密，因此信封只包含一个主题。

主题包含 4 个字节的任意数据。主题可能是根据密钥生成的（如密钥哈希值的前 4 个字节），但是强烈建议不这样做。这主要是为了避免主题对密钥部分数据的泄露。任何有损安全性的操作都应该被避免，主题应该与密钥完全无关。为了进行对称加密，节点必须通过某个安全通道交换对称密钥。因为不同节点可能会使用相同的通道来交换相应的主题。在非对称加密的情况下，这一过程可能会更加复杂，因为公钥将通过公开渠道进行交换。

因此，DApp 可以选择将其主题与公钥一起发布（降低隐私性），或者尝试解密所有非对称加密的信封（将花费巨额费用）。除此之外，还可以将非对称信封的 PoW 需求设置得比对称信封高很多，从而限制发送者徒劳的尝试次数。

3．过滤器

任何 DApp 都可以使用 Whisper API 设置多个过滤器。过滤器包含主题密钥（对称或非

对称）和某些条件，根据这些条件，过滤器应尝试解密传入的信封。如果信封不满足下面列出的过滤条件，则应将其忽略。

- 可能的主题（或部分主题）数组。
- 发件人地址。
- 收件人地址。
- 工作量要求。
- AcceptP2P：布尔值，指示节点是否接收来自受信任对等方的直接消息（保留用于某些特定目的的消息，如 Client / MailServer 实现）。

在 Whisper 协议中，满足过滤条件并已成功解密的所有传入消息将由相应的过滤器保存，直到 DApp 请求消费它们为止。DApp 应按固定的时间间隔轮询是否接收到消息。因为所有已设置的过滤器彼此独立，并且过滤器间的条件可能重叠。如果一条消息满足多个过滤器的条件，那么它将存储在所有过滤器中。

4．邮件服务器

假设 DApp 在等待带有特定主题的消息时，突然出现了网络故障，结果导致很多消息在传递过程中丢失。在网络恢复重发这些消息的时候，就会面临一个问题：需要重发消息的消息可能已经过期。即使网络正常，消息可以正常发送到对端节点，也会被当作过期消息而丢弃。因此，对于重发消息来说是无法通过 Whisper 协议的正常通道来进行的。

解决此问题的一种方法是运行邮件服务器，该服务器存储了所有的消息，并且在对端节点请求历史消息的时候重新发送过去。与传统的邮件服务器不同，以太坊中的邮件服务器通过将消息存储在 LevelDB 中实现数据的持久化。当对端节点请求历史消息的时候，邮件服务器与该节点进行对等通信，并且直接重新发送过期的消息，接收者会跳过对这些消息过期时间和 PoW 阈值的检查，直接使用这些消息，并且不再对其进行转发。

为了简化这个过程，在最新的 Whisper v6 版本中提供了协议级别的支持，并且引入了新的消息类型 p2pRequestCode 和 p2pMessageCode，分别用于节点从邮件服务器请求历史消息和响应请求的历史数据。

2.7.2 协议流程

Whisper 协议流程如图 2-12 所示，发送者构建信封通过 RLPx 子协议发送至网络，网络中的其他节点接收到消息后通过过滤器选择感兴趣的信封，然后对信封进行验证，验证成功后缓存消息等待上层模块进行消费。

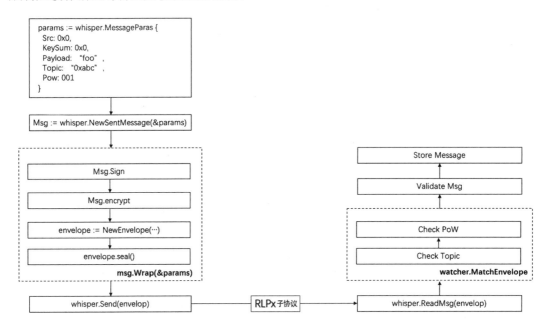

图 2-12　Whisper 协议流程

Whisper 协议的实现位于协议包 github.com/ethereum/go-ethereum/whisper 中，协议包下面有多个版本实现，目前最新的协议包是 whisper v6。Whisper v6 实现的核心结构如图 2-13 所示。

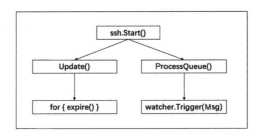

图 2-13　Whisper v6 实现的核心结构

当节点与新节点成功连接后，产生两个协程（Goroutine），分别用来进行消息的接收（Update）和消息的广播（ProcessQueue）。

- Update 协程负责将该节点未过期的消息广播到网络中。
- ProcessQueue 协程不断从连接中读取新消息，并且将消息暂存到信封中。如果发现是一条未接收过的新消息，则将消息转发到对应的队列（MessageQueue 和 p2pMsgQueue）中。

需要特别注意的是，Whisper 模块中有两个接收消息的队列 MessageQueue 和 p2pMsgQueue，两个队列的的作用不同，MessageQueue 用来接收普通的广播消息；p2pMsgQueue 用来接收 P2P 消息，对于接收到的 P2P 消息不会校验 PoW 阈值是否合法，也不会检查 TTL。

经过一系列精心设计后，我们构建的 P2P 网络可以连接大量的节点，支持多种子协议运行，同时具有一定的稳健性。P2P 网络既可以全网广播消息，又可以单点通信，可以说是一种非常完善的网络架构，足以为在此网络架构上构建可靠的区块链系统提供支持。

第 3 章

交易模型

数字货币是区块链技术最为成功也最为重要的一个应用,区块链技术为数字货币的交易模式与发行方式带来了深刻的变革,促进了效率和安全性的提升。数字货币,面临的一个很重要的问题就是归属权的问题,如有 100 个比特币,怎么才能证明这些比特币在计算机中的归属权。毕竟在计算机中复制一个东西太过容易,所有的价值标识在计算机看来不过是一串二进制数据。

凭借我们的认知,应该有一个类似银行账户的东西,账户中的余额的控制权在掌握账号密码的人的手中。但是在去中心化的场景下,这样做存在些问题。如用账户 A 给账户 B 转 100 元,银行会把账户 A 的余额减 100 元,把账户 B 的余额加 100 元。但是,银行是一个中心化的系统,在之前构建 P2P 网络的时候,需要保证每个节点的权利平等,既然权利平等,谁能把一个节点的余额加 100,谁又能把一个节点的余额减 100 呢?

如果任意节点均有权操纵其他节点的账户余额,就乱套了。举例来说,账户 A 余额只有 100 元,账户 A 可以给账户 B 转 100 元,还可以给账户 C 转 100 元。虽然这不符合常理,但是确实在数字货币场景中发生了,这就是数字货币所面临的双花问题,又称为双重支付问题,即一笔钱被花费了两次。

第一种以区块链技术为基础的数字货币——比特币也面临这个问题,不过比特币提出者中的本聪提出了一个创造性的解决方案,叫作未花费的交易输出,也就是大名鼎鼎的 UTXO 模型。尽管 UTXO 模型不太符合我们的认知,但是确实可以有效地解决双花问题。

3.1 UTXO 模型介绍

UTXO 全名是 Unspent Transaction Outputs(未花费的交易输出)。UTXO 模型的总体设计基于这样一种思路:如果 A 要花费一笔钱,如 100 元,这笔钱不会凭空产生,那么必然由 B 先花费了 100 元,被 A 赚到这 100 元,然后 A 才能继续花费这 100 元。这个链条的源头就是先产生的这笔钱,在比特币系统中这被称为铸币(Coinbase),然后会产生这样一个链条:铸币→B→A。

整个过程从铸币开始,一直可以追溯到当前的状态,当接收到一个 UTXO 输入时,可以基于 UTXO 模型判断这笔钱有没有在别的地方被花费过。UTXO 模型如图 3-1 所示。

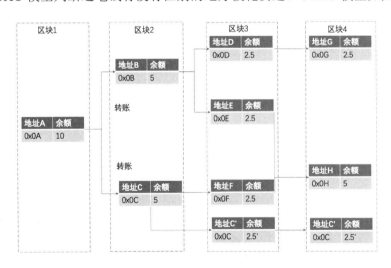

图 3-1 UTXO 模型

假设 A 挖出了区块 1，获得了 10 个比特币，这时在 UTXO 模型中 A 的余额是 10。A 向 B 和 C 分别转 5 个比特币，这两笔交易被打包到区块 2 中，这时候在 UTXO 模型中 B 和 C 的余额分别是 5。当查看区块 4 打包的交易以后，发现这时的 UTXO 模型显示，G 和 C'各有 2.5 个比特币，H 有 5 个比特币。

还有一点违反直觉，那就是整个过程是单向的，也就是说如果 B 只对 A 花费了 50 元，A 是不会给 B 找回剩余的 50 元的，这显然是不可接受的，这是 UTXO 模型的另一个性质，一笔交易的输入必须是另一笔交易的输出。

但是可以采取一种折中的手段，B 向 A 花费 50 元，同时 B 可以向 B'花费 50 元，其中 B'就是 B 控制的另一个地址，这个过程被称为找零，B'被称为找零地址。

在找零的过程中还可能会出现这样一个问题：如果 B 忘记填写找零地址，那么剩余的 50 元会去哪里呢？当然这些钱不会凭空消失，而是被矿工当作打包这笔交易的手续费收取了。简单来说输入与输出的差额就会变成矿工的手续费，所以当花费 UTXO 的时候尤其需要注意。

除了找零，还有凑整的情况，就是单个地址的输入余额不足以支持花费，需要将多个地址的余额凑到一起，凑整的过程与找零刚好相反，图 3-1 中的地址 H 的输入就是一个凑整的过程。

对于用户来说，所谓的账户余额就是其私钥可以控制的所有 UTXO 的总和，余额的汇总一般由"钱包"这样的应用来完成。

在上面的交易链条中，每一笔花费都是可以追溯到源头的，显然这是不利于隐私保护的。如果地址没有发生改变，则可以监控这个地址的资金往来，甚至可以根据这个账户资金往来的特征推断出谁拥有这个地址。这种单向链条让 B 不得不创建一个新地址 B'以接收找零，躲避追溯实现对隐私的保护。

每一笔交易会促使一次 UTXO 地址余额的变换，所有 UTXO 的集合被称为 UTXO Set，目前有数以千万计的 UTXO。UTXO 集合的大小随着交易的变化而变化，虽然有时其数量会减少，但是从总体趋势来看是不断增长的。UTXO 地址余额的变换最终会被打包进区块存储起来，整个 UTXO 模型最终还是被交易驱动的。

无论是交易的输入还是输出，其中包含的比特币必须等于聪（Satoshis）倍数的值。正如人民币可以被分为小数点后两位一样，比特币可以被分为小数点后八位，最小的计量单位为聪。

交易的输入和输出除包含 UTXO 的可用余额外，还包含一段脚本，这段脚本是用来验证谁有权花费这些余额的。脚本分为锁定脚本（Locking Script）和解锁脚本（Witness Script）或者叫见证脚本。

锁定脚本是 UTXO 的花费条件，用来指定将来要花费的输出必须满足的条件。由于历史原因，锁定脚本被称为 ScriptPubKey，因为它通常包含公钥或比特币地址（公钥的哈希值）。在大多数比特币应用中，我们所称的锁定脚本将作为 ScriptPubKey 出现在源代码中。

解锁脚本是可以满足锁定脚本放置到输出上的条件从而花费输出的脚本。解锁脚本是每笔交易输入的一部分。在大多数情况下，解锁脚本包含用户私钥生成的数字签名。在大多数比特币应用中，源代码将解锁脚本称为 ScriptSig。

3.1.1 输入

输入将决定使用哪些 UTXO，也就是决定先前交易的输出，并且通过解锁脚本提供这些 UTXO 的所有权证明。

客户端为了完成交易，需要从其控制的 UTXO 中选择具有足够价值的 UTXO 来完成付款。有时候一个 UTXO 就足够了，有时候需要多个 UTXO。对于将用于付款的 UTXO，客户端将创建一个指向各 UTXO 的输入，并使用解锁脚本将其解锁。

让我们更详细地看看输入的组成部分。输入的第一部分是指向 UTXO 的指针，引用交易的哈希值和输出索引值，该索引值标识交易中特定的 UTXO。第二部分是一个解锁脚本，用于满足 UTXO 中设置的花费条件。在大多数情况下，解锁脚本是证明比特币所有权的数字签名和公钥。但是，并非所有解锁脚本都包含签名。第三部分是序列号。

交易的输入是一个 Vin 数组，其结构如下所示。

```
"Vin": [
  {
    "Txid": "7957a35fe64f80d234d76d83a2a8f1a0d8149a41d81de548f0a65a8a999f6f18",
    "Vout": 0,
```

```
    "ScriptSig":
"3045022100884d142d86652a3f47ba4746ec719bbfbd040a570b1deccbb6498c75c4ae24cb0
2204b9f039ff08df09cbe9f6addac960298cad530a863ea8f53982c09db8f6e3813[ALL]
0484ecc0d46f1918b30928fa0e4ed99f16a0fb4fde0735e7ade8416ab9fe423cc54123363767
89d172787ec3457eee41c04f4938de5cc17b4a10fa336a8d752adf",
    "Sequence": 4294967295
  }
]
```

由此可见，列表中只有一个输入（因为这个 UTXO 包含足够的价值来完成此次付款）。输入包含以下四个元素。

- 交易 ID：用来引用包含正在使用的 UTXO 的交易。
- 输出索引值（Vout）：用来标识使用来自该交易的 UTXO（第一个从 0 开始），假设当前交易使用了一个具有 100 个比特币的 UTXO，但是本次支付只需要向地址 A 转 50 个比特币，向地址 B 转 20 个比特币，然后将剩余的 30 个比特币作为找零发送回自己的另一个地址，由于 UTXO 不可拆分，必须一次全部花费完，这时就需要用到输出索引值将交易和所花费的 UTXO 对应起来。
- ScriptSig：满足 UTXO 花费条件的解锁脚本，用于解锁并花费此 UTXO。
- 序列号：发送者定义的交易版本。

通过交易 ID 和输出索引值可以唯一地标识一笔交易。

3.1.2 输出

输出包含所要转移的比特币和锁定这些比特币的锁定脚本，正如之前提到的，一笔交易可以有多个输出，输出位于交易的 Vout 数组中，其结构如下所示。

```
"Vout": [
  {
    "Value": 0.01500000,
    "ScriptPubKey":"OP_DUP OP_HASH160 ab68025513c3dbd2f7b92a94e0581f5d50f654e7
OP_EQUALVERIFY OP_CHECKSIG"
  },
  {
```

```
    "Value": 0.08450000,
    "ScriptPubKey":"OP_DUP OP_HASH160 7f9b1a7fb68d60c536c2fd8aeaa53a8f3cc025a8
OP_EQUALVERIFY OP_CHECKSIG",
  }
]
```

该交易包含两个输出，每个输出由一个值和一段指令组成。Value 在交易中被记录为以聪为单位的整数。每个输出的第二部分是验证花费 UTXO 的脚本，ScriptPubKey 字段展示了该脚本。

通过上面的介绍可以归纳出一些 UTXO 模型的特点。

- 除比特币产生的交易外，每一笔交易的输出都是另一笔交易的输入。
- 如果丢失账户私钥失去账户的控制权后，UTXO 模型会一直保存这个账户的余额，因为没有输出。
- 随着比特币的碎片化和账户私钥的丢失，保存 UTXO 模型所需的空间会越来越大。
- 验证一笔交易的余额是否足够需要向上追溯。
- UTXO 模型可以在一定程度上避免双花问题。
- UTXO 模型通过设置新地址找零，这增加了一定的隐私性，因为除了交易的发送者，没有人知道哪个地址是找零地址，哪个地址是收款地址。

3.1.3 比特币脚本

比特币脚本是一种基于栈的、在有限的范围内设计的、可在多种硬件上执行的简单脚本语言。比特币脚本只能进行有限的操作，许多现代编程语言能够做的事情它都不能完成。足够的简单意味着很难从中挖掘出漏洞，对于数字货币来说，这是一个经过深思熟虑的安全特性。

比特币脚本由许多的操作码构成，操作码按照功能不同大体可以分为四类，分别是栈操作码、算术操作码、密码学操作码和有限制的流程控制操作码。下面是一些常见的操作码。

1）栈操作码

（1）OP_DUP：复制栈顶元素，压入栈中。

（2）OP_PUSHDATA：将数据压入栈顶。

2）算术操作码

（1）OP_ADD：弹出2个元素相加后压入栈中。

（2）OP_EQUALVERIFY：弹出2个元素，比较是否相等，若不相等，则标记交易为无效。

3）密码学操作

（1）OP_HASH160：弹出栈顶元素，进行RipeMD160哈希计算，将结果压入栈顶。

（2）OP_CHECKSIG：弹出2个元素（一般是签名和公钥），验证签名，若成功，则压入TRUE；否则压入FALSE。

4）有条件的流程控制操作码

OP_IF：如果栈顶元素不为0，则执行语句。

在比特币系统中没有账户的概念，谁拥有这笔交易的输出谁就可以花费这笔交易中的比特币，为了证明自己拥有这笔交易的输出就需要提供密钥接受验证，验证通过后就可以花费这笔交易的输出。其基本设计思路是，每个人都能从UTXO集合中看到每笔交易的输出，谁能提供密钥让这个脚本运行通过，谁就能花费这个UTXO。

验证UTXO花费所执行的脚本由输入和输出脚本拼接而成，如图3-2所示。

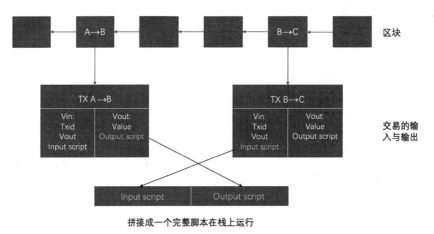

图3-2 拼接输入、输出脚本

最初版本的比特币客户端是将输入脚本和输出脚本按顺序拼接起来执行的。出于安全因素考虑，其在 2010 年发生了改变，允许格式错误的解锁脚本将数据推送到堆栈并损坏锁定脚本。而在当前的方案中，脚本是单独执行的，在两次执行之间传输堆栈，比特币系统提供了三种输出脚本的形式，分别是 P2PK 和 P2PKH 和 P2SH。

1. 公钥支付

公钥支付（Pay to Publish Key，P2PK）即输出脚本直接给出了收款人的公钥，输入脚本提供了私钥对整个交易的签名，最后通过 OP_CHECKSIG 操作码进行验证。在签名算法中私钥签名、公钥验证，如果验证通过，则证明这个行为确实是私钥拥有者所为。在 P2PK 中，花费交易用私钥对交易进行签名，上一笔输出交易用公钥对花费交易的私钥进行验证，如果验证通过，则证明这个交易确实是私钥拥有者发出的。

这个过程在比特币脚本中是的表示如下。

```
Input script:
    OP_PUSHDATA(Sig)
Output script:
    OP_PUSHDATA(PubKey)
    OP_CHECKSIG
```

首先 OP_PUSHDATA(Sig)和 OP_PUSHDATA(PubKey)操作码会将 Sig 和 PubKey 分别压入栈中，接着 OP_CHECKSIG 操作码弹出栈顶 2 个元素验证签名，栈中的数据变化如图 3-3 所示。

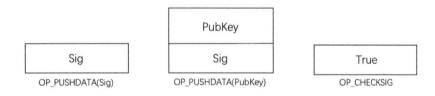

图 3-3　栈中的数据变化

脚本执行的结果是 True，证明私钥拥有者拥有花费这笔交易的输出的权利。

2. 公钥哈希值支付

在 P2PK 中，输出脚本直接暴露了下一笔交易花费者的公钥，这显然是不太合理的，于是又有了第二种输出脚本的类型，即公钥哈希值支付（Pay to Public Key Hash，P2PKH）。

P2PKH 的输出脚本直接给出了收款人公钥的哈希值，输入脚本提供了私钥对整个交易的签名，同时提供了自己的公钥用作验证，整个过程大同小异。

```
Input script:
    OP_PUSHDATA(Sig)              //压入签名
    OP_PUSHDATA(PubKey)           //压入公钥
Output script:
    OP_DUP                        //复制栈顶元素，再压入栈
    OP_HASH160                    //弹出栈顶元素，取哈希值再压入栈
    OP_PUSHDATA(PubKeyHash)       //压入输出脚本提供的公钥哈希值
    OP_EQUALVERIFY                //弹出栈顶元素，比较是否相等
    OP_CHECKSIG                   //公钥检查签名是否正确
```

3. 脚本哈希值支付

脚本哈希值支付（Pay to Script Hash，P2SH）的输出脚本需要由收款人提供脚本（Redeem Script）的哈希值，当收款人要花费这笔交易的输出的时候，需要提供输入脚本的内容和签名，在验证的时候分如下两步。

（1）验证输入脚本的哈希值是否与输出脚本的哈希值匹配。

（2）反序列化并执行 RedeemScript，验证输入脚本给出的签名是否正确。

采用 BIP-16 的方案。

```
Input script:
    ...
    OP_PUSHDATA(Sig)
    ...
    OP_PUSHDATA(Serialized RedeemScript)
Output script:
    OP_HASH160
    OP_PUSHDATA(RedeemScriptHash)
    OP_EQUAL
```

其实可以用 P2SH 实现 P2PK。

```
RedeemScript:
    OP_PUSHDATA(PubKey)
```

```
    OP_CHECKSIG
Input script
    OP_PUSHDATA(Sig)
    OP_PUSHDATA(Serialized RedeemScript)
Output script:
    OP_HASH160
    OP_PUSDHDATA(RedeemScriptHash)
    OP_EQUAL
```

在比特币系统最初版本中是没有的 P2SH，其在 2012 年才以软分叉的方式被加入比特币系统，其中最重要的一点是对多重签名的支持。

> 在多重签名中，只要提供超过指定数量的私钥即可，容忍了一定程度的私钥丢失。

多重签名的脚本设置了一个条件，N 个公钥被记录在脚本中，并且其中至少有 M 个公钥提供签名来解锁比特币。这称为 M-N 方案，其中 N 是密钥的总数，M 是验证所需的签名的数量。

如果不采用 P2SH，要实现多重签名的形式，锁定脚本就会变得相对复杂。例如，在下面的例子中有 5 个参与者，即 N 为 5，但是只要有其中的两个参与者同意就可花费 UTXO，即 M 为 2。

```
<Signature 1> <Signature 2> 2
<Public Key 1><Public Key 2><Public Key 3><Public Key 4><Public Key 5> 5
CHECKMULTISIG
```

原来的多重签名需要外部用户提供一一对应的公钥，这些公钥通过验证才可以完成交易，使用起来比较麻烦。同时当参与者比较多的时候，UTXO 中保存脚本的体积会随之增大，增加了区块链系统的负担。现在采用 P2SH 后，整个脚本都可以由 20 个字节的哈希值代替，很大程度上降低了区块链系统的负担，同时脚本的构建交由用户完成，对于比特币系统来说可以专注于对脚本的验证，无须关注脚本的构建。

> 需要特别注意的一点是，在比特币系统中 CHECKMULTISIG 操作码的实现是有问题的，具体表现为在弹出签名的时候会多弹出一个，虽然对签名的检查不会有影响，但是当栈中数据不够时会导致脚本执行失败。为了解决这个问题通常会用 0 来填充以保障脚本的正常执行。

下面分别是不含 P2SH 的复杂脚本和包含 P2SH 的复杂脚本。

不含 P2SH 的复杂脚本。

```
锁定脚本: 2 PubKey1 PubKey2 PubKey3 PubKey4 PubKey5 5 CHECKMULTISIG
解锁脚本: Sig1 Sig2
```

包含 P2SH 的复杂脚本。

```
脚本(RedeemScript): 2 PubKey1 PubKey2 PubKey3 PubKey4 PubKey5 5 CHECKMULTISIG
锁定脚本: Hash<RedeemScript> EQUAL
解锁脚本: Sig1 Sig2 <RedeemScript>
```

4．剪枝输出脚本

比特币脚本除可用于完成支付相关的操作外，还可用于存储少量的数据。许多开发人员认为这是对比特币系统的滥用，会增加系统的负担，并且希望可以阻止这样的使用方式，而另一部分人认为这是体现区块链技术强大的一个示例。

这种可以存储少量数据的脚本的形式如下所示。

```
Output script
    RETURN
```

假如有一笔交易的输入指向这个输出，则不论输入里的输入脚本如何设计，执行完 RETURN 这个命令之后都会直接返回 false，不再执行 RETURN 后面的其他指令，所以这个输出无法被花费出去。永远不会被花费的 UTXO 不会被从 UTXO 集合中移除，最终导致 UTXO 数据库始终增大。

为了解决这个问题，Bitcoin Core 客户端的 0.9 版本通过引入 RETURN 运算符达成了一个折中方案。RETURN 允许开发人员将 80 个字节的非付款数据添加到交易输出中。但是与使用"假" UTXO 不同，RETURN 运算符会创建一个显式的可验证不可消费的输出，该输出不需要存储在 UTXO 集合中。RETURN 输出记录在区块链中，它们会消耗磁盘空间并导致区块链大小的增加，但它们不存储在 UTXO 集合中，因此不会使 UTXO 内存池膨胀，完整节点也不用承担极高的内存负担。

可以通过一笔具体的交易观察到具体的输出脚本，以交易 1a2e22a717d626fc5db363582007c46924ae6b28319f07cb1b907776bd8293fc 为例，它的输出脚本如下。

```
NULL_DATA
```

```
OP_RETURN 215477656e747920627974652064696765737424
```

这种形式的比特币脚本通常在如下场景中使用。

- 永久存储一些信息，如证明某个时间存在某些事情，在 2020 年 1 月 1 日把知识产权内容的哈希值放到链上，当以后产生纠纷时，可以把知识产权公布出来，知识产权的哈希值在特定时间已经上链，就可以证明知识产权的拥有者在特定时间已经知道了这个知识产权。国外甚至有专门的网站（Proof of Existence）来做这件事。
- 价值转换，如可以把一些比特币转换成其他数字资产，在转换时，需要通过比特币脚本来证明付出了一些代价。
- 出于某种原因销毁比特币。

5．脚本特点

1）无状态验证

比特币脚本是无状态的，在执行脚本之前没有状态，在执行脚本之后也不保存状态。因此，执行脚本所需的所有信息都包含在脚本中。脚本在任何系统上都能可预测地执行。如果一个正常节点验证了脚本，就可以确定比特币系统中的其他每个节点都可以验证该脚本，这意味着有效的交易对每个人都有效，每个人都知道这一点。结果的可预测性是比特币系统的一个重要优点。

2）图灵不完备

比特币脚本包含许多操作码，但是故意在一个重要方面进行了限制，除了条件控制功能外，没有循环或复杂的流程控制功能。这确保了比特币脚本不是图灵完备（Turing Complete）的，意味着脚本具有有限的复杂性和可预测的执行时间，并且脚本不是一种通用语言。这些限制确保了比特币脚本不能用于创建无限循环或其他形式的"逻辑炸弹"。如果这种"逻辑炸弹"被嵌入到交易中，将导致对比特币网络的拒绝服务。每笔交易都由比特币网络上的每个完整节点验证。有限制的语言会阻止交易验证机制被当作漏洞，可以说比特币脚本已经具有了下一代区块链平台以太坊中智能合约的雏形。

3.2 账户模型

相较于 UTXO 模型，账户（Account）模型更加符合我们的认知。账户模型类似传统的银行账户，无论如何转账，账户地址都是保持不变的，除了注销账户重新开户。以太坊采用账户模型主要是为了支持智能合约，因为智能合约需要一个相对稳定的身份。当我们签订一份合同时，希望双方的身份明确，权责清晰。但是在 UTXO 模型中，随着交易的进行，对应的支付地址会发生变化，当合同出现问题时很难明确主体，带来了很多的不便。

针对这些问题，以太坊作为智能合约操作平台采用了账户模型，但是其账户和传统意义上的账户有所不同。以太坊为去中心化的场景进行了相应的改造，将账户分为两种：外部账户（External Owned Account）和合约账户（Contract Account），虽然二者功能有所区分，但是使用的地址空间相同。

3.2.1 外部账户

外部账户（External Owned Account）和传统的银行账户很像，用工具生成一个私钥作为账户的密码，谁掌握这个私钥，谁就可以控制这个账户，并且私钥是不可找回的，因此私钥需要妥善保管。当拥有这个私钥以后，通过椭圆曲线算法生成一个公钥，然后通过 SHA3 算法哈希公钥，将得到的结果取后 40 位作为账户地址，当然该过程拥有成熟的工具和跨语言跨平台，并不需要担忧太多。

外部账户的核心是私钥，创建的外部账户具有以下特点。

- 拥有以太币（ETH）余额。
- 能发送交易，包括转账和触发合约执行逻辑。
- 账户所有权完全依赖私钥。
- 没有相关的可执行代码。

需要特别注意的一点是，我们在本地创建的账户并不会立刻存在以太坊上，对于以太坊来说，本地创建的账户地址在链上没有被交易使用的时候保存下来是没有意义的，保存只会占用链上资源。一旦有用户向这个账户转移 ETH，保存这个账户地址的意义就开始体现，以太坊就会把这个账户地址存储起来，这个时候就可以在以太坊上查询到这个账户地址的信息。这一机制避免了恶意用户大量创建无效地址占用链上资源的行为。

在 UTXO 模型中,每次花费 UTXO 都必须指明其来源,以避免双花问题,但是在账户模型中,每次花费只需要从账户余额中减去对应数值即可,这样避免了双花问题,但是也会带来新的问题,即重放问题。对于交易的发起方来说,转账操作在发生的时候账户余额就已经进行了变更,交易的发起方无法再次花费已经通过转账消失的余额。对于交易的接收方来说,可以通过再次广播这笔交易获得双倍的收益,在获得双倍收益的同时交易发起方的账户会被扣除双倍的花费。以太坊为了解决这个问题在交易中加入了一个交易计数器 Nonce 字段。

> 关于 Nonce 字段可以参考后续章节区块链核心数据结构。

3.2.2 合约账户

合约账户是指含有合约代码的账户,由外部账户或合约创建。合约账户在创建时被自动分配一个账户地址,用于存储合约代码和合约部署或执行过程中产生的存储数据。合约账户地址是通过 SHA3 算法产生的,没有私钥。因为没有私钥,所以没有人可以把合约账户当作外部账户使用,只能通过外部账户来驱动合约账户执行合约代码。合约账户具有如下特点。

- 合约账户不能发送交易。
- 合约账户接收到外部账户发来的交易以后可以通过消息(Message)调用其他合约账户。
- 合约账户存储了合约代码和合约状态。

下面是合约账户地址生成算法:Keccak256(rlp([sender, nonce]))[12:],以太坊是通过 crypto.go 文件中的 CreateAddress 函数实现的。

```
// crypto/crypto.go:74
func CreateAddress(b common.Address, nonce uint64) common.Address {
    data, _ := rlp.EncodeToBytes([]interface{}{b, nonce})
    return common.BytesToAddress(Keccak256(data)[12:])
}
```

在 CreateAddress 函数中,参数 b 是合约账户创建者的地址,nonce 是交易合约账户时的计数器。因为合约账户由其他账户创建，所以需要将创建者的地址和该交易的计数器进行哈希后截取部分生成。

需要特别注意的是，在 EIP1014 中提出了另一种生成合约账户地址的算法，其目的是为状态通道提供便利，提供输出稳定的合约账户地址，这样在部署合约前就可以知道确切的合约账户地址。下面是该算法中合约账户地址的生成算法。

Keccak256(0xff + address + salt + Keccak256(init_code))[12:]

该算法是以太坊通过 crypto.go 文件中的 CreateAddress2 函数实现的。

```
// crypto/crypto.go:81
func CreateAddress2(b common.Address, salt [32]byte, inithash []byte) common.Address {
    return   common.BytesToAddress(Keccak256([]byte{0xff}, b.Bytes(), salt[:], inithash)[12:])
}
```

由外部账户发起的交易，无论这笔交易是查询、转账，还是触发任何操作都必须有两个参数 from 和 to。from 表示自己的地址，说明交易从哪里来；to 说明这个交易发送到哪里去。当 to 为空的时候，并不知道接收方是谁，这个时候就表示这笔交易是部署合约的交易，生成一个地址作为合约账户地址，而交易的内容将被当作合约的内容部署到区块链上。

在表 3-1 中列出两种账户差异，合约账户优于外部账户，但外部账户是人们和以太坊沟通的唯一媒介，外部账户和合约账户相辅相成。

表 3-1　外部账户和合约账户对比

项	外部账户	合约账户
私钥 private key	✓	✗
余额 balance	✓	✓
代码 code	✗	✓
多重签名	✗	✓
控制方式	私钥控制	通过外部账户执行合约

表 3-1 列出了多重签名，是因为以太坊外部账户只由一个独立私钥创建，无法进行多重签名。但合约账户具有可编程性，可编写符合多重签名的逻辑，实现一个支持多重签名

的账户。

合约账户可以设置多重签名（Multi Sign）。例如，现有一个合约账户，它要求一个转账由发起转账的人（Alice）和另一个人（Charles）签名。因此，当 Alice 通过这个合约账户向 Bob 转账 20 个 ETH 时，合约账户会通知 Charles 签名，只有在 Charles 签名后，Bob 才可以收到这 20 个 ETH，整个过程如图 3-4 所示。

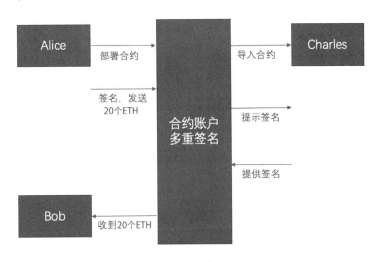

图 3-4　合约账户多重签名

在以太坊中，合约账户之间是不能主动发送消息的，只有当外部账户 A 调用合约账户 B 时，合约账户 B 才可以给合约账户 C 发送消息。合约账户 B 和合约账户 C 之间的交互叫作跨合约调用。因为跨合约调用的存在，一个合约账户可以肆无忌惮地调用另一个合约账户的方法。当被调用者的合约账户方法出现漏洞时，攻击者可以很容易地利用跨合约调用进行攻击，事实证明以太坊中大量的合约账户安全问题都是由此引起的，所以在编写智能合约的时候要十分注意。

> 智能合约的代码重入漏洞就是因此产生的，具体攻击可以参考后续章节智能合约安全。

3.2.3　世界状态

世界状态是指以太坊中账户状态的总和，既包括外部账户中的余额，又包括合约账户中的各种合约状态。这些状态通过默克尔帕特里夏树进行组织,每当以太坊中执行一笔交易时,这些状态就会随之改变。

当我们想知道账户余额或合约状态的时候只需要对组织世界状态的默克尔帕特里夏树进行查询即可。分布在任何地方的以太坊节点,在正常情况下其世界状态都是一致的。

> 关于世界状态的内容可以参考后续章节区块链核心数据结构。

第 4 章

智能合约

社区公认的区块链 1.0 是以比特币为代表的虚拟货币平台,其最核心的特点是具备去中心化的支付功能,目标是实现货币的去中心化。区块链 2.0 是以以太坊为代表的支持智能合约的区块链平台,它将智能合约与虚拟货币结合,为金融领域提供了更加广泛的应用场景。智能合约的出现对区块链平台的发展具有重要意义。

智能合约(Smart Contract)的概念最开始并不是针对区块链的,它是在 1994 年由美国计算机科学家尼克·萨博提出的,其定义为"一套以数字形式定义的承诺,合约的参与方可以在上面执行这些承诺的协议"。智能合约的设计初衷是在没有第三方的情况下,合约能以信息化的方式传播、验证或执行。智能合约允许在没有第三方的情况下进行可信交易,这些交易可追踪且不可逆转。与传统合约相比,智能合约更加安全,并且大幅减少了与合约相关的其他交易成本。受限于智能合约定义中的严苛条件,在智能合约提出后的很长一段时间内并没有得到广泛的应用。比特币系统这种无须信任即可进行电子交易的加密货币系统出现后,人们发现其底层的区块链技术与智能合约天然契合。区块链可借助智能合约的可编程性来控制分布式节点的复杂行为,智能合约则可在区块链去中心化的执行环境中得到实现。智能合约一旦部署,其合约的代码就不能改变,与传统软件不同,修改智能合约的唯一方法是部署新合约。对于智能合约来说,它的运行结果在每一个节点上都是一样的,分布在不同地理位置上的节点在相同的初始状态下运行将得到相同的最终状态,因此可以将其整体作为一个去中心化的世界计算机来看待。

以太坊作为一个去中心化的世界计算机是一个面向用户的开放系统,具有图灵完备的特点,是非常危险的。在比特币系统中,为了避免用户任意编写脚本为系统带来不确定性,比特币脚本被设计成图灵不完备的,使比特币脚本具有有限的复杂性和可预测的执行时间。但是对于以太坊来说,为了允许用户可以自由实现智能合约的逻辑,其必然需要具有图灵完备的特点。在图灵证明中,有一类问题是不可解的,在这类问题中,停机问题(Halting Problem)非常有名。

停机问题是逻辑数学中可计算性理论的一个问题。通俗地说,停机问题就是判断任意一个程序是否能在有限的时间内结束运行的问题。该问题等价于如下判定问题:是否存在一个程序 P,对于任意输入的程序 w,能够判断 w 会在有限时间内结束或死循环。

艾伦·图灵在 1936 年用对角论证法证明,不存在解决停机问题的通用算法。这个证明的关键在于对计算机和程序的数学定义,这种定义被称为图灵机。停机问题在图灵机上是不可判定问题。这是最早提出的决定性问题之一。

艾伦·图灵指出,人们无法通过在计算机上模拟的方式来判断程序的执行是否会终止。简单来说,在真正运行程序之前,人们无法预测程序的执行路径。图灵完备的系统可以在无限循环中运行,这是对一个不终止程序的极简描述方式。创建一个始终循环不退出的程序并不是什么难事。但是由于程序起始条件和代码之间的复杂交互,很有可能突然陷入死循环中。在以太坊中,这意味着一个挑战:每一个参与以太坊的节点(客户端)都必须验证每一笔交易,并且运行交易所调用的任何智能合约。但是根据艾伦·图灵的理论,在真正运行智能合约之前,以太坊无法预先判断一个智能合约是否会运行终止,或者它需要运行多久,也许这个智能合约会陷入死循环一直运行,无论是程序中的瑕疵,还是故意为之,智能合约都可能在一个节点试图验证它的时候永远不停地执行下去,这就造成了一种 DDoS 攻击。相比于可能几毫秒就能够验证和执行完的正常智能合约,这类永远运行的恶意智能合约会造成资源浪费、内存消耗、CPU 过载等。对于一台世界计算机而言,一个滥用资源的程序可能会蔓延到所有的节点上,这是对"全球"资源的浪费。如果无法提前预估,那么以太坊如何防止智能合约过度使用资源呢？

为了应对这个挑战，以太坊引入了 Gas 计量机制。

4.1 Gas

以太坊用 Gas 来衡量程序执行一个操作或一组动作所需的计算量。智能合约执行的每项操作都需要一定数量的 Gas。智能合约执行所消耗的 Gas 总量是由智能合约执行操作的类型和数量决定的。以太坊交易的花费必须考虑智能合约代码可以执行的一定数量的计算步骤。智能合约执行的操作越多，其运行完成成本越高。

智能合约的每次操作都需要固定数量的 Gas，下面是以太坊黄皮书中的例子。

- 对两个数字求和需要 3 个 Gas。
- 计算一个数的 Keccak256 哈希值，需要 30 个 Gas，每 256bit 数据被哈希需要 6 个 Gas。
- 发送一笔交易需要 21 000 个 Gas。

Gas 是以太坊的重要组成部分，具有双重作用。Gas 的一种作用是以太坊价格（具有波动性）和矿工执行智能合约所做工作获得的奖励的一种抽象。以太币的价格波动比较大，如果直接使用以太币计量执行的花费就会发现同一个操作的价格忽高忽低，同一笔交易的执行成本变得很不确定。币价高的时候就少发送或不发送交易，币价低的时候就大量发送交易，这将造成系统的吞吐量随以太币的价格剧烈波动，这显然是设计者不希望看到的。当引入 Gas 之后，每个操作所需的 Gas 是固定的，但是 Gas 的价格可以变动，当币价高的时候，对每个 Gas 的出价就低一点；当币价低的时候，对每个 Gas 的出价就高一点，这样对交易发起方来说可以保证交易费用的整体可控，对矿工来说也可以保证收益的稳定性。

Gas 的另一种作用是抵御 DDoS 攻击。为了防止网络中的意外或恶意无限循环或其他计算资源浪费，每笔交易的发起方需要设置他们愿意花费在 Gas 上的金额限制。因此，Gas 可以有效地阻止攻击者发送垃圾交易，因为他们必须按比例支付他们消耗的计算、带宽和存储资源。

4.1.1 Gas 支付

虽然 Gas 有价格，但 Gas 不能被"拥有"也不能被"花费"。Gas 仅存在于以太坊虚拟机（EVM）内部，为工作量计数。发起方被收取以太坊交易费，然后转换为 Gas 作为 EVM 执行智能合约的"燃料"，剩余未被消耗的 Gas 被转回以太坊，作为矿工的出块奖励。

4.1.2 Gas 成本与 Gas 价格

虽然 Gas 是 EVM 中执行操作所需计算量的度量，但 Gas 本身也具有以太坊计量的 Gas 价格。在执行交易时，发起方指定他们愿意为每个 Gas 支付的 Gas 价格（以 ETH 为单位），并且允许市场决定 ETH 的价格与计算操作的成本之间的关系（以 Gas 衡量）。

```
Total Gas Used * Gas Price Paid = Transaction Fee
```

EVM 执行所需的 Gas 以 ETH 为单位，所需花费将在交易执行开始时从发起方账户中扣除。发起方不设置 Total Gas Used，而设置 Gas Limit，该限制足以覆盖执行交易所需的 Gas 量。

4.1.3 Gas 成本限制和 Gas 耗尽

在发送交易之前，发起方必须指定 Gas Limit 表示自己愿意购买的最大 Gas 量，还必须指定 Gas Price，即发起方愿意为每个 Gas 支付的以太坊价格。

当交易需要在以太坊平台执行时，先计算 Gas Limit 和 Gas Price 的乘积，再从发起方的账户中扣除对应的余额作为预付款。这是为了防止发起方在交易执行过程中"破产"，无法支付交易执行所需的 Gas 费用。也正是由于这个原因，发起方无法设置超出自身账户余额的 Gas Limit。

在理想情况下，发起方将设置一个高于或等于交易执行实际使用 Gas 的 Gas Limit。如果 Gas Limit 高于消耗的 Gas 量，发起方将收到剩余 Gas 所对应金额的退款，因为矿工只获得他们实际工作的奖励。

```
(Gas Limit - Excess Gas) * Gas Price Ether 作为矿工执行合约的奖励
Excess Gas * Gas Price Ether 退回交易发起方
```

但是，如果交易在执行时实际使用的 Gas 量超过规定的 Gas Limit，即交易在执行期间出现"Runs Out Of Gas"的错误，则终止执行。虽然交易执行不成功，但是由于矿工已经完成了相应的计算工作，所以不会退回发起方交易费用，矿工因此得到补偿。

4.1.4 Gas 价格和交易优先顺序

Gas 价格是发起方愿意为每个 Gas 支付的以太币数量。开采下一个区块的矿工决定要打包哪些交易。由于 Gas 将作为交易费奖励给矿工，因此矿工更可能打包具有最高 Gas 价格的交易。如果发起方将 Gas 价格设置得太低，可能需要等待很长时间矿工才会将这笔交易打包进一个区块。

矿工还可以决定区块中交易的优先顺序。由于多个矿工竞争将区块添加到区块链上，因此区块内的交易顺序由竞争获胜的矿工决定，其他矿工执行该区块，核实其中的交易有效性。虽然矿工可以任意排列来自不同账户的交易，但是来自相同账户的交易总按照自动递增的 Nonce 顺序执行。

4.1.5 区块 Gas 限制

区块 Gas 限制是区块中允许包含所有交易的 Gas 总量，用于确定区块中可以容纳的交易数量。例如，假设我们有 5 笔交易，其中每笔交易的 Gas Limit 分别为 10、20、30、40 和 50。如果区块的 Gas Limit 为 100，那么前 4 笔交易适合该区块，而交易 5 必须等待未来的区块。如前所述，矿工决定一个区块中包含哪些交易。不同的矿工有可能尝试打包最后的 2 笔交易（50＋40），并且在打包最后 2 笔交易后，区块仅具有包含第 1 笔交易（10）的空间。如果矿工尝试打包的交易的 Gas 总量超过当前区块的 Gas Limit，那么网络将拒绝该区块，当出现这种情况后，以太坊客户端将返回消息"交易超过区块 Gas 限制"。根据 EtherScan.io 网站的数据，目前区块的 Gas Limit 在 1100 万左右，即一个区块可以容纳约 520 笔交易，每个交易消耗 21 000 个 Gas。

4.1.6 Gas 限制

区块链网络上的矿工决定了区块 Gas 限制是多少。想要在以太坊网络上挖矿的个人可以使用挖矿程序，如 Ethminer，将它连接到 Geth 或 Parity Ethereum 客户端。以太坊协议有一个内置机制，矿工可以对 Gas 限制进行投票，因此无须在硬分叉上进行协调就可以增加容量。出块的矿工能够在任一方向上将区块 Gas 限制调整 1/1024（0.0976%），根据当时网络的需要调整区块大小。这一机制与默认的开采策略结合在一起，矿工默认投票决定区块 Gas 限制至少为 470 万，但如果这一数字更高的话，那么将把目标对准最近的（1024 区块指数移动）平均 Gas 限制的 150%，从而使数量稳定地增加。矿工们可以选择改变这一数字，但是他们大多不这样做，只保留默认值。

4.1.7 Gas 退款

以太坊通过退还高达一半的 Gas 费用来鼓励智能合约所有者删除智能合约和智能合约中所存储的变量。EVM 中有 2 个-Gas 的操作，分别是清理智能合约（-24 000 个 Gas，操作码为 SELFDESTRUCT）和清理存储（-15 000 个 Gas，操作码为 SSTORE [x] = 0）。

4.1.8 GasToken

GasToken 是一种符合 ERC-20 标准的 Token，允许任何人在 Gas 价格低时储存 Gas，并在 Gas 价格高时使用 Gas。GasToken 通过将 Gas 变为可交易的资产，创造了一个 Gas 交易市场，这主要是为了保护用户免受 Gas 价格剧烈波动的影响。GasToken 的工作原理是前面描述的 Gas 退款机制。

4.2 智能合约生命周期

智能合约通常用高级语言编写，如 Solidity。为了运行 Solidity 必须将高级语言编译为可以在 EVM 中运行的低级字节码。一旦编译完成，Solidity 就可以通过创建智能合约的交易被部署到以太坊区块链中。每个智能合约都用以太坊地址作为标识，以太坊地址可以在交易中用作接收方，可将资金发送到智能合约或调用智能合约的某个函数。

以太坊中的智能合约有两种调用方式，分别是被外部账户发起的交易调用和被其他智能合约发送的消息调用。在智能合约被消息调用时，假设智能合约 A 调用另一个智能合约 B，而智能合约 B 又调用智能合约 C，那么在调用链条起始的智能合约 A 必须始终由外部账户发起的交易调用，智能合约 A 永远不会"自行运行"或"在后台运行"。在交易触发合约调用前，无论是直接还是间接地作为调用链条的一部分，智能合约在区块链上都是"休眠"的。

交易是原子性（Atomic）的，无论调用的发起方调用了多少智能合约或这些智能合约在被调用时执行的是什么。当交易完成执行后，仅在交易成功终止时记录全局状态（智能合约、账户状态等）的任何更改。成功终止意味着程序执行时没有错误并执行结束。如果交易由于错误而失败，则其所有状态变化都会被回滚，就好像交易从未运行一样。失败的交易仍存储在区块链中，并且从原始账户扣除 Gas 成本，但对智能合约或账户状态没有影响。

智能合约的代码不能更改，但智能合约可以被删除，即从区块链上删除智能合约代码和智能合约的内部状态（变量）。要删除智能合约，需要执行 SELFDESTRUCT（以前称为 SUICIDE）的 EVM 操作码，该操作码将区块链中的智能合约移除。以这种方式删除的智能合约不会删除智能合约的交易历史，因为区块链本身是不可变的，但确实会从所有未来的区块中移除智能合约。

4.3 以太坊高级语言简介

Solidity 是一种静态类型的编程语言，用于开发在 EVM 上运行的智能合约。Solidity 被编译为可在 EVM 上运行的低级字节码。开发人员使用 Solidity 能够编写出可自主运行其商业逻辑的应用程序，该程序可被视为一个具有权威性且永不可更改的应用。对已具备编程能力的开发者而言，编写 Solidity 的难易度如同使用一般的编程语言。

Gavin Wood 最初在规划 Solidity 时引用了 ECMAScript 的语法概念，使 Solidity 对现有

的 Web 开发者来说更容易入门。与 ECMAScript 不同的地方在于 Solidity 具有静态类型和可变返回类型。Solidity 与当前其他 EVM 目标语言（如 Serpent 和 Mutan）相比，主的差异在于其具有一组复杂的成员变量使得智能合约可支持任意层次架构的映射和结构。Solidity 也支持继承，包含 C3 线性化多重继承。Solidity 还引入了一个应用程序二进制接口（ABI），该接口可在单一合同中实现多种类型安全。

Remix 是一个开源的用于 Solidity 智能合约开发的 Web 端 IDE，提供基本的编译、部署至本地、测试网络和执行合约等功能。Solidity 是以太坊官方设计和支持的程序语言，专门用于编写智能合约，本章所有 Solidity 智能合约的例子都已经在 Remix 测试中通过。

Remix 既可以本地部署，也可以直接使用官方部署好的环境。

4.4　Remix 开发环境

Remix 开发环境不需要安装，可以直接在任何浏览器中开启。打开 Remix 以后就可以看到如图 4-1 所示的欢迎界面。

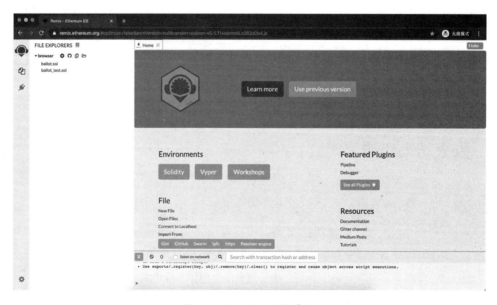

图 4-1　Remix 欢迎界面

Remix 欢迎界面包括教程、环境选择、插件选择等。Remix 的所有功能都以插件的形式提供，Remix 刚打开时并没有激活任何插件，只提供了简单的文本编辑功能。为了基于 Remix 环境编写和调试 Solidity 智能合约，首先需要激活编译、部署和调用 Solidity 智能合约的插件。激活方式是首先单击左侧边栏的插件图标，然后选择要激活的对应插件，具体操作如图 4-2 所示。

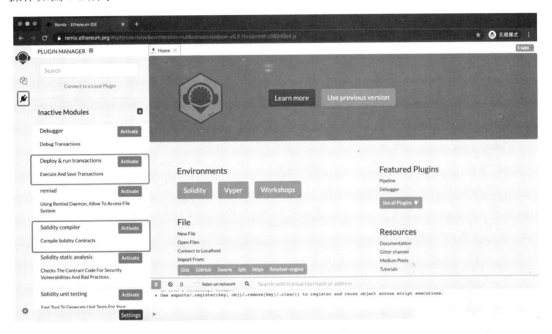

图 4-2　激活 Remix 插件

激活两个插件以后，在图 4-3 中可以看到在 Remix 的最左侧边栏多了两个小图标，再进入对应的页面，就可以编译、部署和调用 Solidity 智能合约了。Remix 自带了一个 Solidity 编写的投票合约的例子，对于初学者来说这个合约太过复杂，不如从编写 Hello Solidity 开始熟悉一下 Remix 的基本用法。

使用 Remix 编写一个简单的 Solidity 智能合约，合约的功能非常简单，就是打印 Hello Solidity 字符串。当调用智能合约 Hello 的 sayHello 函数时，将返回"Hello Solidity"字符串，合约如下所示。

```
pragma solidity ^0.5.0;

contract Hello {
    function sayHello() public pure returns(string memory) {
        return "Hello Solidity";
    }
}
```

至于合约中的细节先不深究,在后面的章节会一一说明。将智能合约 Hello 输入到 Remix 中,如图 4-3 所示。

图 4-3 编写智能合约 Hello

当编写完 Solidity 智能合约以后,需要先在本地编译智能合约,编译方法是使用 Remix 的编译智能合约的插件,使用方法如图 4-4 所示。

第 4 章 智能合约

图 4-4 使用 Remix 编译智能合约

编译好智能合约之后，就需要部署智能合约和调用智能合约了。当然这时的智能合约并不会被真正部署在区块链上，而是采用本地 JavaScript VM 模拟的。区块链的特点之一就是不可篡改。如果编写的智能合约不经调试直接部署在区块链上，就无法再对智能合约的内容进行修改了，智能合约出现漏洞是很难补救的，尤其是涉及数字资产的智能合约，需要慎之又慎。

智能合约的部署和调用如图 4-5 所示，智能合约需要先部署后调用。

图 4-5 智能合约的部署和调用

单击 Deploy 按钮之后，就可以调用智能合约了。在 Hello 智能合约中只有一个函数 sayHello，调用这个函数后会返回字符串"Hello Solidity"。至此一个简单的智能合约就编写完成了，当然 Remix 还有很多与智能合约相关的插件，在这里没有用到，读者可以自己去探索。

4.5 Solidity 文件结构

4.5.1 版本标识

为了避免智能合约被未来可能引入的不兼容的编译器编译，Solidity 智能合约源文件需要在开头标识编译器的版本，具体例子如下所示。

```
pragma solidity ^0.5.0;
```

上述语句标识了既不允许低于 0.5.0 版本的 Solidity 编译器编译，也不允许高于（包含） 0.6.0 版本的编译器编译。

4.5.2 源文件导入

Solidity 支持从不同的文件里导入方法，其语法非常像 JavaScript 的 ES6 标准，具体例子如下所示。

```
import "filename"
```

此语句将从"filename"中导入所有全局符号到当前的全局作用域中。这种导入方式已经不建议使用，因为它会无法预测地污染当前命名空间，更好的导入方式是明确导入的具体符号，具体例子如下所示。

```
import * as symbolName from "filename";
```

这种导入方式会创建一个新的全局变量"symbolName"，其成员均来自"filename"，导入后当需要使用"filename"中的常量或方法时，可以通过 symbolName.symbol 的形式使用。

如果存在命名冲突则可以在导入时重命名符号，创建新的全局符号 alias 和 symbol2，分别从"filename"中引用 symbol1 和 symbol2。

```
import {symbol1 as alias, symbol2} from "filename";
```

还有一种语法不属于 ES6 标准，但是使用起来更加简便，具体例子如下所示。

```
import "filename" as symbolName;
```

这条语句等同于下面的语句。

```
import * as symbolName from "filename";
```

4.5.3 路径

源文件导入的 filename 总会按路径来处理，用"/"作为目录分割符，用"."标识当前目录，用".."表示父目录。当"."或".."后面跟随的字符是"/"时，它们才能被当作当前目录或父目录。只有路径以当前目录"."或父目录".."开头时，路径才能被视为相对路径。

用 import "./x" as x; 语句导入当前源文件同目录下的文件 x。如果用 import "x" as x; 来代替，可能会引入全局文件夹下的不同的文件。

4.5.4 注释

注释用来对代码进行解释和说明，其目的是让开发者能够更加轻松地了解代码，在 Solidity 中可以使用单行注释//和多行注释/*…*/。

```
// 这是一个单行注释

/*
这是一个
多行注释
*/
```

在下面的这个例子中，如果没有注释很难知道 rectangle 函数的功能和需要传入的参数，为了说明智能合约的功能，以及合约中 rectangle 函数的参数的含义，就需要加入一些注释。

```
pragma solidity ^0.5.0;
```

```
/** @title 形状计算器 */
contract tinyCalculator {
    /** @dev      求矩形表面积与周长
     * @param w  矩形宽度
     * @param h  矩形高度
     * @return s 求得矩形表面积
     * @return p 求得矩形周长
     */
    function rectangle(uint w, uint h) public pure returns (uint s, uint p) {
        s = w * h;
        p = 2 * (w + h);
    }
}
```

4.6 数据类型

4.6.1 变量

Solidity 是一种静态类型语言，这意味着每个变量（状态变量和局部变量）都需要在编译时指定数据类型。Solidity 提供了几种基本数据类型，并且基本数据类型可以用来组合出复杂数据类型。JavaScript 中的数据类型"undefined"或"null"在 Solidity 中并不存在，但是新声明的变量总有一个默认值，具体的默认值跟数据类型相关。

4.6.2 值类型

以下类型也称为值类型，因为这些类型的变量将始终按值来传递。也就是说，当这些变量被用作函数参数或用在赋值语句中时，总会进行值复制。

- 布尔（booleans）
- 整型（integer）

- 地址（address）
- 定长字节数组（fixed byte arrays）
- 有理数和整型（rational and integer literals，string literals）
- 枚举类型（enums）
- 函数（function types）

变量声明后都会有一个初始值，是对应类型的"零态"，即对应类型的字节表示全 0。在使用已经声明但是未初始化的变量时，需要特别小心，因为这与其他语言的默认值（如"null"或"undefined"）有所不同，有时 0 也是一种业务值。下面是一些常见类型的声明方式，以及它们的默认值。

```
pragma solidity ^0.5.0;

contract DeclareOfElement{
    bool b;         // fasle

    uint i;         // 0

    address addr;   // 0x0

    bytes32 b ;//0x0000000000000000000000000000000000000000000000000000000000000000

    bytes varBy;    // 0x

    string str;     // ""

    uint8[] arr;    // uint8[]
}
```

在上述例子中，bool 类型的默认值为 false，bytes32 的默认值为 32B 的全 0 表示的值。对于引用类型，bytes 类型的默认值为空字节数组，string 类型的默认值为空串，uint8 类型的动态数组的默认值为空数组。

Solidity 针对区块链场景引入了一个特别的值类型，即地址类型（address）。地址类型表示以太坊地址的长度，其大小为 20B（160bit），用一个 uint160 编码表示。地址类型虽然是值类型，但是也包含一些方法和属性，是为了方便智能合约开发专门设计的类型。十六进制的字符串，凡是能通过地址合法性检查的，都会被认为是地址，如 0xdCad3a6d3569DF655070DEd06cb7A1b2Ccd1D3AF。

地址类型有三种成员变量，分别对应获取账户余额、进行账户转账和跨合约调用操作。这里先介绍获取账户余额和进行账户转账的成员变量。

当需要获取一个账户余额时，可以通过地址的 balance 属性获取地址对应的余额，具体的例子如下所示。

```solidity
pragma solidity ^0.5.0;

contract addressTest{
    // 返回传入地址的余额
    function getBalance(address addr) public view returns (uint){
        return addr.balance;
    }
}
```

如果只想获取当前合约地址的余额，其实还可以用 this 改写：

```solidity
pragma solidity ^0.5.0;

contract addressTest{
    function getBalance() public view returns (uint){
        return address(this).balance;
    }
}
```

可以用 this 改写的原因是，对于合约来说，当前地址代表的就是合约本身，合约对象默认继承自地址对象，所以合约对象内部有地址的属性。

当需要向某个合约发送一定数量的 ETH 时，可以调用地址的 send 函数或 transfer 函数，需要注意的是发送 ETH 的单位是 Wei，下面是一个使用 transfer 函数转账的例子。

```solidity
pragma solidity ^0.5.0;

contract DepositTest {
    address payable owner;
```

```
    constructor () public {
        owner = msg.sender;
    }

    // 返回传入地址余额
    function GetBlance(address addr) public view returns (uint256) {
        return addr.balance;
    }

    // 向指定地址充值
    function Deposit() public payable returns(address, uint256) {
        owner.transfer(msg.value);
        return (msg.sender, msg.value);
    }
}
```

合约 DepositTest 的主要功能有两个，分别是查询合约余额和向合约充值。当调用合约 DepositTest 的 Deposit 方法时，就会将交易中所包含的 ETH 转移到 DepositTest 合约的地址中。具体完成这个操作的函数是 transfer，transfer 函数的定义如下。

```
<address>.transfer(uint256 amount)
```

transfer 函数的具体行为是向 address 发送 amount（以 Wei 为单位的 ETH），如果执行失败则会自动回滚，在发送的同时会传输 2300 个 Gas 并且传输 Gas 的数量不可调整。

send 函数在发送 ETH 失败以后只会返回 false，并不会产生错误，社区的一些开发者觉得这样不太安全，因为经常会有开发者忽略对函数返回值的校验，从而导致合约出现安全问题，最后经过社区讨论在 Solidity 0.4.13 中引入了一个新的转账函数 transfer。在默认情况下最好优先使用 transfer（因为内置了执行失败的处理）。

> 添加 transfer 的详细原因及讨论可以参考以太坊项目中的 610 号讨论。

4.6.3 引用类型

引用类型可以通过多个不同的名称修改它的值，而值类型的变量每次都有独立的副本。因此，必须比值类型更谨慎地处理引用类型。目前，引用类型包括结构体、数组和映射。

如果使用引用类型，则必须明确指明数据存储在哪种类型的位置上（空间）。

对于值类型，声明变量后，即赋值为默认值后，就可以正常使用。而对于引用类型，仍需要同其他语言一样进行显式初始化，进行内存分配后才能进一步使用。引用类型相对复杂，占用空间较大，所以在复制时会占用比较大的空间。为此 Solidity 和其他语言一样将引用类型通过引用传递。常见的引用类型如下。

- 不定长字节数组（bytes）
- 字符串（string）
- 数组（array）
- 结构体（struct）

4.6.4 数据位置

复杂类型如数组（array）和结构体（struct），在 Solidity 中有一个额外的注释标明其数据位置（data location），数据位置是指数据被存储在 EVM 中的什么地方。具体的数据位置分为 2 种，分别是内存（memory）和存储（storage）。

memory 同普通程序的内存一致，仅在函数调用期间有效，并且不能用于外部调用。在区块链上，由于底层实现了图灵完备，因此会有非常多的状态需要永久记录。例如，众筹的所有参与者，那么我们就要使用 storage，一旦使用这个类型，数据将永久保存在区块链中。

基于程序的上下文，大多数时候变量的存储位置都是默认的，但是可以通过指定关键字 storage 和 memory 进行修改。默认的函数参数（包括返回参数）都在 memory 中。默认的局部变量和状态变量（合约声明的公有变量）都在 storage 中。

memory 还细分为 calldata 和 stack。calldata 被用来存储函数参数，是一种只读的且不会永久存储的数据位置。外部函数的参数（不包括返回参数）会被强制指定为 calldata。在学习 Solidity 的时候会看到另一种存储位置 stack，stack 被用来存储合约中值类型的局部变量。

数据位置的指定非常重要，因为不同数据位置的变量相互赋值产生的结果不同。在 memory 和 storage 之间相互赋值总是会创建一个副本。将一个 storage 的状态变量赋值给另一个 storage 的局部变量是通过引用传递的。所以在修改局部变量的同时关联的状态变量也会被修改。但将一个 memory 的引用类型赋值给另一个 memory 的引用类型，不会创建另一个副本。

```
pragma solidity ^0.5.0;

contract DataLocation{
  uint valueType;
  mapping(uint => uint) referenceType;

  // 修改 memory 数据位置的变量
  function changeMemory() public view {
    tmp = 100;
  }

  // 修改 storage 数据位置的变量
  function changeStorage() public {
    mapping(uint => uint) storage tmp = referenceType;
    tmp[1] = 100;
  }

  function getAll() public view returns (uint, uint){
    return (valueType, refrenceType[1]);
  }
}
```

当部署合约 DataLocation 以后，分别调用 changeMemory 和 changeStorage 方法，再调用 getAll 方法会得到两个 uint 类型的返回值 0 和 100。调用 changeMemory 方法会将 storage 类型的 valueType 创建一个副本后赋值给 memory 类型的 tmp 变量，所有对 tmp 变量的修改都不会对 valueType 有任何影响，调用 getAll 方法的第一个返回值证明了这个过程。当调用 changeStorage 方法时，创建了 storage 类型的 tmp 变量，在将 referenceType 赋值给 tmp 变量的时候二者共同指向同一个副本，所以对 tmp 的修改就是对 referenceType 的修改。调用 getAll 方法的第二个返回值说明了这一点。

下面的代码是 Solidity 官方文档中给出的用来说明不同数据位置的数据在不同操作下的表现的示例。

```
pragma solidity ^0.5.0;

contract C {
   uint[] x;

   function f(uint[] memory memoryArray ) public {
       x = memoryArray;            // 复制整个数组到 storage 中

       uint[] storage y = x;// y 的存储位置是 storage，给 y 赋值了一个指针

       y[7];                       // 返回 y 中第 8 个元素

       y.length = 2;               // 修改 y，间接修改了 x

       delete x;                   // 清除 x，间接清除了 y

       g(x);                       // 调用 g，传递对 x 的引用
       h(x);                       // 调用 h，并在内存中创建一个独立的临时副本
   }
   function g(uint[] storage storageArray) internal {}
   function h(uint[] memory memoryArray) public {}
}
```

更改数据位置或类型转换将始终自动产生一个副本，而在同一数据位置内（对于 storage 来说）的复制仅在某些情况下产生副本。

4.6.5 动态数组

对于数组而言，声明后仍然需要分配内存才可使用。例如，合约 Initial 的函数 f 只是声明了数组 arr，并没有为其分配内存，此时访问数组 arr 中的元素时就会报错"Exception during execution."。

```
pragma solidity ^0.5.0;

contract Initial{
```

```
function f() public pure returns (bytes1, uint8){
  bytes memory bs;
  uint8[] memory arr;         // 数组声明
  return (bs[0], arr[0]);  // 报错 Exception during execution.
  }
}
```

在上面的例子中，访问未分配内存的数组会出现越界访问的问题，抛出了异常。为了避免这个问题，需要对数组进行初始化，主动分配内存。

```
pragma solidity ^0.5.0;

contract initial{
  function f() public pure returns (bytes1, uint8){
    bytes memory bs = new bytes(1);
    uint8[] memory arr = new uint8[](1);
    return (bs[0], arr[0]);
  }
}
```

上述代码通过关键字 new 为数组 arr 进行了内存分配，分配内存后即可正常访问数组中的第一个元素。

4.6.6 映射

映射（map）与数组的初始化方式不同，映射声明后不用显式初始化即可使用，只是映射里面不会有任何值，下面是一个简单的映射例子。

```
pragma solidity ^0.5.0;

contract DeclareOfMapping{
  mapping(uint => string) bar;

  function f() public view returns (string memory){
    return bar[0];
  }
}
```

在上面的例子中，合约 DeclareOfMapping 定义了一个映射 bar，当调用函数 f 时，返回了映射中的一个元素值。由于映射并没有初始化设置值，所以这里将返回默认值空字符串。

4.6.7 枚举

枚举类型不用显式初始化，默认值为 0，即顺位第一个值。下面来看一个枚举的示例。

```
pragma solidity ^0.5.0;

contract DeclareOfEnum{
  enum Light{RED, GREEN, YELLOW} // 枚举类型
  Light light;

  function f() public pure returns (Light){
    return Light.GREEN;
  }
}
```

当调用合约 DeclareOfEnum 的函数 f 时，返回的结果为 1，枚举类型 Light 所对应的三个值 RED、GREEN、YELLOW 分别为 0、1、2。

4.6.8 结构体

结构体声明后，不用显式初始化即可使用。当结构体没有显式初始化时，其成员变量的值均为默认值。下面是一个结构体声明的例子。

```
pragma solidity ^0.5.0;

contract DeclareOfStruct{
  struct people{
    string name;
    uint age;
  }

  // 初始化结构体 people
  people qyuan = people({
```

```
        name: "qyuan",
        age: 25
    });

    function f() public view returns(string memory, uint) {
        return (qyuan.name, qyuan.age);
    }
}
```

上面的代码定义了一个结构体,并创建了一个变量 people,所有结构体内的成员变量均被赋值,当调用合约 DeclareOfStruct 的函数 f 后将返回 qyuan, 25。

4.7 控制结构与表达式

JavaScript 中的大部分控制结构在 Solidity 中都是可用的,除了 switch 和 goto。因此 Solidity 中有 if、else、while、do、for、break、continue、return、? : 这些与在 C 语言或 JavaScript 中表达相同语义的关键字。

在 Solidity 中,用于表示条件的括号不可以被省略,但是单语句体两边的花括号可以被省略。

> 注意,与 C 语言和 JavaScript 不同,在 Solidity 中非布尔类型数值不能转换为布尔类型数值,因此 if(1) { … } 的写法在 Solidity 中无效。

在下面的例子中,Sum 合约的函数 exec 利用关键字 for 来对 0~100 求和。

```
pragma solidity ^0.5.0;

contract Sum {
    uint num = 0;
    function exec() public returns(uint) {
        for (uint i = 0; i < 100; i++) {
            num += i;
        }
        return num;
```

```
    }
}
```

4.7.1 构造函数与析构函数

在一个合约中，当函数名和合约名相同时，此函数是合约的构造函数，在创建合约对象时，首先会调用构造函数对相关数据进行初始化操作。但是在 Solidity 0.4.22 以后的版本中，废除了将与合约同名的函数作为合约的构造函数，采用了更加语义化的 constructor 函数来进行合约的初始化操作。在下面的例子中，在 Solidity 0.4.22 之前的版本中 constructor() public{}与 function DemoTest() public{}是等价的。当合约对象 DemoTest 被创建时，会调用 constructor 函数来进行初始化操作。

```
pragma solidity ^0.5.0;

contract DemoTest{
    uint amount;
    address owner;

    // 构造函数
    constructor() public{
        amount = 100;
        owner = msg.sender;
    }

    // 析构函数
    function kill() public{
    }
}
```

与构造函数对合约进行初始化操作不同，析构函数用于销毁合约。析构函数通过关键字 selfdestruct 来销毁合约。在上面的例子中，当调用 kill 函数时，会判断调用者是否是合约的创建者，如果是就会销毁合约。

4.7.2 函数参数

函数参数的声明方式与变量的声明方式相同，不过在函数中未使用的参数可以省略参数名。函数参数可以作为本地变量使用，用在等号左边被赋值。下面的例子展示了 taker 函数可以接收 4 个参数，省略了最后 1 个参数，并且在执行时把传入的参数 c 当作本地变量赋值。

```
pragma solidity ^0.5.0;

contract Simple {
    uint sum;
    function taker(uint a, uint b, uint c, uint) public {
        sum = a + b;
        c = a + b + sum;
    }
}
```

4.7.3 函数返回变量

函数返回变量的声明方式在关键字 returns 之后，与函数参数的声明方式相同。在下面的例子中，arithmetic 函数在执行完成后会返回两个值，分别是传入参数的求和结果和乘积结果。

```
pragma solidity ^0.5.0;

contract Simple1 {
    function arithmetic(uint _a, uint _b)
    pure
    returns (uint o_sum, uint o_product) {
        o_sum = _a + _b;
        o_product = _a * _b;
    }
}
```

函数返回变量的名称名可以省略，返回变量可以用函数中的本地变量，如果没有显式设置返回变量值，那么会使用返回变量的默认值。在 arithmetic 函数中，省略了返回变量，即没有显示设置返回变量，而在返回变量值的声明中进行了指定。当然也可以显式指定需要返回的变量，在显示指定时需要用 return 语句指定，使用 return 语句可以指定一个变量或多个变量。下面的例子展示了指定的需要返回的变量。

```
pragma solidity ^0.5.0;

contract Simple2 {
    function arithmetic(uint _a, uint _b)
        public
        pure
        returns (uint o_sum, uint o_product)
    {
        return (_a + _b, _a * _b);
    }
}
```

这个形式等同于赋值给返回参数，然后用 return 退出。当函数需要使用多个返回变量值时，可以用语句 return ($v_0, v_1, \cdots, v_n$)，需要返回的参数的数量要和声明时参数的数量一致。

4.7.4 作用域

在 Solidity 中，变量无论在函数内的什么位置定义，其作用域均为整个函数，而非大多数据语言常见的块级作用域。在下面的这个例子中，合约在编译时会报错，错误内容是"DeclarationError: Undeclared identifier."，错误提示在合约中找不到变量 a。

```
pragma solidity ^0.5.0;

contract ScopeErr{
  function f() pure public returns (uint8) {
    { uint8 foo = 0; }

    return foo;
  }
}
```

由于在合约 ScopeErr 中变量 foo 的作用域不同,变量 foo 在函数里面并没有被声明,在返回的时候就会报错。再看下面的例子。

```
pragma solidity ^0.5.0;

contract FunctionScope{
  function f() public view returns (uint8){
    for(var i = 0; i < 10; i++){
      //do sth
    }
    return i;
  }
}
```

这个例子同样会报错,原因是变量 i 是在 for 循环中被定义的,当函数 f 返回时就会找不到变量 i 声明的地方,导致 Solidity 编译器认为变量 i 未被定义。

4.7.5 函数调用

函数是合约中代码的可执行单元,除针对区块链系统设计的 internal 和 external 这两种不同的函数调用方式外,Solidity 还提供对函数可见性的控制语法。

internal 调用方式,在实现时会被转为简单的 EVM 跳转,可以直接使用上下文环境中的数据,引用传递将变得非常高效(不用复制数据)。在当前的代码单元内,直接使用合约内的函数、引入的函数库和父类合约中的函数就是 internal 调用方式。

```
pragma solidity ^0.5.0;

contract SimpleAuction {
  function f() public {}
  function callInternally() public {
    f();
  }
}
```

在上面的例子中,callInternally 函数就是以 internal 调用方式对函数 f 进行了调用。

external 调用方式,在 EVM 中被具体实现为合约的外部消息调用。在合约初始化时不能使用 external 调用方式调用自身函数，因为合约还未完成初始化。

```solidity
pragma solidity ^0.5.0;

contract A {
    function f() public pure returns (uint8) {
        return 0;
    }
}

contract B {
    function callExternal(A a) public pure returns (uint8) {
        return a.f();
    }
}
```

在上面的例子中，虽然合约 A 和 B 的代码在一个文件中，但部署到区块链上后，它们是完全独立的两个合约，它们之间的调用方法是通过消息传递完成的，在合约 B 中的 callExternal 函数以 external 调用方式调用了合约 A 中的函数 f。

函数以 external 调用方式调用，实际上是向目标合约发送一条消息，消息中的函数定义部分是一个 24B 的消息体，消息体由 20B 的地址和 4B 的函数签名组成。

external 调用方式还有另一种写法，可以在合约的调用函数前加 this 来强制地以 external 调用方式调用，需要注意这里的 this 和大多数语言中的 this 意思都不一样。

```solidity
pragma solidity ^0.5.0;

contract A {
    function f() public {}
    function callExternally() public {
        this.f();
    }
}
```

Solidity 的函数除 internal 和 external 的调用方式外，还有函数可见性的控制语法。

4.7.6 函数可见性

Solidity 为函数提供了四种可见性，分别是 external、public、internal 和 private。

1) external

声明可见性为 external 的函数作为合约对外接口的一部分，可以从其他合约中调用或通过交易调用。

```
pragma solidity ^0.5.0;

contract FuntionTest{
    function externalFunc() external{}
    function callFunc() public {
        // 以 external 调用方式调用函数
        this.externalFunc();
    }
}
```

声明可见性为 external 的 externalFunc 函数只能以 external 调用方式进行调用，如果以 internal 调用方式调用会报"Error: Undeclared identifier."错误。

2) public

当函数省略函数可见性修饰符时，默认修饰符为 public。声明可见性为 public 的函数既可以以 internal 调用方式调用，又可以以 external 调用方式调用。声明可见性为 public 的函数可作为合约对外接口的一部分。在下面的例子中，publicFunc 函数省略了函数可见性修饰符，同时 callFunc 函数分别被以 internal 和 external 的调用方式进行了调用。

```
pragma solidity ^0.5.0;

contract FuntionTest{
    // 默认是public 函数
    function publicFunc() public {}
    // function publicFunc(){} 等价于 function publicFunc() public {}
    function callFunc() public {
        // 以 internal 调用方式调用函数
        publicFunc();
```

```
        // 以 external 调用方式调用函数
        this.publicFunc();
    }
}
```

3) internal

声明可见性为 internal 的函数只能在当前的合约或继承的合约中以 internal 调用方式调用。在下面的例子中，无论是合约 A 中的 callFunc 函数，还是继承自合约 A 的合约 B，均以 internal 调用方式调用了 internalFunc 函数。

```
pragma solidity ^0.5.0;

contract A{
    // 默认是 public 函数
    function internalFunc() internal{}

    function callFunc() public {
        // 以 internal 调用方式调用函数
        internalFunc();
    }
}
contract B is A{
    // 子合约中的调用
    function callFunc() public {
        internalFunc();
    }
}
```

4) private

声明可见性为 private 的函数，只能在当前合约中被访问（即使合约被继承，在继承合约中也不能访问被继承合约中可见性为 private 的函数）。虽然函数的可见性为 private，但是仍能被所有人查看里面的数据。访问权限只是阻止了其他合约访问函数或修改数据。在下面的例子中，当合约 B 访问合约 A 中的 private 方法时，就会出现"DeclarationError: Undeclared identifier. privateFunc();"错误，表示 privateFunc 未定义。

```
pragma solidity ^0.5.0;
```

```
contract A{
    // 默认是public函数
    function privateFunc() private{}
    
    function callFunc() public {
        // 以internal调用方式调用函数
        privateFunc();
    }
}
contract B is A{
    // 不可调用private
    function callFunc() public {
        privateFunc();
    }
}
```

4.7.7 函数装饰器

在Solidity中函数有三种装饰器，分别是pure、view和payable。使用装饰器可以轻松改变函数的行为。例如，装饰器可以在执行函数之前自动检查某个条件。装饰器是合约的可继承属性，可能被派生合约覆盖。

1）pure装饰器

在函数中使用pure装饰器后，表示函数不会修改或访问状态变量，对函数以外内容没有任何影响。

```
pragma solidity ^0.5.0;

contract HelloWorld{
    function testPure(uint a, uint b) public pure returns(uint){
        uint c;
        c = a+b;
        return c;
    }
}
```

在上面的例子中，函数 testPure 采用了 pure 装饰器，表示在函数中没有修改任何函数以外的变量，包括状态变量，只是单纯地进行了一个数值计算。函数的执行并不会消耗任何 Gas，因为函数执行使用的是本地节点的 CPU，所以不会消耗任何链上资源。

2）view 装饰器

在函数中使用 view 装饰器后，函数将不会修改状态变量，对链上数据只有读取操作，同样采用 view 装饰器的函数不会消耗 Gas。其实很好理解，因为对于一个全节点来说，会同步所有数据，并且保存在本地。如果合约需要查看区块链上的数据，直接在本地节点查询数据即可，不需要将这次查询发送到整个区块链网络的其他节点，也不需要将这个函数的调用记录在区块链上，所以不会消耗链上资源，也无须消耗 Gas。

```
pragma solidity ^0.5.0;

contract HelloWorld{
    string public name = "qyuan";
    function getName() public view returns (string memory) {
        return name;
    }
}
```

> constant 装饰器等同于 view 装饰器，不过在 Solidity 0.5.0 以后的版本中被移除了。

3）payable 装饰器

在 Soldity 编写的合约中，只有增加了 payable 装饰器的函数才允许在调用时接收或发送 ETH。

4.7.8 回退函数

在以太坊的智能合约中，可以声明一个匿名函数（unnamed function），该函数叫作回退函数（fallback），这个函数不带任何参数，也没有返回值。当向一个合约发送消息时，如果没有找到匹配的函数就会调用 fallback 函数。例如，向合约转账需要合约接收 ETH，那么 fallback 函数必须使用 payable 装饰器，否则向此合约转 ETH 将失败。fallback 函数的例子如下。

```
function() payable public {} // payable 关键字，表明调用此函数，可向合约转 ETH
```

向合约发送 send、transfer、call 消息的时候都会调用 fallback 函数，不同的是 send 和 transfer 有 2300 个 Gas 的限制，也就是传递给 fallback 函数供其使用的 Gas 只有 2300 个，这些 Gas 只能用于记录日志，因为其他操作都将超过 2300 个 Gas。但 call 会把剩余的所有 Gas 都给 fallback 函数，这有可能导致循环调用。严重威胁智能合约安全的代码重入漏洞就是由调用 call 函数进行转账时触发 fallback 函数递归执行引起的。

4.7.9　错误处理及异常

Solidity 通过 assert、require 和 revert 三个关键字来进行异常处理。Solidity 使用状态恢复来处理错误，简单来说就是撤销当前操作或调用对合约状态进行的修改，并且向调用者表明错误。

关键字 assert 和 require 用于检查条件是否满足，如果不满足就抛出异常；revert 用于标记错误并恢复当前的调用。revert 包含有关错误的详细信息，这个信息会被返回给调用者。assert 和 require 在以太坊拜占庭硬分叉之前行为是一致的，在分叉后有细微的差别。

require 用于确认条件有效性，如输入变量是否合法、合约状态变量是否满足条件，或者验证外部合约调用返回的值，而 assert 用于检查内部错误，如溢出错误（Overflow）。assert 被用来预防不应该发生的情况，当 assert 捕获的错误发生了，意味着合约代码出现了一些出乎意料的错误，甚至是程序失控，这时需要开发者修复合约中的问题。

> require 和 revert 在调用失败后会返还剩余的 Gas，但 assert 不会。

通过如下合约来看二者的区别。

```
pragma solidity ^0.5.0;

contract Sharer {
    function sendHalf(address addr) public payable returns (uint balance) {
        require(msg.value % 2 == 0, "Even value required.");
        uint balanceBeforeTransfer = this.balance;
        // 由于转移函数在失败时抛出异常且不能在这里回调，因此我们没有办法仍然有一半的钱
        addr.transfer(msg.value / 2);
        assert(this.balance == balanceBeforeTransfer - msg.value / 2);
        return this.balance;
```

```
        }
    }
```

在上面的例子中，合约 Sharer 中的 sendHalf 方法期望向指定地址转移所请求数值一半的数字资产，如果我们假设这个资产不能拆分到小数点后，只能拆分成整数，那么如 7、9、11 这样的奇数就不符合要求。这种不符合要求的情况是不符合我们的预期的，发送转移资产请求的可以是任何人，那么发送任何数量都不奇怪，所以在合约的开始通过 require 关键字来判断请求转移的资产是否可以对半拆分。

接着按照预期，执行到 addr.transfer(msg.value / 2)时就会向作为函数参数传入的 addr 地址转移一半的资产，但是转移后剩余的资产应该是总资产减去转移了的资产，所以用 assert(this.balance == balanceBeforeTransfer - msg.value / 2)来判断是不是符合预期。如果这里报错，那么一定是出现了我们意想不到的问题。

Solidity 合约在处理与 require 关键字同样类型的错误时，如需要处理更复杂的场景，或者复杂的 if/else 逻辑流，那么应该考虑使用 revert 关键字而不是 require 关键字。复杂的场景意味着更多的代码，大量的 require 关键字只会拖累合约的可读性，所以这是使用 revert 关键字代替 require 关键字的好机会。

在下面的例子中，在合约 VendingMachine 的 buy 函数中使用 revert 关键字代替了 require 关键字。当存在复杂校验或嵌套的 if/else 逻辑流时，采用 revert 关键字可以使代码具有更好的可读性，而非一个接一个的类似断言的 require 关键字。

```
pragma solidity ^0.5.0;

contract VendingMachine {
    function buy(uint amount) payable {
        if (amount > msg.value / 2 ether)
            revert("Not enough Ether provided.");
        // 下边是用等价的方法来进行同样的检查
        require(
            amount <= msg.value / 2 ether,
            "Not enough Ether provided."
        );
        // 执行购买操作
    }
}
```

4.8 事件

事件是能方便地调用 EVM 日志功能的接口。说到事件必然会提到日志,因为事件被触发后就会被记录到区块链上成为日志。事件是一种行为,日志是对这种行为的记录。事件是 EVM 提供的一种基础设施,用来实现一些交互功能,如通知 UI 或返回函数调用结果等。

当合约中定义的事件被触发时,事件所对应的行为就会被记录到日志中,日志又与合约关联在一起存储到区块链中。只要某个区块可以访问,其关联的日志就能访问,但是在合约中,并不能直接访问日志中的事件数据。

在下面的例子中,使用 event 关键字定义一个事件 HighestBidIncreased,该事件接收两个参数,一个是 address 类型的参数,表示调用 bid 方法进行操作的账户地址,另一个是 uint 类型的参数,表示调用 bid 方法向合约发送 ETH 的数量。emit 关键字将会触发 HighestBidIncreased 事件,并将事件需要记录的值传入,最终产生的日志将会记入区块链中。

```
pragma solidity ^0.5.0;

contract SimpleAuction {
    event HighestBidIncreased(address bidder, uint amount); // 事件

    function bid() public payable {
        // ...
        emit HighestBidIncreased(msg.sender, msg.value);        // 触发事件
    }
}
```

4.8.1 监听事件

在合约中定义好事件并将合约部署到区块链网络中后,当合约中的函数被调用就会触发事件产生日志。合约调用的发起方可能并不关心日志的产生,但是上层的应用开发者需要及时感知到事件的触发来获取对应的日志。这时应用开发者需要订阅这个事件,以便及

时获得事件触发的通知。具体的订阅需要依赖 Web3.js，在使用 Web3.js 订阅合约事件时，首先需要指定订阅合约的 ABI 编码和合约地址，接着需要编写当合约事件被触发后所要执行的操作。下面的例子是使用 Web3.js 订阅合约 SimpleAuction 中的 HighestBidIncreased 事件。

```
var MyContract = web3.eth.contract(ABI);
var myContract = MyContract.at(contractAddress);

var event = myContract.events.HighestBidIncreased(function(error, result){
    for(let key in result){
        console.log(key + " : " + result[key]);
    }
});
```

> 更多的详细教程可以参考 Web3.js 的官方文档。

4.8.2 检索日志

在 Solidity 合约中事件产生的日志具有 indexed 属性，我们可以在事件参数上增加 indexed 属性。对于一个事件最多可以对其三个参数增加这样的属性，加上这个属性以后，就可以在 Web3.js 中对加了这个属性的参数值进行过滤，只返回过滤后的值。以合约 SimpleAuction 的 HighestBidIncreased 事件为例，为 amount 参数增加 indexed 属性如下。

```
event HighestBidIncreased(address bidder, uint indexed amount); // 事件
```

为事件 HighestBidIncreased 的 amount 参数增加 indexed 属性后，在 Web3.js 中可以通过如下方式进行过滤。

```
var event = myContract.HighestBidIncreased({amount: 100});
```

上面这行代码实现了对日志中 amount 值为 100 的日志过滤后的返回。如果需要同时匹配多个值，还可以传入一个要匹配的数组。

```
var event = myContract.HighestBidIncreased({amount: [99, 100, 101]});
```

增加了 indexed 属性的参数会被保存到日志结构的 Topic 部分，便于快速查找，而未增加 indexed 的参数会被保存到 Data 部分成为原始日志。需要注意的是，如果增加 indexed 属

性的是数组（包括 string 和 bytes），那么只会在 Topic 部分存储对应的 SHA3 哈希值，不会存储原始数据。

因为 Topic 部分是用于快速查找的，不能存储任意长度的数据，所以 Topic 部分实际存储的是数组这种非固定长度数据的哈希结果。当需要查找时，要将查找的内容与 Topic 部分的内容进行匹配，但不能反推哈希结果，从而不能得到原始的数据。

4.9 合约继承

Solidity 合约的继承通过关键字 is 实现。在下面的这个例子中，合约 Manager 继承了合约 Person，继承的合约 Manager 可以访问合约 Person 的所有非私有成员变量和函数。

```
pragma solidity ^0.5.0;

contract Person {
    string name;
    uint age;
}

// 合约 Manager 继承了合约 Person
contract Manager is Person {}
```

下面是子类合约对父类合约可见性访问的例子，从下面的例子中可以看到，子类合约可以访问父类合约的可见性为 public 和 internal 的变量或函数，不能访问父类合约的可见性为 private 的变量或函数。在子类合约中可以直接访问状态变量，因为状态变量的可见性默认为 internal。

```
pragma solidity ^0.5.0;

contract A{
  uint stateVar;

  function somePublicFun() public{}
  function someInternalFun() internal{}
```

```
    function somePrivateFun() private{}
}

contract AccessBaseContract is A{
  function call() public {
    //访问父类合约的状态变量
    stateVar = 10;

    //访问父类合约的public方法
    somePublicFun();

    //访问父类合约的internal方法
    someInternalFun();

    //不能访问private
    //somePrivateFun();
  }
}
```

4.9.1 继承支持传递参数

在 Solidity 合约继承时有两种方式可以传递参数到父类合约，第一种方式是直接在继承列表中调用父类合约构造函数，直接进行初始化操作。例如，合约 InheritPara 通过 Base(1) 的形式调用父类合约构造函数，直接传入参数 1 对父类合约进行初始化操作。如果在初始化子类合约前知道需要传递给父类合约初始化的参数，就可以用第一种方式。

```
pragma solidity ^0.5.0;

contract Base{
  uint a;
  constructor(uint _a) public {
    a = _a;
  }
}

contract InheritPara is Base(1){
```

```
    function getBasePara() public view returns(uint){
        return a;
    }
}
```

但是还有一种情况，就是父类合约的初始化需要依赖派生合约，如下面的例子。我们初始化父类合约 Base 的时候并不知道需要初始化的参数，因为参数是初始化派生合约 InheritParaModifier 时才会传入的。当初始化派生合约 InheritParaModifier 时，传入的参数如果是 10，那么初始化父类合约 Base 传入的参数就是 100。这时，就需要依赖派生合约动态构建初始化父类合约的参数，这是第二种方式。

```
pragma solidity ^0.5.0;

contract Base{
    uint a;
    constructor(uint _a) public {
        a = _a;
    }
}

contract InheritParaModifier is Base {
    // 动态构建初始化父类合约的参数
    constructor(uint _a) public Base(_a * _a){}

    function getBasePara() public view returns (uint){
        return a;
    }
}
```

如果要传入到父类合约的参数是简单的常量，那么使用第一种方式会更加简洁。如果传入的参数与子类合约的输入参数有关，那么应该使用第二种方式。如果在初始化父类合约时同时使用了这两种方式，那么第二种方式将最终生效。

4.9.2 继承中的重名

Solidity 合约在继承中不允许出现相同的函数名、事件名、修改器名或互相重名。在下面的例子中，合约 Base1 和合约 Base2 拥有同名的变量、函数、事件和修改器，如果合约 DuplicateNames 同时继承合约 Base1 和合约 Base2 就会报错。

```solidity
pragma solidity ^0.5.0;

contract Base1{
  address owner;
  modifier ownd(){
    if(msg.sender == owner) _;
  }

  event dupEvent(address, bytes);

  function dupFunc() public {
    emit dupEvent(msg.sender, msg.data);
  }
}

contract Base2{
  address owner;
  modifier ownd(){
    if(msg.sender == owner) _;
  }

  event dupEvent(address, bytes);

  function dupFunc() public {
    emit dupEvent(msg.sender, msg.data);
  }
}
// 失败，将会报错 Identifier already declared
// contract DuplicateNames is Base1, Base2{}
```

除这种情况外，还有一种比较隐蔽的情况，即默认状态变量的 getter 函数导致的重名，下面来看一个例子。

```solidity
pragma solidity ^0.5.0;
```

```
contract Base1{
  uint public data = 10;
}

contract Base2{
  function data() public pure returns(uint){
    return 1;
  }
}

// 一种隐蔽的情况，默认 getter 函数与函数名重名了
// contract GetterOverride is Base1, Base2{}
// contract GetterOverride is Base1{}
```

在上面的例子中，合约 Base1 中的 data 变量由于可见性是 public，因此 EVM 会为其生成默认的 getter 函数 data()。这导致在继承合约 GetterOverride 中出现重名错误，因此需要注意在继承合约时不能与自动生成函数重名。

4.9.3 重写函数

在 Solidity 合约中，子类合约允许重写父类合约的函数，但不允许重写返回参数签名。在下面的例子中，合约 InheritOverride 中的 data 函数重写了父类合约 Base 的同名函数。

```
pragma solidity ^0.5.0;

contract Base{
  function data() public pure returns(uint){
    return 1;
  }
}

contract InheritOverride is Base{
  function data(uint) public {}
  function data() public pure returns(uint){}
  // TypeError: Overriding function return types differ.
```

```
    // function data() public returns(string memory){}
}
```

在上面的例子中,注释掉的代码 function data() public returns(string memory){}将导致"Override changes extended function signature"报错,因为不能修改返回参数签名。由于继承的实现方案是代码复制,所以当合约继承后部署到网络时,将变成一个新合约,代码将会从父类合约复制到子类合约中。

在继承链中,如果出现函数名重写,那么最终使用的是继承链上哪个合约定义的代码呢?在实际执行时,依据的是最远继承原则。下面来看一个例子。

```
pragma solidity ^0.5.0;

contract Base1{
  function data() public returns(uint){
    return 1;
  }
}

contract Base2{
  function data() public returns(uint){
    return 2;
  }
}

contract MostDerived1 is Base1, Base2{
  function call() public returns(uint){
    return data();
  }
}
contract MostDerived2 is Base2, Base1{
  function call() public returns(uint){
    return data();
  }
}
```

在这个例子中,合约MostDerived1和合约MostDerived2继承父类合约的顺序不同,各自调用 call 方法的运行结果也不同。实际上 MostDerived1 和 MostDerived2 的 call()将分别返回 2 和 1。因为 MostDerived1 的最远继承合约是 Base2，所以会使用其对应的函数，而 MostDerived2 的最远继承合约是 Base1。

4.9.4 继承父类合约方法

当一个 Solidity 合约从多个其他合约中继承函数后，在区块链上部署中仅会创建一个合约，父类合约中的代码会复制来形成继承合约。当一个合约继承了多个合约时，因为存在最远继承原则，所以当一个合约调用一个重写方法时，只会调用最远的合约中的重写方法。在下面的例子中，当部署合约 Final 后调用 number 函数时，返回的数值是 1，并不会返回 Base1 合约中的 2，因为合约 Base1 最终会继承合约 mortal。

```
pragma solidity ^0.5.0;

contract mortal {
    function number() public returns(uint8) {
        return 1;
    }
}

contract Base1 is mortal {
    function number() public returns(uint8) {
        return 2;
    }
}

contract Base2 is mortal {
    function number() public returns(uint8) {
        return 3;
    }
}

contract Final is mortal, Base1 {
    function number() public returns(uint8) {
        return mortal.number(); // 最终返回 1
```

        }
    }

当我们有一个具备清理功能的函数,并且想依次调用最远路径上的同名方法来帮我们清理一些数据时,就需要用到关键字 super。

```
contract Final is mortal, Base1 {
    function number() public returns(uint8) {
        return super.number();
    }
}
```

此时,最终的调用顺序会变成 Final,Base2,Base1,mortal。

4.9.5 多继承与线性化

在 Solidity 中允许多继承,意味着一个合约可以同时继承多个合约。实现多继承的编程语言需要解决几个问题,其中之一是菱形继承问题又称钻石问题。菱形继承结构如图 4-6 所示。

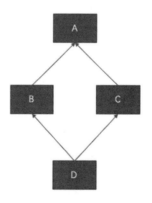

图 4-6 菱形继承结构

Solidity 的解决方案参考 Python 中的 C3_linearization 方案,强制将父类合约转换为一个具有特定顺序的有向无环图(DAG)。这个顺序是我们希望的具有单调性的顺序,但这种方式禁止了某些继承行为。下面的代码,Solidity 会报错"Linearization of inheritance graph impossible"。

```
pragma solidity ^0.5.0;

contract X {}
contract A is X {}
contract C is A, X {}
```

原因是合约 C 会请求合约 X 来重写合约 A（因为继承定义的顺序是 A，X），但合约 A 自身又是重写合约 X 的，所以这是一个不可解决的矛盾。正确的写法如下。

```
pragma solidity ^0.5.0;

contract X {}
contract A is X {}
contract C is X, A {}
```

解决这种矛盾的原则是，指定父类合约的继承顺序是从最基础的类到最远的类。

第 5 章

深入 EVM

　　EVM 全称是以太坊虚拟机（Ethereum Virtual Machine），它为以太坊提供了智能合约的运行环境。这个运行环境是一个沙盒环境，在运行期间不能访问宿主机的网络、文件或系统，即使在不同的合约之间也只有有限的访问权限。智能合约中的代码必须经历从人类编写的高级语言代码到机器可读代码的转换，这需要将文本格式的代码转换为字节码。字节码由编译器生成后在区块链上经由 EVM 处理后执行。

　　结合以太坊的特点，以太坊开发组为 EVM 给出了如下设计目标。

- 简单性，操作码尽可能少且低级，数据类型尽可能少，EVM 的结构尽可能简单。
- 确定性，EVM 的语句没有产生歧义的空间，在不同机器上的执行结果是确定一致的。
- 节约空间，EVM 的组件尽可能紧凑。
- 区块链定制化，EVM 必须可以处理 20B 的账户地址、自定义 32B 的密码学算法操作等。
- 安全模型简单安全，Gas 的计价模型应该是简单易行且准确的。
- 便于优化，方便即时编译和 EVM 的性能优化。

为了满足这些目标，EVM 被设计成了基于栈的虚拟机。EVM 中的栈采用了 32B（256bit）的字长，其最多可以容纳 1024 个字，意味着栈的宽度为 32B，栈的深度为 1024 个字，字作为 EVM 中最小的操作单元。基于栈的虚拟机有个很重要的概念，操作数栈中的数据存取顺序为后进先出。所有的操作都直接与操作数栈交互，如存取数据、执行操作等。这样有一个好处，即可以无视具体的物理机器架构，特别是寄存器。但是基于栈的虚拟机缺点也很明显，那就是执行速度慢，无论什么操作都需要经过操作数栈。

> 操作数栈，主要用于保存计算过程中的中间结果，同时作为计算过程中变量的临时存储空间。在方法执行过程中，根据字节码指令，往操作数栈中写入数据或提取数据，即入栈/出栈。

当需要对栈中数据执行操作时，将操作数"弹出"栈进行求值，求值结束后将结果"推回"栈中，这叫作逆波兰表示法。我们来看下面的例子。

```
x = 12 + 4 * 5
```

对于这个简单的表达式，x 等于 4 与 5 的乘积加 12。基于栈使用后进先出的原则，对该类表达式的读取方式就大不相同了。在这种情况下，上面的表达式将类似如下示例。

```
x = 4 5 * 12 +
```

从调用栈中读取的方式为：从栈顶弹出值 4、5 和符号"*"，符号"*"对应的操作是将前两个数相乘，得到乘积后放入栈顶。然后弹出栈顶值 20、12 和符号"+"。符号"+"对应的操作是将前两个数相加，最终计算出表达式的值赋值给 x。逆波兰表达式计算如图 5-1 所示。

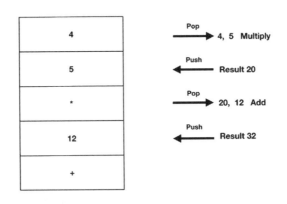

图 5-1　逆波兰表达式计算

无论采用哪一种求值方式，最终获得的结果均为 32。将数据推入调用栈的操作使用的是 Push 方法，而弹出栈中数据的操作称为 Pop 方法。

在 EVM 执行合约时，首先将人类可读的合约代码，编译为由 EVM 执行的操作码，接着将操作码交由 EVM 来执行。操作码告诉 EVM 要执行哪些操作，操作数则提供执行操作码所需的数据。

通过图 5-2 可以看到 EVM 在整个虚拟机层所处的位置，自顶而下，第一层是 EVM 可执行的合约代码，如用 Solidity 编写的具体合约；第二层是 EVM 本身，用来解释执行上一层的具体合约代码；第三层是以太坊客户端，如 Geth 或 Parity，用来作为 EVM 的载体。上面三层都是软件层，第四层是硬件层，如客户端可能运行在 X86 或 ARM 架构的 CPU 上。

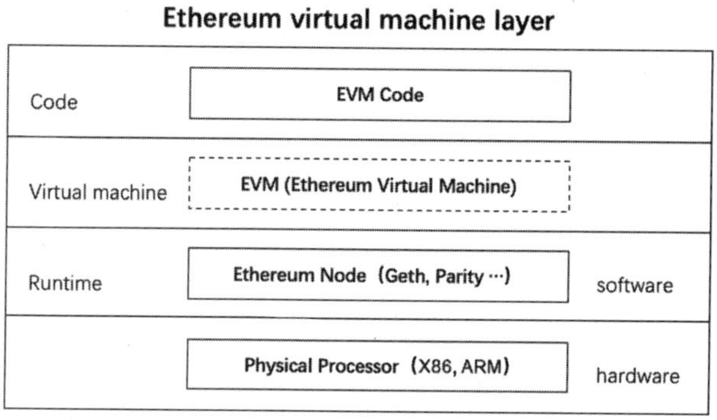

图 5-2 EVM 层次结构

EVM 旨在提供与底层主机操作系统或硬件无关的运行环境，从而实现各种系统的兼容性，如果单独把 EVM 拿出来看，可以更加详细地看到 EVM 的体系结构，如图 5-3 所示。

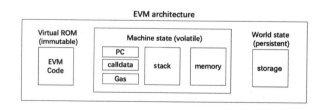

图 5-3 EVM 体系结构

在 EVM 中按照数据性质的不同，可以将数据分为两种，分别是易失数据和非易失数据。非易失数据中包括不可变数据和持久化数据两种。EVM Code 是用户编写的具体合约代码，一经部署便不可修改，属于非易失数据中的不可变数据。PC 是程序计数器，指向当前执行的指令。calldata 用来暂存函数调用数据，是一个特殊只读数据位置，用来保存函数调用参数。Gas 是 EVM 预置的各项操作消耗 Gas 的列表，以及在合约运行过程中所消耗的 Gas 统计。stack 和 memory 暂存了合约在运行过程中产生的数据。PC、calldata、Gas、stack 和 memory 这五个部分的数据属于易失数据，随着合约运行结束其存储的数据将被丢弃。storage 存储了合约需要持久化保存的数据，对于 EVM 来说合约数据是不可变的，storage 的数据需要永久保存在链上，但是这部分数据是可以随着合约调用进行变更的，属于非易失数据中的持久化数据。

如图 5-3 所示，EVM 体系结构中各个子结构是相对独立的，当合约代码开始执行时，EVM 体系结构中的各个组件就开始协同工作，图 5-4 展示了 EVM 的不同子结构是如何协同工作以使以太坊发挥神奇作用的。

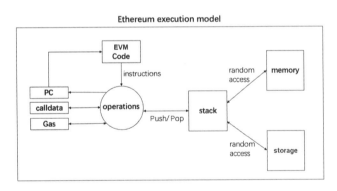

图 5-4　EVM 执行模型

当外部方法调用合约时，参数会被存储在 calldata 中，具体的 EVM Code 在被编译成操作码后被推入 stack 中执行。在执行操作码时，PC 时刻指向下一个将要执行的操作码，确保操作码是逐个执行的，并且在执行的时候会统计执行操作码的 Gas 消耗，确保执行过程是符合交易 Gas 限制的。执行过程中需要存储或加载的临时数据保存在 memory 中，当执行的数据需要持久化保存时就可以放入 storage 中。

5.1 存储

5.1.1 存储分类

在 EVM 中存储数据的位置分为易失位置和非易失位置，每种存储位置都有一些特性。

1）stack

基于栈的虚拟机实现简单，移植性好，这是以太坊选择基于栈的虚拟机的重要原因，前文的逆波兰表示法已经展示了如何采用栈来完成基本的运算，但是 EVM 中的栈实现起来要复杂一些，EVM 栈的结构如图 5-5 所示。

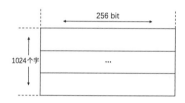

图 5-5 EVM 栈的结构

stack 可以免费使用，并且在使用时没有 Gas 消耗。stack 用来保存函数的局部变量，stack 中保存局部变量的数量被限制在了 16 个。当在合约中声明的局部变量超过 16 个时，编译合约就会遇到 "Stack too deep, try removing local variables" 的错误。

先介绍几个 stack 的常用指令，在后面分析合约的时候会用到。

- Pop 指令（操作码为 0x50）用来从栈顶弹出一个元素。
- PushX 指令用来把紧跟在后面的 x（1～32）个字节元素推入栈顶，Push 指令一共 32 条，从 Push1（0x60）到 Push32（0x7F）。因为栈的一个字是 256bit，一个字节是 8bit，所以 Push 指令最多可以把其后 32B 的元素放入栈中而不溢出。
- DupX 指令用来复制从栈顶开始的第 x（x 的取值为 1～16）个元素，复制后再把元素推入栈顶。Dup 指令一共 16 条，从 Dup1（0x80）到 Dup16（0x8F）。
- SwapX 指令用来把栈顶元素和从栈顶开始的第 x（x 的取值为 1～16）个元素进行交换。Swap 指令一共 16 条，从 Swap1（0x01）到 Swap16（0x9F）。

2）calldata

calldata 又名 args，是一段只读的并可寻址的保存函数调用参数的空间。与栈不同的地方是，如果要使用 calldata 里面的数据，必须手动指定偏移量和读取的字节数。在 EVM 中提供的用于对 calldata 操作的指令有如下三个。

- calldatasize 指令用于返回 calldata 空间的大小。
- calldataload 指令用于从 calldata 中加载 32B 的数据到 stack 中。
- calldatacopy 指令用于复制一些数据到内存中。

通过一个合约来看一下如何使用 calldata，在合约 CalldataExample 中有一个名为 add 的函数，用来把传入的两个参数相加，通常会这样写：

```
pragma solidity ^0.5.1;

contract CalldataExample {
  function add(uint256 a, uint256 b) public view returns (uint256) {
      return a + b;
  }
}
```

当然也可以用内联汇编的 callldata 指令这样对其进行改写：

```
pragma solidity ^0.5.1;

contract CalldataExample {
  function sum(uint256 a, uint256 b) public view returns (uint256) {
    assembly {
      let a := mload(0x40)
      let b := add(a, 32)
      calldatacopy(a, 4, 32)
      calldatacopy(b, add(4, 32), 32)
      result := add(mload(a), mload(b))
    }
  }
}
```

合约首先加载了 0x40 这个地址，EVM 在这个位置存储了指向空闲 memory 的地址，然后用变量 a 重命名了这个地址,接着用变量 b 重命名了 a 偏移 32B 以后的空余地址,到目前为止这两个地址所指向的空间还是空的。

calldatacopy(a, 4, 32)这行代码把 calldata 从第 4 个字节到第 36 个字节的数据复制到了变量 a 中,同样 calldatacopy(b, add(4, 32), 32)把第 36 个字节到 68 个字节的数据复制到了变量 b 中,接着 add(mload(a), mload(b))把栈中的变量 a 和 b 的值加载到内存中进行加法计算,最后的结果等价于第一个合约的结果。

为什么 calldatacopy(a, 4, 32)的偏移要从 4 开始呢?因为在 EVM 中,前 4 位是用来存储函数指纹的,计算公式是 Bytes4(Keccak256("add(uint256,uint256)")),从第 4 位开始才是真正用来保存函数参数的。

3)memory

memory 是一个易失性的且可读写的空间,主要用来在合约运行期间存储数据和将函数参数传递给内部函数。内存可以在字节级别寻址,一次可以读取 32B。所有的数据在 memory 中都表现为字节数组。在 EVM 中,提供的用于操作 memory 的指令有如下三个。

- mload 用来从 Stack 中加载一个字的数据到内存。
- mstore 用来存储一个值到指定的内存地址,格式为 mstore(p,v),含义为存储值 v 到地址 p。
- mstore8 用来操作单个字节,格式为 mstore8(p,v),存储单个字节到指定的地址。

当需要操作内存的时候,总是需要加载 0x40 地址,因为这个地址保存了指向空闲内存的地址,可以避免覆盖已有的数据。

4)storage

storage 是一个可以进行读写修改的存储空间,是每个合约持久化存储数据的地方。需要注意的是,storage 存储位置(除映射、变长数组以外的所有类型)都是依次连续从位置 0 开始排列的。storage 是一个巨大的映射,一共有 2^{256} 个插槽,一个插槽有 32B。storage 每次存储状态变量时都会被转换为键值对的形式进行存储,键就是这个状态变量的存储位置。在 EVM 中提供的用于操作 storage 的指令有如下两个。

- sload 用于从 storage 中加载一个字到 stack 中。
- sstore 用于存储一个字到 storage 中。

在 Solidity 中将定义的状态变量映射到插槽内，对于静态大小的变量从 0 开始连续排列，对于动态数组和映射则采用了其他方法，后文会详细讨论。

5.1.2 Hex 编码

为了更加清晰地展示 EVM 中的数据，Remix 等一些调试 Solidity 的工具会将 EVM 中的二进制数据进行 Hex 编码，转换为相对友好的字符串形式以便查看。

Hex 编码很简单，就是把一个八位的字节数据用两个十六进制数据展示出来。在编码时，首先将八位二进制数据拆分成两个四位二进制数据，然后分别将两个四位二进制数据重新分组成两个字节，其中一个字节的低四位是原字节的高四位，另一个字节的低四位是原字节的低四位，高四位都补 0，最后输出这两个字节对应的十六进制数据作为编码。Hex 编码后的数据长度是原数据的 2 倍。Hex 编码的编码表如下。

```
0  0      1  1      2  2      3  3
4  4      5  5      6  6      7  7
8  8      9  9      10 a      11 b
12 c      13 d      14 e      15 f
```

例如，ASCII 码 A 的 Hex 编码过程如下。

```
ASCII 码: A (65)
二进制数据: 0100 0001
重新分组: 0000 0100    0000 0001
十六进制数据:      4           1
Hex 编码: 41
```

5.2 智能合约的 ABI

API（Application Programming Interface）定义了软件模块之间在源代码层交互的接口。API 提供一组标准的接口（通常以函数的方式），实现了如下抽象：一个软件模块（通常位于高层）如何调用另一个软件模块（通常位于较低层）。举个例子，API 可以通过一组绘制文本的函数，对在屏幕上绘制文本的概念进行抽象。API 仅仅定义接口，真正提供 API 的软件模块称为 API 的实现。

应用程序二进制接口（Application Binary Interface，ABI）定义了两个软件模块在特定体系结构上的二进制接口。ABI 定义了应用内部如何交互，应用如何与内核交互，以及应用如何与库交互。API 保证了源码兼容，而 ABI 保证了"二进制兼容（Binary Compatibility）"，即确保了对于同一个 ABI，目标代码可以在任何系统上正常工作，而不需要重新编译。

ABI 主要关注调用约定、字节序、寄存器使用、系统调用、链接和库的行为及二进制目标格式。例如，调用约定定义了函数如何调用，参数如何传递，分别保留和使用哪些寄存器，调用方如何获取返回值。如果 ABI 可以保持稳定，那么在旧版本上编译好的二进制应用程序或内核模块，就可以无须重新编译直接在新版本上运行。可以简单地理解为 ABI 提供了一种比 API 更为底层也更为严格的调用接口，通过 ABI 的方式调用可以极大地避免合约在不同机器上调用执行出现歧义。

合约代码最终被编译成可以在 EVM 上执行的操作码并部署在区块链上，ABI 提供一种标准方法来通过网络与合约交互，它允许外部应用程序和合约交互。开发人员在其应用程序或分布式应用程序（DApp）中使用 ABI 来访问合约中的方法和功能。EVM 会在解析合约的操作码时，依赖 ABI 的定义去识别各个字段位于操作码的什么位置。

5.3 编译 Solidity

Solcjs 是用于编译 Solidity 文件的 Node.js 库和命令行工具。Solcjs 不使用 Solc 命令行编译器，而纯粹使用 JavaScript 进行编译，因此它的安装比 Solc 简单很多。Solc 采用 C++ 编写，C++代码由 Emscripten 工具编译成 JavaScript。Solc 的每一个版本都会被编译成 JavaScript，而 Solcjs 仅使用这些编译器中的一种来编译 Solidity 源文件。这些编译器在浏览器和 Node.js 环境中都可以运行。

将 Solidity 源文件编译为 EVM 操作码时，可以通过命令行完成。有关其他编译选项的列表，只需要运行以下命令。

```
solc --help
```

使用--asm 命令行选项可以生成 Solidity 源文件的原始操作码流。--bin 选项将会帮助我们生成合约操作码的二进制文件，--optimize 选项将会通过编译器对合约进行一些优化。除此之外，还有很多其他的编译选项，读者可以通过--help 进行探究。

下面是一个执行托管功能的简单智能合约，实现了两个方法，deposits 方法用来存储 ETH，withdraw 方法用来退回 ETH。

```solidity
pragma solidity ^0.5.0;

contract Escrow {
    address agent;
    mapping(address => uint256) public deposits;
    modifier onlyAgent() {
        require(msg.sender == agent);
        _;
    }

    constructor () public {
        agent = msg.sender;
    }

    function deposit(address payee) public onlyAgent payable {
        uint256 amount = msg.value;
        deposits[payee] = deposits[payee] + amount;
    }

    function withdraw(address payable payee) public onlyAgent {
        uint256 payment = deposits[payee];
        deposits[payee] = 0;
        payee.transfer(payment);
    }
}
```

采用"solc --bin --asm --optimize test.sol"命令编译后，在省略一些无关紧要的细节以后就可以看到如下 Json 格式的数据。

```
{
    "linkReferences": {},
    "object": "608060405234801 ...... f6c634300050b0032",
```

```
        "opcodes": "PUSH1 0x80 PUSH1 0x40 ...... STATICCALL 0xcd 0x2e 0xd4
PUSH31 0x9DAFE57C1B293C8318B01C0A92B343C29F3364736F6C634300050B00320000 ",
        "sourceMap": "25:594:0:-;;;218:57;8:9:- ...... 25:594;;;;;;"
}
```

object 是合约代码编译后生成的操作码，表示程序的字节序。操作码（Opcodes）是程序的低级可读指令。例如，操作码 PUSH1 的十六进制值是 0x60，操作码 "PUSH1 0x80 PUSH1 0x40" 转换成十六进制字节序后是 60 80 60 40，就是 object 开头的几位。

ABI 编码不是可以自描述的，需要一种特定的概要（Schema）来进行解码，因此智能合约增加了合约 ABI 的 Json 描述，包含合约对象数据的名称、类型等。下面是托管合约 Escrow 的 ABI 的 Json 描述。

```
[
    {
        "constant": false,
        "inputs": [
            {
                "name": "payee",
                "type": "address"
            }
        ],
        "name": "withdraw",
        "outputs": [],
        "payable" : false,
        "stateMutability": "nonpayable",
        "type": "function"
    },
    {
        "constant": false,
        "inputs": [
            {
                "name": "payee",
                "type": "address"
            }
        ],
        "ame": "deposit",
```

```json
            "utputs": [],
            "payable": true,
            "stateMutability": "payable",
            "type": "function"
        },
        {
            "constant": true,
            "inputs": [
                {
                    "name": "",
                    "type": "address"
                }
            ],
            "name": "deposits",
            "outputs": [
                {
                    "name": "",
                    "type": "uint256"
                }
            ],
            "payable": false,
            "stateMutability": "view",
            "type": "function"
        },
        {
            "inputs": [],
            "payable": false,
            "stateMutability": "nonpayable",
            "type": "constructor"
        }
    ]
```

如果函数需要改变区块链的状态,则会向智能合约的所有者收取 Gas(以 Wei 为单位)。这些花费遵循以太坊协议,该协议规定了在整个区块链网络上使用计算资源的成本,这是支付给矿工的费用,矿工会验证放入区块中的交易。简单的调用函数不需要更改区块链的状态,也不会消耗 Gas,因此是免费的。例如,对智能合约中的状态进行查询,当智能合约由 EVM 部署后,它将存储于区块链上,既不能修改又很透明,由此保证了不可篡改性和公开性。

5.4 ABI 编码

智能合约会被编译成操作码然后在 EVM 上执行,对于合约中的变量,因为其存储位置的不同,其在 EVM 中的编码形式也不同。虽然编码形式各有不同,但是在 EVM 中对于同一个数据只有一种存储方式,一旦存储就意味着数据的二进制值不会再发生改变了,除非数据本身发生了变化。这样做主要是为了保证世界状态的根哈希值无歧义,对一个合约的所有状态计算得到的默克尔树的根哈希值可以标识这个合约当前的状态集合,状态细小的改变都会在默克尔树根哈希值的比较中被发现。我们可以将 EVM 的存储器看作一个无歧义的键值数据库。

5.4.1 状态变量

Solidity 的状态变量存储在 storage 中,状态变量在初始化的时候是默认值为对应类型的空值,默认起始位置是 0。如果状态变量是值类型,那么在声明后会占用存储位置,当合约初始化时 EVM 就会为其分配存储位置。

```
pragma solidity ^0.5.1;

contract StorageSample {
    uint256 a;
    uint256 b;
    uint256 c;
    uint256 d;
    uint256 e;
    uint256 f;
    function test() public {
```

```
        f = 0xc0fefe;
    }
}
```

用"solc --bin --asm --optimize StorageSample.sol"命令编译合约后,可以看到

```
tag_5:
    /* "test.sol":167:175  0xc0fefe */
  0xc0fefe
    /* "test.sol":163:164  f */
  0x5
    /* "test.sol":163:175  f = 0xc0fefe */
  sstore
```

这段汇编执行的操作是 sstore(0x5, 0xc0fefe),把 0xc0fefe 存储到 0x5 这个位置,0x5 这个位置被变量 f 命名。在 EVM 中声明变量不需要成本,EVM 会在编译的时候为其保留位置,但是不会进行初始化操作。

> 当通过指令 sload 读取一个未初始化的变量的时候,不会报错只会读取到零值 0x0。

5.4.2 结构体

如果状态变量是结构体这样的引用类型,那么它的初始化操作和之前的值类型状态变量有所不同。引用类型的声明不会占用实际位置,只有在初始化的时候才会为其分配位置。

```
pragma solidity ^0.5.1;

contract StructSample {
    struct Empty {
        uint256 a;
        uint256 b;
    }
    struct Tuple {
        uint256 a;
        uint256 b;
        uint256 c;
        uint256 d;
```

```
    uint256 e;
    uint256 f;
  }
  Tuple t;
  function test() public {
    t.f = 0xc0fefe;
  }
}
```

用"solc --bin --asm --optimize StructSample.sol"命令编译合约后,可以看到

```
tag_5:
    /* "test.sol":219:227  0xC0FEFE */
  0xc0fefe
    /* "test.sol":213:216  t.f */
  0x5
    /* "test.sol":213:227  t.f = 0xc0fefe */
  sstore
    /* "test.sol":182:234  function test() public {... */
```

编译后得到的汇编代码与分析状态变量时合约 StorageSample 编译后的汇编代码一致,都是在 0x5 的位置存储了值 0xc0fefe。合约中的 Empty 结构体虽然有两个状态变量但是没有初始化,EVM 也没有为其分配存储位置。

5.4.3 布尔类型

当状态变量是布尔类型时,EVM 对其初始化的过程与初始化值类型的过程相似,但是会额外进行一些操作。

```
pragma solidity ^0.5.1;

contract BoolSample {
   bool b;
   function test() public {
     b = true;
   }
}
```

用"solc --bin --asm --optimize BoolSample.sol"命令编译合约后，可以看到

```
/* "test.sol":85:86  b */
  0x0
    /* "test.sol":85:93  b = true */
  dup1
  sload
  not(0xff)
  and
    /* "test.sol":89:93  true */
  0x1
    /* "test.sol":85:93  b = true */
  or
  swap1
  sstore
/* "test.sol":54:100  function test() public {... */
```

最终把 0x1 存储在位置 0 了，但是这里的过程还进行了一些位运算。下面的分析展示了这个汇编执行的过程。

```
假设栈的长度为 3 位，不足时全部补 0。

0x0    栈为 000
dup1   栈为 000 000
sload 加载 not(0xff) 到栈顶
0xff 为 111
not(0xff) 为 000
此时栈变为 000 000 000
and(000, 000) 栈为 000 000
0x1 栈为 000 000 001
or(001, 000) 栈为 000 001
swap1 栈为 001 000
sstore(000, 001) 在位置 0 存储变量 001
```

布尔值 true 是 1，false 是 0，但是对于 EVM 来说是无法做到无歧义地确定值的类型的，也就是说 EVM 无法判断这个值是数值 1 还是布尔值 true。这个时候就需要 ABI 的描述，这个描述就是之前提到的 ABI 的 Json 描述。

5.4.4 定长数组

在 EVM 中，定长数组很容易获得其类型和长度，所以可以依次排列，就像存储状态变量一样。

```
pragma solidity ^0.5.1;

contract ArraySample {
   uint256[6] numbers;
   function test() public {
     numbers[5] = 0xc0fefe;
   }
}
```

用"solc --bin --asm --optimize ArraySample.sol"命令编译合约后，可以看到

```
tag_5:
   /* "test.sol":110:118  0xc0fefe */
  0xc0fefe
   /* "test.sol":105:106  5 */
  0x5
   /* "test.sol":97:118  numbers[5] = 0xc0fefe */
  sstore
```

将位置索引 0x5 作为 key 来指向具体存储的数据，但是使用定长数组会有越界的问题，EVM 会在赋值的时候生成汇编检查，后文会进行讨论。

固定大小的变量都是尽可能打包成 32B 的块然后依次存储的，而一些类型是可以动态扩容的，这个时候就需要更加灵活的存储方式了，这些类型有映射（map）、数组（array）、字节数组（byte arrays）和字符串（string）。

5.4.5 映射

映射（map）仅能被声明为 storage 类型的变量，不能被声明为 memory 类型的变量。这是由于在 map 中键的数量是任意的，当不断地在 map 中插入数据时，map 的体积不断增长，最终可能导致一些预料之外的情况产生。map 只能被声明为 storage 类型的状态变量，

或者在局部变量中引用到某个状态变量。我们通过一个简单的合约来了解 map 的存储方式。

```solidity
pragma solidity ^0.5.1;

contract MapSample {
  mapping(uint256 => uint256) items;

  function test() public {
     items[0x01] = 0x42;
  }
}
```

合约 MapSample 非常简单，只是创建了一个 key 和 value 都是 uint256 类型的 map，并且用 0x01 作为 key 存储了数据 0x42。用"solc --bin --asm --optimize MapSample.sol"编译合约后，可以得到如下汇编代码。

```
tag_5:
    /* "test.sol":119:123  0x01 */
  0x1
    /* "test.sol":113:118  items */
  0x0
    /* "test.sol":113:124  items[0x01] */
  swap1
  dup2
  mstore
  0x20
  mstore
    /* "test.sol":127:131  0x42 */
  0x42
    /* "test.sol":113:124  items[0x01] */
  0xada5013122d395ba3c54772283fb069b10426056ef8ca54750cb9bb552a59e7d
    /* "test.sol":113:131  items[0x01] = 0x42 */
  sstore
    /* "test.sol":82:136  function test() public {... */
  jump    // out
```

分析这段汇编代码就会发现 0x42 并没有存储在 key 是 0x01 的位置，而存储在 0xada5013122d395ba3c54772283fb069b10426056ef8ca54750cb9bb552a59e7d 这样一段地址。

这段地址是通过 Keccak256(bytes32(0x01) + bytes32(0x00))计算得到的，0x01 是 key，而 0x00 表示这个合约存储的第一个 storage 类型变量。所以 key 的计算公式是 Keccak256(bytes32(key) + bytes32(position))。

当合约中存在多个 map 的时候其映射规则是一致的。下面的例子是在合约中使用了多个 map 时的存储位置分析。

```solidity
pragma solidity ^0.5.1;

contract MapSample2 {
  mapping(uint256 => uint256) itemsA;
  mapping(uint256 => uint256) itemsB;

  function test() public {
    itemsA[0xAAAA] = 0xAAAA;
    itemsB[0xBBBB] = 0xBBBB;
  }
}
```

用"solc --bin --asm --optimize MapSample2.sol"编译合约后，得到如下汇编代码。

```
tag_5:
    /* "test.sol":166:172  0xAAAA */
  0xaaaa
    /* "test.sol":149:163  itemsA[0xAAAA] */
  0x839613f731613c3a2f728362760f939c8004b5d9066154aab51d6dadf74733f3
    /* "test.sol":149:172  itemsA[0xAAAA] = 0xAAAA */
  sstore
    /* "test.sol":195:201  0xBBBB */
  0xbbbb
    /* "test.sol":149:155  itemsA */
  0x0
    /* "test.sol":178:192  itemsB[0xBBBB] */
  dup2
  swap1
  mstore
    /* "test.sol":178:184  itemsB */
  0x1
```

```
    /* "test.sol":149:163 itemsA[0xAAAA] */
  0x20
    /* "test.sol":178:192 itemsB[0xBBBB] */
  mstore
  0x34cb23340a4263c995af18b23d9f53b67ff379ccaa3a91b75007b010c489d395
    /* "test.sol":178:201 itemsB[0xBBBB] = 0xBBBB */
  sstore
    /* "test.sol":120:206 function test() public {... */
  jump // out
```

itemsA 的存储位置是 0，key 是 0xAAAA，实际存储位置为

```
# key = 0xAAAA, position = 0
Keccak256(bytes32(0xAAAA) + bytes32(0))
实际存储位置为 839613f731613c3a2f728362760f939c8004b5d9066154aab51d6dadf74733f3
```

itemsB 的存储位置是 1，key 是 0xBBBB，实际存储位置为

```
# key = 0xBBBB, position = 1
Keccak256(bytes32(0xBBBB) + bytes32(1))
实际存储位置为 34cb23340a4263c995af18b23d9f53b67ff379ccaa3a91b75007b010c489d395
```

可以看到，最终得到的存储位置和使用公式计算的结果一致。

5.4.6 动态数组

在其他语言中，数组只是连续存储在内存中的一系列相同类型的元素，取值的时候采用首地址加偏移量的形式，但是在 Solidity 中，数组是一种映射。数组在存储器中是这样存储的：

```
0x290d...e563
0x290d...e564
0x290d...e565
0x290d...e566
```

虽然看起来是连续存储的，但实际上访问的时候是通过映射来查找的。增加数组类型的意义在于增加一些与数组相关的方法和特性，便于我们更好地理解和编写代码，增加的方法和特性如下。

- length 表示数组的长度，说明数组一共有多少个元素。
- 边界检查，如果读取或写入时索引值大于 length 就会报错。
- 比映射更加复杂的存储打包行为。
- 当数组变小时，自动清除未使用的空间。
- bytes 和 string 的特殊优化让短数组（小于 32B）存储更加高效。

可以通过如下合约观察动态数组的存储编码，编译合约后的结果为

```
pragma solidity ^0.5.1;

contract DynamicArray {
    uint256[] chunks;
    function test() public {
        chunks.push(0xAA);
        chunks.push(0xBB);
        chunks.push(0xCC);
    }
}
```

使用 Remix 调试合约可以看到 storage 部分的存储内容，如图 5-6 所示。

图 5-6　storage 动态数组编码

因为动态数组在编译期间无法知道数组的长度，不能提前预留存储空间，所以 Solidity 用 chunks 变量的位置存储动态数组的长度。具体存储数据的地址通过计算

Keccak256(bytes32(0))得到数组首地址,再加上数组长度偏移量获得具体的元素存储位置。

> 这里的 0 表示的是 chunks 变量的位置。

5.4.7 动态数组打包

增加数组类型有一个很重要的意义就是数组有比映射更加优化的打包行为,具体的优化手段通过下面的合约展示。

```
pragma solidity ^0.5.1;

contract DynamicData {
    uint128[] s;
    function test() public {
        s.length = 4;
        s[0] = 0xAA;
        s[1] = 0xBB;
        s[2] = 0xCC;
        s[3] = 0xDD;
    }
}
```

使用 Remix 调试合约可以看到 storage 部分的存储内容,如图 5-7 所示。

图 5-7　storage 映射编码

查看编译后的结果可以发现 4 个元素并没有占据 4 个插槽，而只占据了 3 个插槽。对于动态数组来说，第 1 个插槽存储数组的长度，除此之外实际数据只占据了 2 个插槽。在 Solidity 中 1 个插槽的大小是 256bit，动态数组 s 的类型是 uint128，编译器针对此类型进行了一个优化，对其存储的数据提供了更加优化的打包策略，将 uint128 类型的动态数组中的 2 个元素进行了合并，2 个元素占据 1 个插槽以节约 Gas。

在图 5-8 中，列举了 EVM 的一些操作所花费 Gas 的数量。

ZONE	EVM OPCODE	GAS/WORD	GAS/KB	GAS/MB
STACK	POP	2	64	65,536
	PUSHX	3	96	98,304
	DUPX	3	96	98,304
	SWAPX	3	96	98,304
MEMORY	CALLDATACOPY	3	98	2,195,456
	CODECOPY	3	98	2,195,456
	EXTCODECOPY	3	98	2,195,456
	MLOAD	3	96	98,304
	MSTORE	3	98	2,195,456
	MSTORE8	3	98	2,195,456
STORAGE	SLOAD	200	6,400	6,553,600
	SSTORE	20,000	640,000	655,360,000

图 5-8　Gas 消耗列表

其中将数据存放到 storage 中的数据持久化指令 sstore 消耗最多的 Gas，在合适的场景下可以利用编译器优化以节约 Gas。

5.4.8　字节数组和字符串

bytes 和 string 是 EVM 为字节和字符进行优化的特殊数组类型。

```
pragma solidity ^0.5.1;
contract C {
    bytes s;
    function test() public {
        s.push(0xAA);
        s.push(0xBB);
        s.push(0xCC);
    }
}
```

使用 Remix 编译后得到如下结果。

```
key: 0x0000000000000000000000000000000000000000000000000000000000000000
```

```
value: 0xaabbcc00000000000000000000000000000000000000000000000000000006
```

当 bytes 和 string 的长度小于 31B 的时候可以放到 1 个插槽里，key 是 bytes 变量的存储位置，value 的前 31B 是具体的数据，最后 1B 是数据的长度。这种存储方式类似于数组长度小于或等于 31B 时的存储方式，但是当数组长度大于 31B 的时候，bytes 和 string 类型就采用存储动态数组的方式进行存储。

5.4.9　函数选择器和参数编码

除上面所介绍的数据类型的编码外，在 Solidity 中还有很重要的一个组成部分就是函数调用。同样，函数调用是在 EVM 上执行的，这个时候就会面临一些问题，如何选择函数和如何给函数传递参数。举例如下。

```
function cmp(uint32 x, uint32 y) returns (bool r) {
  r = x > y;
}
```

在 EVM 中为了确定地标识一个函数，会为它生成函数签名。对于函数 cmp 来说，生成方式是 bytes4(Keccak256("cmp(uint32,uint32)"))，得到 0x726b4eb8。在 EVM 中栈的字长为 32B，若不采用函数签名的方式，一旦遇到有大量参数的函数就会出现栈的字长无法存储函数签名的问题。

当有函数签名后就需要为函数传递参数，假设调用 cmp 函数传递的参数分别是 69 和 5，第一个参数 x 的类型是 uint32，值为 69，转换为十六进制数据以后补位到 32B。

```
0x0000000000000000000000000000000000000000000000000000000000000045
```

第二个参数 y 的类型是 uint32，值为 5，同样转换为十六进制数据以后补位到 32B。

```
0x0000000000000000000000000000000000000000000000000000000000000005
```

所以最终拼接后得到的字节码为

```
0x726b4eb800000000000000000000000000000000000000000000000000000000450000000000000000000000000000000000000000000000000000000000000005
```

当 EVM 执行完字节码后就会返回执行结果，返回的执行结果可能是 0 或 1，代表布尔值的 false 或 true，在这里的返回值是 true，所以输出是一个布尔值。

```
0x0000000000000000000000000000000000000000000000000000000000000001
```

5.5 Solidity 汇编

汇编语言即第二代计算机语言，用一些容易理解和记忆的字母或单词来代替一条特定的指令。例如，"ADD"代表数字逻辑上的加减，"MOV"代表数据传递等。通过这种方法，人们很容易去阅读已经完成的程序或理解程序正在执行的功能，现有程序的 bug 修复及程序维护都变得更加简单方便。计算机的硬件不认识字母符号，这时候需要一个专门的程序把这些字母符号变成计算机能够识别的二进制数据。因为汇编语言只是将机器语言进行了简单编译，并没有从根本上解决机器语言的特定性，汇编语言和所要运行的机器环境息息相关，因此对汇编语言的推广和移植很难。但是也正是因为汇编语言与所要运行的机器环境结合紧密，所以汇编语言保持了机器语言优秀的执行效率，到现在汇编语言依然是常用的编程语言之一。

Solidity 定义了一种汇编语言，在没有 Solidity 的情况下也可以使用。这种汇编语言也可以嵌入到 Solidity 源代码中当作"内联汇编"使用。

5.5.1 内联汇编

为了实现更细粒度的控制，尤其为了通过编写库来增强语言，可以利用接近 EVM 的语言将内联汇编与 Solidity 语句结合在一起使用。从一个例子中直观地感受一下内联汇编。下面这个例子用内联汇编实现了将传入的数加一的操作。

```
pragma solidity ^0.5.0;

contract Assembly {
    function example(uint num) public pure returns(uint256){
        assembly{
            // 采用内联汇编的形式将 num 加 1
```

```
            num:=add(num,1)
        }
        return num;
    }
}
```

5.5.2 基本语法

内联汇编与 Solidity 语言一样，会解析注释、变量和标识符。可以使用"//"和"/**/"来写注释，内联汇编程序由 Assembly{…}来标记，大括号里是内联汇编的代码。

5.5.3 操作码

操作码是指计算机程序中所规定的要执行操作的那一部分指令或字段（通常用代码表示）。操作码的实质是指令序列，用来告诉 CPU 需要执行哪一条指令。在 EVM 中操作码是 EVM 指令序列，用来告诉 EVM 需要执行哪一条指令。

指令系统的每一条指令都有一个操作码，表示该指令应该进行什么性质的操作。不同的指令用一个字长空间的不同编码来表示，每一种编码代表一种指令。由于 EVM 的操作码被限制在一个字长以内，所以 EVM 最多可以容纳 256 条指令。目前 EVM 已经定义了 142 条指令，还有 100 多条指令的剩余空间用于以后的扩展。这 142 条指令包括了算法运算、密码学计算、栈操作、内存操作等。EVM 的指令序列一直在不断地优化，会废弃一些旧的指令，也会引入一些新的指令。图 5-9 所示列出了一些比较常见且稳定的指令，方便后面对 Solidity 编译后的汇编代码进行分析。

指令	解释
stop	停止执行,与 return(0,0) 等价
add(x, y)	x + y
sub(x, y)	x - y
mul(x, y)	x * y
div(x, y)	x / y
sdiv(x, y)	x / y,以二进制补码作为符号
mod(x, y)	x % y
smod(x, y)	x % y,以二进制补码作为符号
exp(x, y)	x 的 y 次幂
not(x)	~x,对 x 按位取反
lt(x, y)	如果 x < y 为 1,否则为 0
gt(x, y)	如果 x > y 为 1,否则为 0
slt(x, y)	如果 x < y 为 1,否则为 0,以二进制补码作为符号
sgt(x, y)	如果 x > y 为 1,否则为 0,以二进制补码作为符号
eq(x, y)	如果 x == y 为 1,否则为 0
iszero(x)	如果 x == 0 为 1,否则为 0
and(x, y)	x 和 y 的按位与
or(x, y)	x 和 y 的按位或
xor(x, y)	x 和 y 的按位异或
byte(n, x)	x 的第 n 个字节,这个索引是从 0 开始的
addmod(x, y, m)	任意精度的 (x + y) % m
mulmod(x, y, m)	任意精度的 (x * y) % m
signextend(i, x)	对 x 的最低位到第 (i * 8 + 7) 位进行符号扩展
keccak256(p, n)	keccak(mem[p...(p + n)))
jump(label)	跳转到标签 / 代码位置
jumpi(label, cond)	如果条件为非零,跳转到标签
pc	当前代码位置
pop(x)	弹出栈顶的 x 个元素
dup1 ... dup16	将栈内第 i 个元素(从栈顶算起)复制到栈顶
swap1 ... swap16	将栈顶元素和其下第 i 个元素互换
mload(p)	mem[p...(p + 32))
mstore(p, v)	mem[p...(p + 32)) := v
mstore8(p, v)	mem[p] := v & 0xff (仅修改一个字节)
sload(p)	storage[p]
sstore(p, v)	mstorage[p] := v
msize	内存大小,即最大可访问内存索引
gas	执行可用的Gas
address	当前合约 / 执行上下文的地址
balance(a)	地址 a 的余额,以 Wei 为单位

图 5-9 常用 EVM 指令

指令	说明
caller	调用发起者（不包括 delegatecall）
callvalue	随调用发送的 Wei 的数量
calldataload(p)	位置 p 的调用数据（32 B）
calldatasize	调用数据的字节数大小
calldatacopy(t, f, s)	从调用数据的位置 f 开始复制 s 个字节到内存的位置 t
codesize	当前合约 / 执行上下文地址的代码大小
codecopy(t, f, s)	从代码的位置 f 开始复制 s 个字节到内存的位置 t
extcodesize(a)	地址 a 的代码大小
extcodecopy(a, t, f, s)	和 codecopy(t, f, s) 类似，但从地址 a 获取的代码少
create(v, p, s)	用 mem[p...(p + s)) 中的代码创建一个新合约，发送 v Wei 并返回新地址
call(g, a, v, in, insize, out, outsize)	使用 mem[in...(in + insize)) 作为输入数据，提供 g Gas 和 v Wei 对地址 a 发起消息调用，输出结果数据保存在 mem[out...(out + outsize))，发生错误（如 Gas 不足）时返回 0，正确结束返回 1
callcode(g, a, v, in, insize, out, outsize)	与 call 等价，但仅使用地址 a 中的代码，且保留当前合约执行上下文
delegatecall(g, a, in, insize, out, outsize)	与 callcode 等价且保留 caller 和 callvalue
staticcall(g, a, in, insize, out, outsize)	与 call(g, a, 0, in, insize, out, outsize) 等价，但不允许状态修改
return(p, s)	终止运行，返回 mem[p...(p + s)) 的数据
revert(p, s)	终止运行，撤销状态变化，返回 mem[p...(p + s)) 的数据
selfdestruct(a)	终止运行，销毁当前合约并把资金发送到地址 a
invalid	以无效指令终止运行
log0(p, s)	以 mem[p...(p + s)) 的数据产生不带 topic 的日志
log1(p, s, t1)	以 mem[p...(p + s)) 的数据和 topic t1 产生日志
log2(p, s, t1, t2)	以 mem[p...(p + s)) 的数据和 topic t1、t2 产生日志
log3(p, s, t1, t2, t3)	以 mem[p...(p + s)) 的数据和 topic t1、t2、t3 产生日志
log4(p, s, t1, t2, t3, t4)	以 mem[p...(p + s)) 的数据和 topic t1、t2、t3 和 t4 产生日志
origin	交易发起者地址
gasprice	交易所指定的 Gas 价格
blockhash(b)	区块号 b 的哈希值，目前仅适用于不包括当前区块的最后 256 个区块
coinbase	当前的挖矿收益者地址
timestamp	从当前 epoch 开始的当前区块时间戳（以 s 为单位）
number	当前区块号
difficulty	当前区块难度
gaslimit	当前区块的 Gas 上限

图 5-9　常用 EVM 指令（续）

5.5.4 函数风格

对于 Solidity 的内联汇编来说,可以像字节码那样在操作码后紧挨操作码。例如,把 3 与内存位置 0x80 处的数据相加后再存储在 0x80 处的操作码序列如下。

```
3 0x80 mload add 0x80 mstore
```

由于这种方式很难看到某些操作码的实际参数是什么,所以 Solidity 内联汇编提供了一种"函数风格"表示法,同样功能的代码可以用函数风格表示法改写为如下形式。

```
mstore(0x80, add(mload(0x80), 3))
```

函数风格表达式内不能使用指令风格表示法的写法。

```
1 2 mstore(0x80, add)是无效汇编语句
必须写成mstore(0x80, add(2, 1))这种形式
```

在函数风格表示法的内联汇编中,对于不带参数的操作码,括号可以省略。

> 注意,在函数风格表示法中参数的顺序与指令风格表示法相反。如果使用函数风格表示法,那么第一个参数将会位于栈顶。

5.5.5 访问外部变量和函数

Solidity 的变量和其他标识符可以通过使用名称来简单访问。但是存储在 storage 位置的值会有些不同,存储在 storage 位置的值可能不会占据一个完整的 storage 片,所以它们的具体存储位置是由一个片地址和位偏移组成的。为了得到变量 x 的片地址,需要使用 x_slot,获取位偏移需要使用 x_offset。

```
pragma solidity ^0.5.0;

contract C {
    uint b = 10;
    function f(uint x) public view returns (uint r) {
        assembly {
            r := mul(x, sload(b_slot)) // 因为位偏移为 0,所以可以忽略
        }
    }
}
```

在上面的合约中，f 函数的作用是将传入的参数 x 乘以 10 后返回。sload 并不是直接按照状态变量 b 的名字加载的值，而是通过 b_slot 获得 b 所在的位置后再加偏移量取得的值。因为位偏移为 0 所以没有加偏移量。如果不加省略应该进行如下修改。

```
r := mul(x, sload(add(b_slot, b_offset)))
```

5.5.6 汇编局部变量声明

可以使用 let 关键字来声明只在内联汇编中可见的变量，实际上只在当前的{…}块中可见。在下面的例子中，let 关键字将创建一个为变量保留的新数据槽 v，并在到达区块末尾时自动删除。我们需要为变量提供一个初始值，它可以是 0，也可以是一个复杂的函数风格表达式。

```
pragma solidity ^0.5.0;

contract C {
    function f(uint x) public view returns (uint b) {
        assembly {
            let v := add(x, 1)
            mstore(0x80, v)
            {
                let y := add(sload(v), 1)
                b := y
            } // y 会在这里被"清除"
            b := add(b, v)
        } // v 会在这里被"清除"
    }
}
```

5.5.7 赋值

在 Solidity 内联汇编中，可以给内联汇编的局部变量和函数的局部变量进行赋值。需要注意的是，当给指向内存或存储的变量赋值时，只更改指针而不更改具体的数据。

对内联汇编的局部变量有两种赋值方式，分别是函数风格赋值和指令风格赋值。对于函数风格赋值（变量 := 值），需要在函数风格表达式中提供一个值，这个值恰好可以产生一个栈里的值。对于指令风格赋值（=: 变量），需要从栈顶获取数据，官方已经不推荐使用指令风格赋值了。对于这两种赋值方式，冒号均指向变量名称，赋值是通过用新值替换栈中的变量值来实现的。

```
{
    let v := 0      // 作为变量声明的函数风格赋值
    let g := add(v, 2)
    sload(10)
    =: v            // 指令风格赋值，将 sload(10) 的结果赋给 v
}
```

5.5.8 条件判断与循环语句

1）if 关键字

if 关键字可以用于有条件地执行代码，并且没有"else"部分。如果需要多种选择，可以考虑使用 switch 关键字（见下文）。

```
{
    if eq(value, 0) { revert(0, 0) }
}
```

需要注意的是，代码主体的花括号是必需的，不可省略。

2）switch 关键字

switch 关键字可以计算表达式的值并与几个常量进行比较，从而选出与匹配常数对应的分支。与某些编程语言容易出错的情况不同，控制流不会从一种情形继续执行到下一种情形。我们可以设定一个 default 的默认情况，如下所示：

```
{
    let x := 0
    switch calldataload(4)
    case 0 {
        x := calldataload(0x24)
    }
    default {
```

```
        x := calldataload(0x44)
    }
    sstore(0, div(x, 2))
}
```

在 Solidity 的内联汇编中,与大多数语言不同的地方在于 case 列表里面不需要大括号,但 case 主体需要。

3) for 关键字

汇编语言支持一个简单的 for-style 循环。for-style 循环有一个头,这个头包含初始化部分、条件和迭代后处理部分。条件必须是函数风格表达式,另外两个部分都是语句块。如果初始化部分声明了某些变量,那么这些变量的作用域将扩展到循环体中(包括条件和迭代后处理部分)。

下面是计算某个内存区域中的数值总和的例子。

```
{
    let x := 0
    // 翻译为 Go 语言为 for i:=0; i < 100; i += 20
    for { let i := 0 } lt(i, 0x100) { i := add(i, 0x20) } {
        x := add(x, mload(i))
    }
}
```

for 循环可以写作 while 循环,只要将初始化部分和迭代后处理部分留空即可,具体如下所示。

```
{
    let x := 0
    let i := 0
    for { } lt(i, 0x100) { } {       // while(i < 0x100)
        x := add(x, mload(i))
        i := add(i, 0x20)
    }
}
```

5.5.9 函数

内联汇编语言允许定义底层函数，底层函数需要从栈中取得所需要的参数（和返回PC），并将执行得到的结果放入栈中。调用底层函数的方式与执行函数风格的操作码相同。

函数可以在任何地方定义，并且在声明它们的语句块中可见。函数内部不能访问在函数外部定义的局部变量。如果调用会返回多个值的函数，则必须把它们赋值到一个元组，使用如下方式。

```
a, b: = f(x) 或 let a, b: = f(x)
```

在下面的例子中，定义了用内联汇编语言实现两数相加功能的函数，在定义完成后进行了函数调用。

```solidity
pragma solidity ^0.5.0;

contract C {
    function f() public pure returns (uint256) {
        assembly {
            function addNum(a, b) -> res {
                res := mload(0x40)        // 通过0x40加载空闲内存地址
                mstore(res, add(a, b))// 将a+b的结果存入空闲内存
                return(res, 0x20)// 返回res…res+32内存地址的值，0x20的十进制值为32
            }
            let r := addNum(5, 3)         // 函数调用
            return(r, 0x20)               // 函数返回
        }
    }
}
```

在下面的例子中并不会执行到"return a – b"，而会在内联汇编语言中直接返回，需要注意的是 return 在内联汇编语言中是一个操作码，和其他操作码并无不同，在内联汇编的函数中不进行强制要求。

```solidity
pragma solidity ^0.5.0;

contract C {
    constructor() public {}
```

```
function add(uint256 a, uint256 b) public pure returns (uint256) {
    assembly {
        let res:= mload(0x40) // 通过 0x40 加载空闲内存地址
        mstore(res, add(a,b)) // 将 a+b 的结果存入空闲内存
        return(res, 0x20)// 返回 res...res+32 内存地址的值，0x20 的十进制值为 32
    }
    return a - b;
}
```

5.5.10 注意事项

内联汇编语言看起来像高级语言，但实际上是非常低级的编程语言。函数调用、循环、if 语句和 switch 语句只会通过简单的重写规则进行转换。汇编程序需要做的仅是重新组织函数风格操作码、管理 jump 标签、计算访问变量栈高度，以及在到达语句块末尾时删除局部汇编变量的栈数据。特别是对于最后两种情况，汇编程序仅会按照代码的顺序计算栈的高度，而不一定会遵循控制流程，这一点非常重要。此外 swap 等操作只会交换栈内的数据，而不会交换变量位置。

5.5.11 Solidity 惯例

与 EVM 汇编语言相比，Solidity 汇编语言能够识别小于或等于 256bit 的类型，如 uint24。EVM 汇编语言为了提高执行效率，对大多数算术运算只将它们视为 256bit 数字，仅在必要时才清除未使用的数据位，即在将它们写入内存或执行比较之前才会这么做。这意味着，如果从 EVM 汇编语言中访问这样的变量，必须先手工清除那些未使用的数据位。

Solidity 汇编语言以一种非常简单的方式管理内存：内存空间开头的 64B 用来作为临时分配的"暂存空间"，在 0x40 位置存储一个指向空闲内存的指针。如果打算分配内存，只需要从此处开始使用内存，然后相应地更新指针即可。空闲内存指针之后的 32B 位置（从 0x60 开始的位置）将永远为 0，可以用来进行变量的初始化操作。

在 Solidity 汇编语言中，内存数组的元素总占用 32B 的倍数（byte[] 也是这样的，只有

bytes 和 string 类型不是这样的)。多维内存数组是指向内存数组的指针。动态数组的长度存储在数组的第一个槽中，其后是数组元素。

5.5.12 独立汇编

内联汇编描述的汇编语言可以单独使用，实际上，汇编语言的最初计划是将其用作 Solidity 编译器的中间语言。在这种计划下，汇编语言本身的实现有以下几个目标。

- 即使代码是由 Solidity 编译器生成的，用这种代码编写的程序也应该是可读的。
- 从汇编到字节码的翻译应该尽可能少地包含"意外"。
- 控制流应该易于检测，以帮助进行形式化验证和优化。

为了实现第一个和最后一个目标，汇编语言提供了高级结构，如 for 循环、if 语句、switch 语句和函数调用。作为合约的开发者，应该编写不直接使用 swap、dup、jump 和 jumpi 语句的汇编程序，因为前两个混淆了数据流，后两个混淆了控制流。当使用高级结构后，如 switch 语句、for 语句或函数，可以在不用 jump 和 jumpi 的情况下写出复杂的代码。这会让分析控制流更加容易，也可以进行更多的形式化验证及优化。

此外，形式为"mul(add(x, y), 7)"的函数风格语句优于形式为"7 y x add mul"的指令风格语句，因为在第一种形式中更容易查看哪个操作数作用于哪个操作码，具有更高的可读性；第二种形式通过采用一种非常规的方式来将高级指令转为字节码。

5.5.13 EVM 中的事件与日志

事件是 EVM 提供的一种日志基础设施。事件用来触发记录行为，日志用来记录这个行为。在介绍智能合约的时候介绍了 Solidity 中事件的使用方法，但是还有一些更深入的问题没有讨论。在传统的 Web 开发中，通常由前端向服务器发起一次 HTTP 请求，当服务器接收到这个请求后，进行相应的操作或返回对应的数据。下面用一个简单的智能合约来说明这个过程。

```
contract ExampleContract {
  function echo(int256 _value) returns (int256) {
    return _value;
```

    }
}
```

通常我们直接调用合约中的方法都希望可以立刻得到返回值，假设 exampleContract 是 ExampleContract 的一个实例，一般情况下我们都是通过如下方式调用 echo 函数来获得返回值的。

```
// 伪代码
var returnValue = exampleContract.echo(2);
console.log(returnValue) // 获得返回值 2
```

但是当这个合约部署到区块链系统上以后，通过直接调用并不能按照预期立刻获得返回值。

```
var returnValue = exampleContract.echo.sendTransaction (2, {from: web3.eth.coinbase});
console.log(returnValue) // 交易哈希值
```

sendTransaction 方法的返回值始终是所创建交易的哈希值。交易不会将合约调用结果返回给前端，因为交易不会立即被打包进区块交由区块链中的节点执行。为了获得交易执行的结果，推荐的解决方案是使用事件，这是事件的作用之一。

```
// 给合约增加事件
contract ExampleContract {
    event ReturnValue(address indexed _from, int256 _value);
    function echo(int256 _value) returns (int256) {
        ReturnValue(msg.sender, _value);
        return _value;
    }
}
// 前端获得返回值
var exampleEvent = exampleContract.ReturnValue({_from: web3.eth.coinbase});

exampleEvent.watch(function(err, result) {
    if (err) {
        console.log(err)
        return;
    }
    console.log(result.args._value)
```
```

```
})

// 调用合约
exampleContract.foo.sendTransaction(2, {from: web3.eth.coinbase})
```

当调用合约 ExampleContract 的 echo 函数的交易被执行时，将触发函数内部的 ReturnValue 事件，这样就会有对应的日志产生，前端也可以感知到 echo 函数的执行，并且获得 echo 函数的调用返回值。

获得合约函数调用的返回值仅仅是事件很小的一个使用场景，通常可以将事件视为携带数据的异步触发器。当智能合约想要触发操作通知前端时，可以触发事件携带需要传递的数据。由于前端正在监视事件，所以前端可以进行对应的操作，如显示消息等。

事件还有一种与之前的介绍截然不同的用法，那就是将触发事件所产生的日志用作价格优惠的存储形式。日志被设计为一种存储形式，其 Gas 成本远远低于合约 storage 存储类型。日志存储时每字节仅花费 8 个 Gas，而合约 storage 存储类型每 32B 需要花费 20 000 个 Gas。尽管以日志的形式存储数据可以节省大量 Gas，但无法在合约中读取到存储在日志中的数据，这是日志存储和合约 storage 存储的重要区别。在某些情况下，可以使用触发事件所产生的日志作为廉价存储器，而不仅仅只是将事件作为前端触发器。

触发事件产生日志的第三个适用场景是存储由前端呈现的历史数据。加密货币交易所可能希望向用户显示自身在交易所账户中的所有存款，与将这些存款信息存储在合约中相比，将它们存储为日志的花费要低得多。之所以可以这样做，是因为交易所需要的用户余额状态已经存储在合约中了，无须了解历史存款的详细信息。

总结一下，EVM 的事件为用户提供了异步感知合约函数执行的功能，方便用户将合约调用与前端界面的变动相关联，同时触发事件所产生的日志提供了一种非常便宜的存储方式。

5.6 跨合约调用

EVM 作为一个沙盒环境严格限制了数据之间的交换，不可避免地使智能合约成为了一座座数据孤岛，限制了智能合约应用场景扩展的想象空间。以太坊为了避免智能合约成为数据孤岛，增加了跨合约调用的支持，简言之就是一个智能合约可以调用另一个智能合约，跨合约调用大大增强了智能合约的互操作性，降低了应用开发成本。

为了避免跨合约调用时引入调用结果的不确定性，EVM 对跨合约调用采取了一些安全性方面的约束，如跨合约调用必须是确定的静态调用，在运行前就知晓被调用合约的地址，并且调用结果是确定的。

在 Solidity 中用 call、callcode 和 delegatecall 这三个函数来进行跨合约调用，三者有所区别。

5.6.1 call 和 callcode 异同

call 和 callcode 这两个跨合约调用函数的区别在于代码执行的上下文环境不同。具体来说，call 修改的是被调用者的变量，而 callcode 修改的是调用者的变量。另一种说法是，callcode 通过调用其他的智能合约的函数，来修改自己智能合约中的变量，而 call 通过调用其他智能合约的函数，来修改被调用智能合约中的变量。call 和 callcode 调用流程异同如图 5-10 所示。

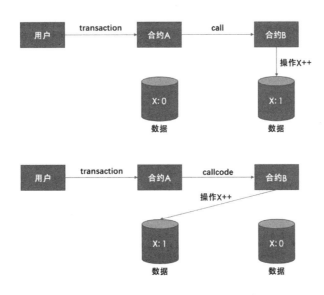

图 5-10　call 与 callcode 调用流程异同

5.6.2　callcode 和 delegatecall 异同

callcode 函数已经被官方推荐用 delegatecall 函数来代替了。如果继续使用 callcode 函数，编译器会提示"Warning: callcode has been deprecated in favour of delegatecall"。

callcode 与 delegatecall 这两个跨合约调用函数都是通过调用其他智能合约的函数，来修改自己智能合约中的变量的，其区别是 msg.sender 不同。具体来说，delegatecall 会一直使用原始调用者的地址，而 callcode 不会。callcode 与 delegatecall 操作异同如图 5-11 所示。

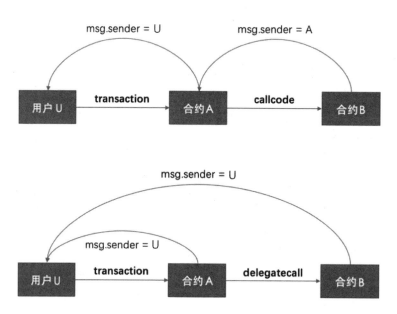

图 5-11　callcode 与 delegatecall 操作异同

在图 5-11 中，callcode 跟 delegatecall 都是通过调用其他智能合约的函数来修改自己智能合约中的变量的。如果自己智能合约中不存在这个变量，Solidity 会智能地新建一个变量，但实际上在一个未定义的位置存储了这个新建的变量，智能合约无法通过外部访问这个变量。

5.7 智能合约安全

随着智能合约数量的增多，去中心化应用（Decentralized Application，DApp）的推广，智能合约涉及的数字资产呈指数级别增长。相比传统软件，智能合约本身的一些特性使得其安全问题更加棘手，现实情况也更加严峻。

智能合约的可信度源自其不可篡改性，一旦被部署上链便无法修改。任何人都可对智能合约存在的安全漏洞发起攻击，如果智能合约没有相应的防御措施，便无法遏止安全问题的恶化，从而会严重损害智能合约本身的经济价值及公众对项目的信任。此外，很多项目会公开智能合约源代码，源代码的公开透明虽能提升用户对智能合约的信任度，却大幅度降低了黑客攻击的成本。每一个暴露在开放网络上的智能合约都有可能成为专业黑客团队的金矿和攻击目标。由于起步晚，发展时间短，智能合约本身就有很多不足，在开发的过程中也缺少一些成熟的安全工具来进行安全审计，这些都会增加智能合约产生漏洞的概率。

智能合约中出现频率最高的十类安全问题分别为代码重入、访问控制、整数溢出、未严格判断不安全函数调用返回值、拒绝服务（Denial of Service，DoS）、可预测的随机处理、竞争条件/非法预先交易、时间戳依赖、短地址攻击及其他未知漏洞类型。

出于"代码即规则"的特点，智能合约一旦被部署便不可更改。即便有恶意交易被记录下来，也不可以将其从区块链中删除。如果想要挽回损失就需要回滚区块，撤销交易，而回滚区块唯一的方法是执行硬分叉，即通过修改区块链中的共识协议把区块链中的数据恢复到过去某一状态，而这将无法避免地遭受区块链系统使用者对区块链系统安全性和可信性的质疑，在一定程度上冲击了区块链系统去中心化的理念。因此必须在智能合约上线之前，对其进行全面深入的代码安全审计与测试，充分分析潜在的安全威胁，尽可能规避漏洞。

针对智能合约安全问题，应该从开发人员使用安全库进行开发、安全团队开展合约测试和合约审计这三个角度采取措施。

5.7.1 合约审计

1）形式化验证

形式化验证用逻辑语言对智能合约文档和代码进行形式化建模，通过严谨的数学推理和证明，检查智能合约的功能正确性和安全性。严谨的数学推理和证明克服了传统测试手段无法穷举所有可能输入的缺陷，能完全覆盖代码的运行期行为，确保代码在一定范围内的绝对正确。形式化验证弥补了合约测试和合约审计工作的局限性，因此已经广泛地应用于高铁、航天、核电等安全攸关的领域，并且取得了非常好的效果。

Bhargavan 等人提出了一个智能合约分析和验证框架，该框架通过 Solidity 和 EVM 工具将智能合约源代码和字节码转化成函数编程语言 F*，以便分析和验证智能合约运行时的安全性和功能正确性。目前，Coq、Isabelle/HOL、Why3 等工具也实现了 EVM 的语义表示，并且进行了一些形式化验证智能合约的工作。

2）模糊测试

模糊测试是一种通过构造非预期的输入数据并监视目标软件在运行过程中的异常结果来发现软件故障的方法。对智能合约进行模糊测试时，会利用随机引擎生成大量的随机数据，构成可执行交易。参考测试结果的反馈，随机引擎动态调整生成的数据，从而探索尽可能多的智能合约状态空间。基于有限状态机分析每一笔交易的状态，检测是否存在攻击威胁。自动化工具 Echidna 采用了模糊测试技术来对 EVM 字节码进行检测，但是不能保证 API 功能的稳定性。

3）符号执行

符号执行的核心思想是使用符号值代替具体值执行程序。对于程序分析过程中任意不确定值的变量，包括环境变量和输入等，都可以用符号值代替。符号执行中的"执行"是指解析程序可执行路径上的指令，根据其语义更新程序执行状态，等同于解释执行。

借助符号执行检测智能合约漏洞的一般过程为，首先将智能合约中不确定值的变量符号化，然后逐条解释执行程序中的指令。在解释执行过程中更新执行状态、搜集路径约束，并在分支节点处进行 fork 执行，以完成程序中所有可执行路径的探索，发现安全问题。约束求解技术能够对符号执行中搜集的路径约束进行求解，判断路径是否可达，并且在特定的程序点上检测变量的取值是否符合程序安全的规定，或者是否满足漏洞存在的条件。

4）污点分析

从本质上来说，污点分析是针对污点信息的数据流分析技术。污点分析的一般流程为，首先识别污点信息在智能合约中的产生点并对其进行标记；其次按照实际需求和污点传播规则进行前向或后向数据依赖分析，得到污点的数据依赖和被依赖关系的指令集合；最后在一些关键的程序点检查关键的操作是否会受到污点信息的影响。

5.7.2 未来研究方向与改进思路

1）扩展形式化验证的应用范围

目前学术界颇为关注的形式化验证方法，是用数学推演来验证复杂系统的，虽然安全有效但难度很高。未来的研究应针对不同的业务目标定制对应的验证规范描述，突破成本昂贵和不适应大规模合约等技术限制，从而扩展形式化验证的应用范围，从验证一般功能、安全属性、检测常见漏洞到逐步实现经济学、博弈论范畴中复杂业务逻辑及公平性等高阶性质的证明。

2）提取重点路径，缩减路径空间

基于攻击者目标是非法窃取加密货币的假设，结合现有智能合约审计经验和已曝漏洞分析，寻找智能合约中易产生漏洞的高危指令，如 SUICIDE、CALL、ORIGIN、ASSERT_FAIL 等，定义涉及这些操作码的路径为重点路径。为了提高漏洞挖掘效率，在实践中不必对所有可能的执行路径进行检查，只需要检查符号执行关注的重点路径并进行漏洞验证，这样可以有效地缩减路径空间。

3）符号执行辅助的模糊测试

现有的工具通常是对一种典型方法的具体实现，但是在执行具体漏洞挖掘任务时，因需求和重点不同，使用不同的辅助工具或将不同的检测方法组合往往能达到更好的效果。

4）完善智能合约漏洞库，建立漏洞挖掘工具效率评价方法

当前关于智能合约的测试尚未有标准的案例集。因此，为了验证智能合约漏洞挖掘工具的有效性，同时给智能合约的安全开发提供参考，下一步工作需要根据已爆发的安全事件及合约审计经验，总结归纳出涵盖类型完善的智能合约漏洞库。

5.7.3 漏洞分析

针对智能合约中出现频率最高的十类问题，这里分别列举了短地址攻击和代码重入的详细攻击步骤，并且进行了代码的详细分析，提出了一些预防此类攻击的防御措施。

1）短地址攻击

满足 ERC-20 标准的代币都会实现 transfer 方法，这个方法在 ERC-20 标准中定义了函数的名称、参数类型、返回值和具体的行为。

```
function transfer(address to, uint tokens) public returns (bool success)
```

在 transfer 方法中，第一个参数是发送代币的目的地址，第二个参数是发送代币的数量。

当使用者调用 transfer 函数向某个地址发送 N 个 ERC-20 代币的时候，交易的 input 数据分为 3 个部分。第一部分为 4 个字节的函数签名 a9059cbb。

第二部分为 32 个字节的存储位置，存储了以太坊地址。目前以太坊地址有 20 个字节，高位会补 0，假设地址用字符串 "abc" 反复填充至 20 个字节，可以得到以下参数。

```
000000000000000000000000abcabcabcabcabcabcabcabcabcabcabcabca
```

第三部分为 32 个字节的存储位置，存储需要传输的代币数量。假设这里是 1000000000000000000，转换为十六进制数据后为 de0b6b3a7640000，在 EVM 中的存储形式为

```
00000000000000000000000000000000000000000000000000de0b6b3a7640000
```

将所有这些参数拼接在一起就是调用合约方法的二进制数据，如下所示。

```
a9059cbb000000000000000000000000abcabcabcabcabcabcabcabcabcabcabcabca00000000000000000000000000000000000000000000000000de0b6b3a7640000
```

在以太坊中调用 transfer 方法转移 ETH 时，如果允许用户输入一个短地址，即没有校验用户输入的地址长度是否合法就会出现问题。

如果一个以太坊地址为 0x1234567890123456789012345678901234567800，注意到结尾为 0。当攻击者将后面的 00 省略时，这个地址的长度就会比正常地址短两位，EVM 会从下一个参数的高位拿 00 来补充，这就导致一些问题产生。这时，代币数量参数其实就会少 1 个字节，即代币数量参数左移了 1 个字节，使得合约多发送很多 ETH。

例如，攻击者调用 transfer(0x1234567890123456789012345678901234567800, 1000000000000000000)，实际 EVM 看到的内容是下面的这段 Hex 编码的数据。

```
0xa9059cbb
0000000000000000000000001234567890123456789012345678901234567800
0000000000000000000000000000000000000000000000000de0b6b3a7640000
```

1. 前面 4 个字节是方法名的哈希值。

2. 中间 32 个字节是 address_to（转账的目的地址），高位补 0。

3. 末尾 32 个字节是 uint256_value（转账金额），高位补 0，低位十六进制存储。

在 transfer 的 ABI 中，金额在目的地址的后面，并且是紧挨着的。如果攻击者把转账地址 Hex 编码后数据末尾的两个"0"去掉，EVM 依然会认为 address 是 32 位的，所以它会从转账金额 Hex 编码的高位取"0"来补充。这意味着转账金额 Hex 编码的数据就少了一位，最后变成了下面这样。

```
0xa9059cbb
00000000000000000000000012345678901234567890123456789012345678
0000000000000000000000000000000000000000000000000de0b6b3a764000000
```

de0b6b3a764000000 转换成十进制数据之后为 256000000000000000000，是原来传入参数 1000000000000000000 的 256 倍。通过这样的方式，攻击者就可以转出超过输入值数倍的 ETH。

2）代码重入

重入（Re-entrancy）是编程中的一种现象，是指函数或程序被中断，然后在先前调用完成之前再次被调用。在智能合约逻辑运行时，当智能合约 A 调用智能合约 B 中的一个函数时，可能会发生重入，即智能合约 B 又调用智能合约 A 中的相同函数，导致递归执行。在合约状态在关键性调用结束之后才更新的情况下，就会引发安全问题。

当以太坊智能合约将 ETH 发送给未知地址（地址来源于输入或调用者）时就有可能受到代码重入攻击。

攻击者可以在地址所对应智能合约的 fallback 函数中构建一段恶意代码。当调用被攻击的智能合约完成将 ETH 发送给恶意合约地址的操作时，就会执行攻击者所构建 fallback 函数中的恶意代码。恶意代码可以是重新进入易受攻击的智能合约的相关代码，通过这样的方式，攻击者可以重新进入易受攻击的智能合约，执行一些开发者不希望执行的合约逻辑。

下面的例子演示了 EtherStore 合约是如何受到代码重入攻击的，该合约的作用是充当保存 ETH 的仓库，允许存款人每周只提取 1 个 ETH。

```
contract EtherStore {

    uint256 public withdrawalLimit = 1 ether;

    mapping(address => uint256) public lastWithdrawTime;
    mapping(address => uint256) public balances;

    function depositFunds() public payable {
        balances[msg.sender] += msg.value;
    }

    function withdrawFunds (uint256 _weiToWithdraw) public {
        // 发送者拥有的 ETH 数量必须大于要撤回的 ETH 余额数量
        require(balances[msg.sender] >= _weiToWithdraw);
        // 限制要撤回的 ETH 余额数量必须小于 1 个 ETH
        require(_weiToWithdraw <= withdrawalLimit);
        // 限制之前一周没有发生过撤回操作
        require(now >= lastWithdrawTime[msg.sender] + 1 weeks);
        // 向调用者地址转移指定数量的 ETH
        require(msg.sender.call.value(_weiToWithdraw)());
        // 减少调用者所对应地址的 ETH 余额数量
        balances[msg.sender] -= _weiToWithdraw;
        // 更新调用者上次调用该函数的时间
        lastWithdrawTime[msg.sender] = now;
    }
}
```

该合约有两个函数以供调用，两个函数分别是 depositFunds 函数和 withdrawFunds 函数。

depositFunds 函数的功能是保存发送者的 ETH 余额数量，withdrawFunds 函数的功能是允许发送者指定要撤回的 ETH 数量，撤回 ETH 是有条件的，条件是需要撤回的 ETH 数量必须大于账户余额数量，所要求撤回的金额必须小于 1 个 ETH 且在之前一周没有发生过撤回操作。只有当满足这些条件时，撤回操作才能成功。但是，当恶意攻击者使用"重入漏洞"对该合约进行攻击时，将不会按照合约创建者希望的逻辑进行执行。漏洞出在下面这 1 行代码中。

```
require(msg.sender.call.value(weiToWithdraw)());
```

考虑下面这个恶意攻击者创建的攻击合约 Attack，攻击者可以利用攻击合约不按照规则进行 ETH 的提取撤回。

```
import "EtherStore.sol";

contract Attack {
  EtherStore public etherStore;

  // 将 etherStore 合约地址作为参数进行初始化
  constructor(address _etherStoreAddress) {
      etherStore = EtherStore(_etherStoreAddress);
  }

  function pwnEtherStore() public payable {
    // 检查调用者的转账金额是否大于或等于 1 个 ETH
    require(msg.value >= 1 ether);
    // 调用 EtherStore 合约的 depositFunds 函数转入 1 个 ETH
    etherStore.depositFunds.value(1 ether)();
    // 调用 EtherStore 合约的 withdrawFunds 函数撤回 1 个 ETH
      etherStore.withdrawFunds(1 ether);
  }

  function collectEther() public {
      msg.sender.transfer(this.balance);
  }

  // 出现问题的地方
  function () payable {
      if (etherStore.balance > 1 ether) {
```

```
            etherStore.withdrawFunds(1 ether);
        }
    }
}
```

假设 EtherStore 合约的合约地址是 0x01，Attack 合约的合约地址是 0x02；假设 EtherStore 合约已经有用户使用过，并且将若干 ETH 存入了合约，还没有进行提取撤回，假设当前合约的账户余额是 100 个 ETH。

攻击过程如下。

1. 攻击者创建攻击合约，并且执行构造函数，传入参数是 EtherStore 合约对应的合约地址：0x1。

2. 攻击者调用合约 Attack（0x02），并且存入若干 ETH（大于 1 个 ETH）。

3. 攻击者调用合约 Attack（0x02）的 pwnEtherStore() 函数。

4. 攻击者调用易受攻击合约 EtherStore 的 depositFunds 函数，并转入 1 个 ETH。

5. 攻击者调用 EtherStore 合约的 withdrawFunds 函数撤回 1 个 ETH。

6. 此时 EtherStore 合约的下面三条检查都会通过。

```
require(balances[msg.sender] >= _weiToWithdraw);
require(_weiToWithdraw <= withdrawalLimit);
require(now >= lastWithdrawTime[msg.sender] + 1 weeks);
```

开始执行 require(msg.sender.call.value(_weiToWithdraw)());语句向攻击者地址转移 1 个 ETH，符合最初的设计目标。但是转账地址是合约账户，将会执行对应合约，也就是攻击者创建的 Attack 合约的 fallback 函数。

7. Attack 合约的 fallback 函数执行，检查余额发现是 101（初始化 100 EtherStore 合约转移 1 个 ETH），检查通过后继续调用 EtherStore 合约的 withdrawFunds 函数转移 1 个 ETH。

8. 由于之前 EtherStore 合约没有调用减少账户余额的操作，因此仍然可以通过条件检查，继续转移 ETH。

9. 重复第 5~8 步直到 EtherStore 合约中对应调用者地址的账户余额为 1 个 ETH，不满足 Attack 合约中 fallback 函数的判断条件为止。

最终的结果是，攻击者只用一笔交易，便从 EtherStore 合约中取出了（除 1 个 ETH 外）

所有的 ETH。

当了解漏洞发生的原理以后就可以采取一些手段来预防漏洞的发生，有三种常用的预防技巧。

1．在将 ETH 发送给外部合约时使用内置的 transfer 函数。transfer 函数在转账时只会发送 2300 个 Gas，这些 Gas 不足以使目的地址/合约调用另一份合约（重入发送合约）。

2．确保所有改变状态变量的逻辑发生在 ETH 被发送出合约（或任何外部调用）之前。在这个例子中，EtherStore 合约应该首先改变合约状态再发送 ETH。将任何对未知地址执行外部调用的代码，放置在本地函数或代码执行中作为最后一个操作，是一种很好的做法。这被称为检查效果交互（Checks-Effects-Interactions） 模式。

3．引入互斥锁。也就是说，要添加一个在代码执行过程中锁定合约的状态变量，阻止重入调用。

> 这里分析了短地址攻击和代码重入，更多的漏洞的例子可以通过 Not So Smart Contracts 网站进行查看，这是一个包含众多 Solidity 漏洞例子的网站。

第 6 章
区块链核心数据结构

　　区块链本身是一串通过密码学算法生成的前后相连的数据区块,每个区块包含区块头和区块体两个部分。区块头部分存储了该区块打包交易的元信息,其中元信息可以分为三类,第一类是引用自父区块的哈希值,利用哈希值可以将本区块与父区块相连,形成一条从创世区块开始的区块链条。第二类是由当前区块交易生成的默克尔根,默克尔根用来保证区块头与区块体的对应关系。第三类是在共识过程中产生的时间戳随机数、难度值等描述共识信息的数据。区块体部分主要存储交易数据和交易详情,交易数据的结构设计决定了区块链系统所能够支持的功能。

　　当前,大量以发行数字货币为目的的区块链系统均基于比特币的区块链数据结构进行设计,即采用了一种默克尔树的结构生成交易的根哈希值。支持智能合约的区块链系统在比特币区块链数据结构的基础之上对数据结构进行了一些调整,其中最具有代表性的系统是以太坊。以太坊的区块链系统针对其交易数据中包含的三种对象设计了三种 MPT 树,分别是状态树、交易树和收据树。这些数据结构(MPT 树)使得以太坊可以对数据进行检索。

以太坊的 MPT 树是结合了默克尔树和 Trie 树（也称为压缩字典树）两种数据结构的特点而设计的。此外，针对应用场景的不同超级账本采用了另一种数据结构——Bucket 树，以此来解决在联盟链高吞吐量场景下 MPT 树性能不高的问题。

现在区块链系统中产生的需要持久化的数据主要使用键值对的形式存储在数据库中。数据库大多采用 LevelDB 这样的键值数据库，通过 LMS-Tree 的结构提高对交易的存储写入效率和查询访问效率。比特币和以太坊系统的数据存储采用 LevelDB，而超级账本系统对链上数据进行了更精细化的划分，将状态数据存储在 CouchDB 中，将区块数据采用自己实现的文件系统顺序写入文件中。

交易由外部参与者与区块链平台交互，交易的集合被打包为区块添加到区块链上。以太坊的交易在执行过程中，对区块链状态的修改被记录下来保存到 LevelDB 中，交易是区块链系统中最为核心的部分。

6.1 交易结构

交易（Transaction）是区块链系统中最为核心的部分，系统中其他的部分都是为了保证交易可以在区块链网络中传播和被其他节点正确地执行。交易是区块链网络中传输的最基本的数据结构，所有经过验证的有效交易最终都会被打包进区块并保存在区块链上。

区块链系统可以被认为是一种分布式的复式记账总账簿，每笔交易都是区块链系统上的一条公开记录。在以太坊中交易是指由外部参与者签名后向以太坊发送的一段数据。交易代表了一条信息或一个新创建的自治对象（合约）。交易会被记录至区块链的区块中。在以太坊中交易执行属于一个事务，具有原子性、一致性、隔离性、持久性的特点。

- 原子性：交易的执行不可中断，要么执行成功要么执行失败，不会存在中间状态。
- 一致性：同一笔交易执行，必然会将以太坊状态从一个一致性状态变到另一个一致性状态，网络中的正常节点对一笔交易的执行结果必须一致。
- 隔离性：交易在执行途中不会受其他交易干扰。
- 持久性：一旦交易提交，则对以太坊账本的改变是永久性的，后续的操作不会对其有任何影响。

首先来看一下交易的基本结构，交易是在以太坊网络上进行序列化和传输的。接收序列化交易的每个客户端和应用程序将使用自己的内部数据结构将其存储在内存中，还会使用网络序列化交易本身中不存在的元数据进行修饰。交易的网络序列化是交易结构的唯一通用标准。采用多语言编写的客户端只要满足以太坊协议即可参与到以太坊网络中，与此同时多语言客户端的参与可以降低单一语言编写的客户端出现漏洞从而给区块链网络带来遭受恶意攻击风险的概率。

在 Go 语言编写的以太坊客户端（Geth）中，交易的结构如下所示。

```
type txdata struct {
    AccountNonce uint64           `json:"nonce"    gencodec:"required"`
    Price        *big.Int         `json:"gasPrice" gencodec:"required"`
    GasLimit     uint64           `json:"gas"      gencodec:"required"`
    // 当值为 nil 的时候意味着创建合约
    Recipient    *common.Address  `json:"to"       rlp:"nil"`
    Amount       *big.Int         `json:"value"    gencodec:"required"`
    Payload      []byte           `json:"input"    gencodec:"required"`

    // 签名相关
    V *big.Int `json:"v" gencodec:"required"`
    R *big.Int `json:"r" gencodec:"required"`
    S *big.Int `json:"s" gencodec:"required"`

    // 仅在序列化至 Json 时使用
    Hash *common.Hash `json:"hash" rlp:"-"`
}
```

6.1.1 AccountNonce

AccountNonce 是一个自增的 uint64 类型的大整数，含义是发送者账户的已确认交易数量，一个地址每发送一笔交易并被确认后，其值会自动增 1。AccountNonce 是 Geth 代码中的名字，对于用户来说更为熟知的是转换为 Json 以后的名字 Nonce。

例如，一个以太坊账户有 100 个 ETH，同时向 A 和 B 发送了一笔转账交易，分别转了 7 个 ETH，我们期望第一笔转账是成功的，第二笔转账是失败的，但是在以太坊这样一个分布式系统中并不能保证按照我们期望的顺序执行。这个时候 Nonce 就可以发挥作用了，假如发送第一笔交易时 Nonce 是 5，发送第二笔交易时 Nonce 是 6。当节点先收到第二笔交易时，查询这个发送者地址的 Nonce 发现是 4，显然下一笔交易的 Nonce 应该是 5 而不是 6，这个时候节点就会暂存 Nonce 为 6 的这笔交易，等待 Nonce 为 5 的交易到来并执行，这样就可以按序执行交易了，同时防止了双花攻击。对于 Nonce 的选择需要客户端在发送交易时自行设置，如果客户端不知道 Nonce 要设置为多少，可以通过以太坊进行查询。需要注意的一点是这个 Nonce 只在对应的账户地址有意义。

6.1.2 Price

Price 表示这笔交易愿意为每个 Gas 付出的价格。Gas 是以太坊 EVM 的燃料。Gas 不是 ETH，它是独立的虚拟货币，有相对于 ETH 的汇率。以太坊使用 Gas 来控制交易可以花费的资源量。开放式（图灵完备的）计算模型需要某种形式的计量，以避免拒绝服务攻击或无意中的资源吞噬交易。

发送者可以调整交易中的 Price，以更快地确认交易。Price 越高，交易越容易被节点验证打包。相反，较低优先级的交易可能会降低发送者愿意为 Gas 支付的价格，导致确认速度减慢。可以设置的最低 GasPrice 为零，这意味着免费的交易，在区块空间需求低的时期，这些交易将被打包。不过在实际中，将 GasPrice 设置为零的交易通常会被矿工拒绝，因为大多数矿工会设置所能打包交易最低的 GasPrice。

6.1.3 Recipient

Recipient 同样是 Geth 代码中的字段，转换为 Json 代码时被重命名为 to。交易的接收者在 to 字段中指定，包含一个 20B 的以太坊地址，地址可以是外部账户或合约地址。

以太坊不会进一步验证 Recipient 字段。任何 20B 的值都被认为是有效的。如果 20B 的值对应于没有相应私钥的地址，或者没有相应的合约，则该交易仍然有效。如果是一笔转账交易，那么 ETH 会被发送到指定地址，但是因为指定地址的私钥无法获得，相当于失去了这笔钱的控制权，好比丢失了 ETH。

6.1.4 Amount

Amount 表示交易转移的 ETH 数量,单位是 Wei。在以太坊中一个 ETH 等于 10^{18} Wei。当要表示 100 亿个 ETH 时,Amount 等于 10^{27},已远远超过 Uint64 所能表示的范围(0~18446744073709551615)。因此 Geth 一律采用 Go 标准包提供的大数 big.Int 进行货币运算和货币定义。这里的 Price 和 Amount 均是 big.Int 指针类型的。

6.1.5 Payload

当 to 为空时,Payload 字段表示部署合约的内容;如果 to 不为空,则 Payload 字段表示调用合约的代码,其中有要调用的函数签名和函数参数。

6.1.6 V. R. S

"V. R. S"被用来验证签名,V 是签名前缀,如值为 1 的时候表示以太坊主网,值为 1337 表示私有的测试网络。不同的网络对应的验证签名的算法可能不同,对应的 R 和 S 也会得到不同的结果。R 和 S 被用来恢复公钥,验证签名。

Sig = (R, S)

要验证签名,必须有签名(R 和 S)、序列化交易和公钥(与用于创建签名的私钥对应)。实质上,对签名的验证意味着"只有生成此公钥的私钥的所有者才能在此交易上产生此签名。

这些字段保证了以太坊交易的唯一性,能区分不同交易且同一笔交易不能重复提交到账本中;交易内容的一致性,每个节点收到的交易都是一致的,交易执行时账本状态变化也是一致的;交易必须被合法签名,只有已正确签名的交易才能被执行;交易不能占用过多系统资源,影响其他交易执行。

6.2 交易池

交易被创建后就会由源节点广播到区块链网络中的其他节点。例如，在比特币系统中交易的传播方式采用了 Gossip 协议，交易由源节点发送到其相邻节点，相邻节点再转发到他们的相邻节点，以此类推。一笔交易可以在极短的时间内传播到整个区块链网络，从而让网络中的所有节点接收到这笔交易。在以太坊中一笔交易平均只需要 6s 就可以扩散到整个以太坊网络的各个节点中。

当网络中的节点接收到这笔交易并验证通过后会将有效的交易添加到自己的交易池（Transaction pool，Txpool）中，交易验证最为重要的一步是判断交易签名的合法性，此外还有一些交易参数的校验。交易池是区块链节点维护的一份未确认交易的临时列表。交易池中的交易是在网络中广播但是尚未打包到区块中的待确认有效交易，这些交易等待矿工将其打包成区块。

在一些节点的具体实现中需要维护一个单独的孤立交易池。交易在网络中传播的过程并不总会顺序地到达目的节点，这就有可能导致子交易先于父交易到达，这时子交易就是孤立交易，暂存于孤立交易池中。当一笔新交易到达时会检查其是否匹配孤立交易池中的交易，如果匹配则把与之匹配的交易从孤立交易池中移除，并且放入交易池中。这里交易父子顺序的判断依赖交易体中的 Nonce，正常情况下交易按发送顺序依次到达，交易池中对于同一交易的 Nonce 是从小到大依次递增的。交易池结构如图 6-1 所示。

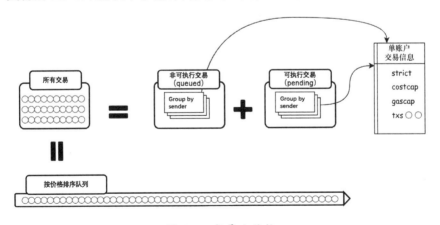

图 6-1 交易池结构

在图 6-1 中，以太坊交易池中的交易分为 queued 和 pending 两种，对应的 queued 队列存放当前无法执行的交易，pending 队列存放等待打包的交易。当节点收到本地节点发起的交易或其他节点广播来的交易时会先将交易存放到 queued 队列，交易满足打包条件时才会进入 pending 队列等待打包。与此同时交易池会不断地清理长时间没有转变状态的交易，以保证交易池不被交易撑爆。交易池清理无效交易的条件如下。

- 交易的 Nonce 已经小于账户在当前高度上的 Nonce，代表交易已经过期。交易已经被打包到区块，并且添加到区块链上就属于这种情况。
- 交易的 GasLimit 大于区块的 GasLimit，区块无法容纳这笔交易。
- 账户的余额已不足以支持该笔交易要消耗的费用。
- 交易的数量超过了 queued 队列和 pending 队列的缓冲区所能容纳的数量，需要进行清理。

虽然交易池对交易有诸多限制，但如果交易是本地节点的账户发起的，那么以上交易池清理条件都会无效。所以，如果用本节点账户不停地发送交易，并不会被认为是攻击者。

在 2020 年 6 月 26 日—6 月 30 日这段时间内，在以太坊中处于 pending 队列中的交易有 10 万笔左右，如图 6-2 所示。更多的数据可以参考 Etherscan.io 网站上的数据。

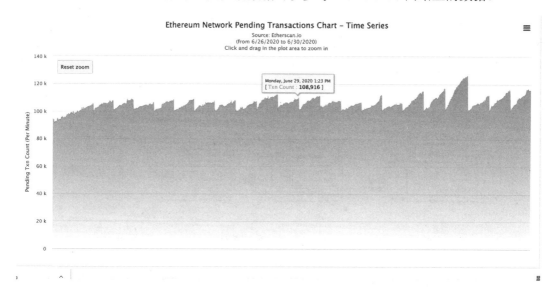

图 6-2　Pending 交易数据

客户端创建交易并将其广播至区块链网络中的节点，节点收到交易验证其有效性后继续向相邻的节点广播，这些交易被打包前都暂存于交易池中，直至这些交易被打包至本地区块中，整个流程如图 6-3 所示。

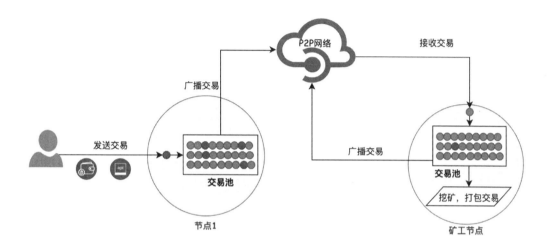

图 6-3 交易传播

如果交易被节点认为是无效交易则不会继续广播，无效交易的传播路径不会超过一个节点，这样可以抵御恶意交易的传播，避免垃圾信息的传播和拒绝服务攻击。但是当流入交易池的有效交易的数量大于交易打包成区块的数量时依然会造成区块链网络的拥塞现象。大量的低手续费的交易迟迟不能被打包成区块，降低了整个网络中交易确认的速度。例如，在 2017 年 5 月和 12 月，比特币交易池中等待打包的交易数量达到了历史高值，突破了 18 万，造成了区块链网络的严重拥塞。对于这个问题社区提出了一些解决方案，如区块链扩容，通过提高打包交易的速度降低网络拥塞。又如闪电网络，把大量的交易放到比特币系统之外的二层协议来解决等，但是目前社区还没有达成最终解决方案的共识。

6.3 交易回执

在以太坊中矿工会把交易打包成区块传播到其他节点，其他节点验证区块的有效性后就会逐笔执行交易，绝大部分交易需要在 EVM 中执行。EVM 在执行交易的时候会出现多种可能，如执行出现错误、执行因为 Gas 不够被回滚等，同时在执行过程中会有日志产生。区块链是异步的系统，交易执行后需要共识，与传统架构不同，不能直接返回交易执行是否成功及在执行过程中的日志，因此需要在回执中查看最终交易结果。

交易的发送者无法及时感知到交易在执行过程中产生的日志和执行的结果，首先不知道交易何时被打包执行，其次不知道 EVM 执行具体需要多少时间。

为了解决交易的执行过程对交易发送者不透明的问题，以太坊引入了交易回执的概念，当一笔交易发送成功的时候交易发送者会获得一个交易哈希值，当需要知道这笔交易在执行过程中产生的状态和结果时可以用这个哈希值来查询回执。由于得到回执的时间不确定，这里需要轮询来获得。交易回执非常像银行的电子交易回单。银行电子交易回单表示银行收到要处理的票据的证明，可以凭电子交易回单到银行查询处理结果。电子交易回单如图 6-4 所示。

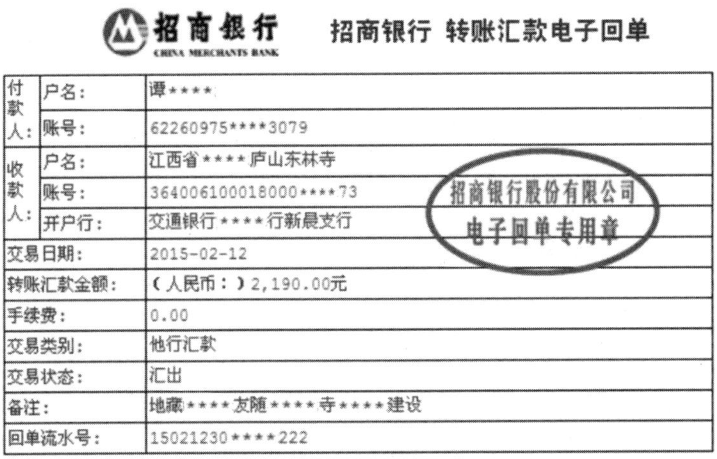
招商银行 CHINA MERCHANTS BANK　招商银行 转账汇款电子回单

付款人:	户名:	谭****
	账号:	62260975****3079
收款人:	户名:	江西省****庐山东林寺
	账号:	364006100018000****73
	开户行:	交通银行****行新晨支行
交易日期:		2015-02-12
转账汇款金额:		(人民币:)2,190.00元
手续费:		0.00
交易类别:		他行汇款
交易状态:		汇出
备注:		地藏****友随****寺****建设
回单流水号:		15021230****222

图 6-4　电子交易回单

当一笔交易发送到以太坊平台后，交易发送者会得到交易的哈希值，当需要获得交易执行的结果时就可以用交易哈希值来查询交易结果。如果交易尚未执行那么就无法获得交易的回执。交易执行后查询到的回执信息如图 6-5 所示。回执信息分为三部分，分别是共识信息、交易信息和区块信息。

Status 执行结果	共识信息
CumulativeGasUsed 区块累积已用Gas	
Logs 交易事件日志	
Bloom 交易事件日志布隆过滤器信息	
ContractAddress 新合约地址	交易信息
GasUsed 交易消耗的Gas	
TxHash 交易哈希值	
BlockHash 交易所在区块哈希值	
BlockNumber 交易所在区块高度	区块信息
TransactionIndex 交易在区块交易集中的索引值	

图 6-5 回执信息

以 EventExample 合约为例，在 Remix 部署后，发送交易调用合约 SendBalance 方法后就可以得到交易回执。

```
pragma solidity ^0.5.0;

contract EventExample {
    //声明事件，可以有多个参数
    event SendBalance(
        address indexed _from,
        uint32 indexed _id,
        uint _value
    );
    //实现函数
    function sendBalance(uint32 _id) payable public {
    //任何调用该函数的行为都会触发 SendBalance 事件，并被 JavaScript API 检测到
        emit SendBalance(msg.sender, _id, msg.value);
    }
}
```

调用合约 SendBalance 方法得到的交易回执信息如图 6-6 所示。

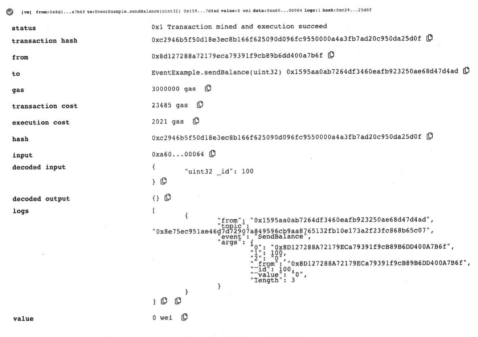

图 6-6　交易回执信息

交易回执作为交易执行中间产物和交易一一对应，采用相同的数据结构存储。与查询交易哈希值得到的回执数据不同，交易回执只会将关键数据存储到 LevelDB 中，如区块高度、区块哈希值等数据，可以通过查找区块获得的数据不再存储。交易回执的结构如图 6-7 所示。

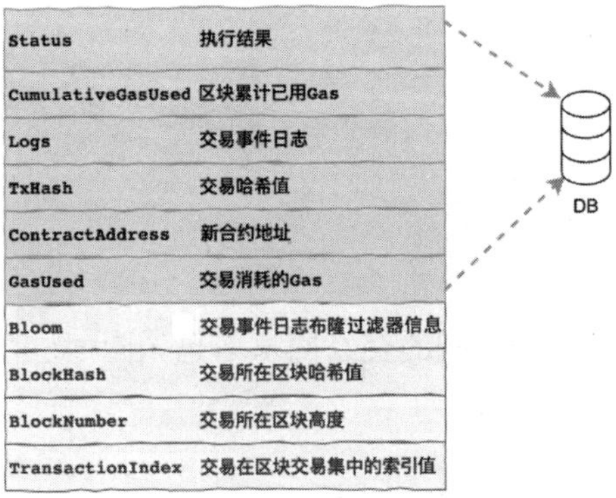

图 6-7　交易回执的结构

6.4 区块

区块由上一个区块的散列值、若干笔交易和一个调节数等元素构成。节点通过共识信息维持区块的连续性来保证区块链的安全性。区块最为重要的特点是交易的集合，公有链或联盟链将交易打包成区块以后进行持久化存储。

比特币系统中的区块体积为 1MB，一笔交易的大小在 250B 左右，意味着比特币系统中一个区块可以容纳 2500~3000 笔左右的交易。区块大小并没有具体的限制，是根据不同的区块链平台和应用场景来配置的，在比特币系统发展的历史上曾因区块大小的设置产生过很多分歧。

以太坊中的区块大小并不固定，平均大小约为 0.02MB（平均出块时间为 15s），其背后的原因，在于以太坊采用了完全不同于比特币系统的做法。

比特币系统的转账交易是统一格式的，可以用固定的区块大小来规范。以太坊则不同，Vitalik Buterin（以太坊的创立者）将区块链视为世界计算机，在比特币系统基础上，以太坊实现了智能合约，这就意味着，除和比特币系统有同样的转账功能外，以太坊还能为大量程序提供运算服务。

举个例子，对于转账交易类事务，以太坊的处理是相对一致的。但是对于合约调用而言，调用不同的合约方法所需的参数不同，这就导致很难从固定交易大小的角度来约束区块打包的交易数量。

以太坊中不同的事务所需要的计算成本各不相同，并且以太坊明确了每笔操作会有一个最低算力消耗值，而智能合约的算力消耗值在最低算力消耗值基础上需要加上所有代码执行的算力消耗值。实际消耗的算力只有在实际使用时才能确认。

如果需要用一个相对固定的参数来规范以太坊区块的话，最直观的就是固定每个区块中所包含的算力了。这个值由矿工在每个区块中的 Gas Limit 参数来表示，每笔交易提交时会有算力需求，交易消耗的 Gas 数量乘以 Gas 的价格，就是交易成本了（Gas 的单位是 Wei，Wei 和 ETH 类似于比特币系统中的聪和 BTC 的关系，每 1 个 ETH 等于 10^9 Wei）。

2020 年 2 月 2 日以太坊每个区块的 Gas Limit 大约为 1 千万 Wei。

提交每笔交易时，需要附加愿意付出的最多成本，矿工在打包时，会遵循以下规则。

- 利益导向——哪笔交易给的酬劳高，会优先打包哪笔交易，直到区块中包含的算力消耗殆尽。
- 多退少不补——按实际算力收取费用，但如果给的不够，打包时则不会将计算结果提交到链上，费用也会全部收取（每笔交易的最低算力消耗值为 21 000Wei）。

在理解了上述规则后，扩容问题的解决就简单了。为了避免出现比特币系统类似的区块扩容争议，以太坊协议允许矿工每次可以将上个区块 BGL 值调整±0.0976%（1/1024），按平均每 15s 出块的频率，满足网络上快速变化的计算需求。

因此，在面对突来的交易激增时，以太坊表现出了较好的灵活性，如在 2017 年 6 月 29 日，因 ICO 原因，交易激增，以太坊在不到 2h 内，就实现了 33%的增长。

以太坊每个区块中包含的算力最早为 3 百多万 Wei，目前为 1 千万 Wei 左右。在提供的算力增长时，若有足够的交易能消耗完这些算力，矿工自然会得到更多收益，但也需要付出更多成本——更大的宽带、更快的计算能力，所以这个过程虽然不需要多方争议，但受限于物理性能，客观上不会一蹴而就。

可以看到与比特币区块中以转账交易为核心的区块打包思路不同，以太坊设计了一套以区块链平台计算能力为核心的区块打包策略。其实，归根到底还是二者的愿景不同，比特币希望成为数字黄金，以太坊则希望成为世界计算机。

6.4.1 区块结构

区块头存储了区块的元信息，用来对区块内容进行标识、校验和说明。如果将这些元信息进行分类，按照功能可以大体分为三类：第一类是引用自父区块的哈希值，利用哈希值可以将本区块与父区块相连，形成一条从创世区块开始的区块链条。第二类是由当前区块交易生成的默克尔根，默克尔根用来保证区块头与区块体的对应关系。第三类是在共识过程中产生的时间戳随机数、难度值等描述共识信息的数据。区块结构如图 6-8 所示。

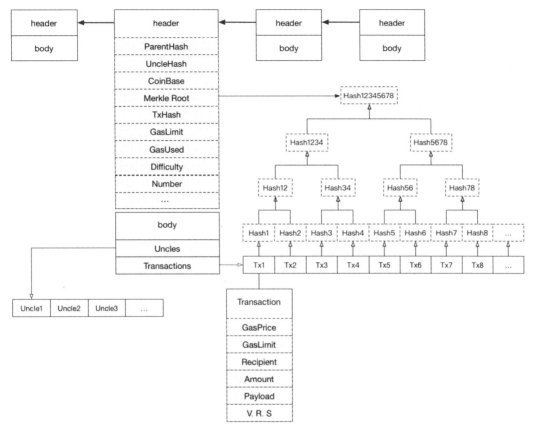

图 6-8 区块结构

第一类字段，ParentHash，引用自父区块的哈希值。一个区块只有一个父区块，但是可以暂时拥有多个子区块。不过这种临时情况最终会被共识机制解决，保证一个区块只有一个子区块。

当父区块中的数据有任何变化时，其区块本身的哈希值会发生变化。子区块引入父区块哈希值的变化会带来自身哈希值的变化。以此类推，发生数据变化区块之后的所有区块都需要重新计算哈希值。重新计算哈希值相对容易，但是改变区块数据重新计算哈希值，并且让网络中的其他节点达成共识认可对区块所进行的修改是十分困难的，尤其是对于像比特币系统这样采用 PoW 共识机制的区块链网络，要修改有许多后代的区块需要消耗巨大的算力，使得进行这样修改的可能微乎其微。这是区块链安全性的一个关键特征。

第二类字段，StateRoot、ReceptHash、TxHash（Transaction Root Hash），这三个值分别对应三种 MPT 树根。StateRoot 是当前区块交易执行完成后存储世界状态 MPT 树的根哈希值。ReceptHash 是当前区块交易执行完成后存储交易回执 MPT 树的根哈希值。TxHash 是当前区块所有交易生成的 MPT 树的根哈希值。StateRoot 和 ReceptHash 相当于以太坊在执行完该区块后世界状态和交易收据树的快照编号。

第三类字段，以太坊区块中的其他字段。这些字段主要用来标识共识相关信息。

- Number：区块号。
- Time：区块产生的 Unix 时间戳。
- Bloom：布隆过滤器，可以快速定位日志是否在这个区块中。
- Coinbase：挖出这个区块的矿工地址，因为挖出区块所奖励的 ETH 会发放到这个地址。
- Difficulty：当前工作量证明（PoW）算法的复杂度。
- GasLimit：每个区块 Gas 的消耗上限。
- GasUsed：当前区块所有交易使用的 Gas 之和。
- MixDigest：挖矿得到的 PoW 算法证明的摘要，也就是挖矿的工作量证明。
- Nonce：挖矿找到的满足条件的值。
- Uncle：叔区块，和以太坊的共识算法相关。

哈希值作为区块的唯一标识，在以太坊中是通过对区块头进行 SHA3 算法计算得到的。例如，0xd4e56740f876aef8c010b86a40d5f56745a118d0906a34e69aec8c0db1cb8fa3 是有史以来创建的第一个以太坊区块的哈希值。区块哈希值唯一且明确地标识一个区块，并且可以由任意节点通过区块头信息独立计算得到。正是由于这个原因，每个区块并不包含区块自身的哈希值。当把区块存储在 LevelDB 中时，区块的哈希值可以作为 key 来方便地索引和更快地检索区块。

除区块哈希值外，区块高度是另一种标识区块的方式。如果把区块链想象成一本记账的笔记本的话，那么区块就是笔记本上的一页页纸，纸上面的内容就是记账的内容。而区块的编号其实就是区块高度。用账本来说，如果在一本 100 页的账本中，想要查看其中第 50 页的账目内容，那么这页的区块高度就是 50。第一个区块的区块高度为 0，第一个区块的后续每个区块在区块链中都比前面的区块高出 1 个区块高度。

与区块哈希值不同，区块高度不是唯一标识，尽管单个区块总是具有特定且不变的区块高度，但反过来并不正确，因为区块高度并不总是标识单个区块的。两个或更多区块可能有相同的区块高度，争夺在区块链中的相同位置。相较于用区块哈希值来标识区块，我们更习惯用区块高度来标识区块。对于相同区块高度拥有多个区块的内容，在区块共识一章有详细的讨论。

需要特别注意的是在区块头字段中，除 Time 字段外，其他字段都是依赖链上数据生成的，而标识区块出块时间的 Time 字段需要根据外部因素来确定。中本聪在比特币白皮书中提出了时间戳服务器的方案。时间戳服务器对区块中所包含的交易计算哈希值后再计算时间戳，最后将时间戳在比特币网络中广播。时间戳证明了区块中所包含交易在特定时间点上是确定存在的，因为数据在该时刻存在才能得到相应的哈希值。每个时间戳又将前一个时间戳纳入其哈希值，使得每一个随后生成的时间戳都对之前的时间戳进行加强，形成一个环环相扣的时间戳链条，时间戳链条越长安全性越好。

像比特币系统和以太坊这样的公有链是去中心化分布式的系统，节点可以分布在任意的地理空间上，同时每个节点是由其拥有者全权控制的，这就意味着节点可能分布在不同的时区，并且节点可以恶意篡改伪造自己的时间信息。对于由于地理位置不同导致时间不一致的问题，可以采用世界标准 UTC 时间来解决，如果采用 UTC 时间后还有时间偏移，比特币节点会对与其连接的所有节点进行时间调整，调整方式是选择本地 UTC 时间加上所有已连接节点的中值偏移量。但是，网络时间的调整时间不得超过本地系统时间的 70min。对于恶意修改时间的情况比特币系统会对接收到的区块进行时间戳的校验，如果时间戳大于前 11 个区块的中值时间戳，并且小于网络调整时间+2h，则该区块被视为有效的区块，否则被视为无效的区块。

对于以太坊而言，如果接收到的区块的时间戳大于当前时间 15s，则认为是未来区块（Future Block），如果区块的时间戳大于当前时间 30s，则直接丢弃这个区块。未来区块的出现可能是由网络延迟区块不按照区块产生顺序有序到达引起的，以太坊采用定时检查机制对未来区块进行处理。

在比特币系统和以太坊的数据结构中没有时间戳字段，也就是说，对于交易而言并不知道交易生成的确切时间。当交易打包进区块的时候，才会对区块中包含的一批交易计算时间戳，因此区块中的交易时间是区块实际产生的时间，也叫出块时间。对于区块链来说更加关注的是交易对区块链状态的改变而非状态何时发生了改变。

区块体（body）中包括当前区块在创建过程中打包的所有经过验证的交易的记录。

6.4.2 区块存储

区块数据的存储可以采用文件的形式（超级账本），也可以采用数据库的形式（以太坊）。区块数据具有只增加、不修改或删除的特点，非常契合磁盘的写入方式，当磁盘对文件顺序写入时可以极大地提高写入速度。但是相较于数据库存储，采用文件的形式存储对于查询操作的支持相对受限。

以太坊在存储区块数据的时候，区块头和区块体是分开存储的。其实也很容易理解，分开存储可以提供更多的灵活性，如不用保存全部区块数据只依赖区块头即可提供交易验证的轻节点。

1）区块头存储

以太坊通过如下方式将区块头转换成键值对存储在 LevelDB 中。

```
headerPrefix + num + hash -> rlp(header)
```

num 是以大端序的形式转换成 bytes 的，其中 headerPrefix 的值是[]byte("h")。

2）区块体存储

区块体的存储方式与区块头类似。

```
bodyPrefix + num + hash -> rlp(block)
```

num 是以大端序的形式转换成 bytes 的，其中 bodyPrefix 的值是[]byte("b")。

6.4.3 创世区块

区块链中的第一个区块被称为创世区块，在比特币系统中创世区块于 2009 年创建。创世区块是比特币系统中所有区块的共同祖先，这意味着如果从任何区块开始，并且随时间向前追溯，最终都将到达创世区块。

节点总是从至少一个区块的区块链开始的，因为这个区块是在比特币客户端软件中静态编码的，因此它不能被改变。每个节点总会存储起始区块的哈希值和结构，以及其中的单一交易。起始区块的创建时间是固定时间，因此每个节点都有区块链的起点，这是一个安全的"根"，从中可以构建受信任的区块链条。

可以通过查看 Bitcoin Core 的代码查看创世区块，以下哈希值标识符属于创世区块。
000000000019d6689c085ae165831e934ff763ae46a2a6c172b3f1b60a8ce26f

在比特币系统的创世区块的铸币交易中包含着这样一句话"The times 03/Jan/2009 chancellor on brink of second bailout for banks."翻译过来就是 2009 年 1 月 3 日，财政大臣正处于实施第二轮银行紧急救助的边缘。这句话提供了创世区块创建的最早日期的证据，它还半开玩笑地提醒人们关注独立货币体系的重要性，比特币发行时正值前所未有的全球货币危机。比特币的创造者中本聪将这句话写入了创世区块中。

6.4.4 区块广播

新加入的节点只知道最开始初始化的创世区块，因此需要向其他节点同步最新的区块。在同步的过程中节点之间会互相发送 getBlock 消息，其中包含了本节点最新区块的哈希值，当节点发现收到的 getBlock 中的哈希值在自己的区块链中不是顶端时，则说明自己的区块链条比较长，于是向较短节点发送 Inv 消息，其中 Inv 消息结构如下所示。

```
type MsgInv struct {
    InvList []*InvVect
}

type InvVect struct {
    Type InvType // Type of data
    Hash chainhash.Hash // Hash of the data
}
```

Inv 消息只是一个清单，并不包含实际的数据，当落后方收到 Inv 消息后，开始发送 getData 消息请求数据，具体流程如图 6-9 所示。

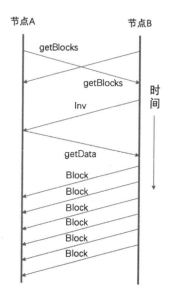

图 6-9 区块同步通信

与区块数据同步相比，区块数据的广播是一种更为常见的场景，当一个新的区块产生以后，新的区块的数据需要广播到网络中的其他节点，为了尽快收到其他节点的消息，节点间并不是直接传递区块数据的。

节点向附近节点发送一个 Inv 消息，Inv 消息中包含已经被发送者（sender）接收并验证过的"交易记录的哈希值"，以及"区块哈希值"。接收者（receiver）收到 Inv 消息后，如果还尚未从其他节点收到过相同的信息，接收者就会发送一个 getData 消息给发送者，要求得到交易记录及区块哈希值包含的具体信息。此时，区块和交易记录的信息才会进行整体传递。

6.4.5 区块扩容

区块扩容是指通过增加区块大小的上限，从而增加可以包含交易的数量最后达到缓解网络拥塞现象提高区块链系统整体性能的目的。对于联盟链或私有链来说，区块的大小通常会根据上层的业务需求配置，是在链启动前静态配置好不可更改的，有的区块大小在整个区块链网络运行过程中可以动态调整，具体需要根据业务场景和区块链平台实现来确认，而一般意义上的区块扩容更多的是针对比特币系统而言的。

针对比特币系统的区块扩容方案主要分为三种，分别是以算力为核心的扩容方案、以交易量为核心的扩容方案和随时间递增的扩容方案。以算力为核心的扩容方案以 BIP-100、BIP-101 方案为代表，特点是由矿工来决定区块调整的方案。以交易量为核心的扩容方案以 BIP-104、BIP-106 方案为代表，特点是基于某个阶段交易量和当前区块实际大小动态调整区块容量。随时间递增的扩容方案以 BIP-102、BIP-103 方案为代表，特点是预估比特币的交易量需要然后按年度调整区块容量。这些方案引起了社区的激烈讨论，甚至 BIP-101 方案在 2016 年 1 月 11 日获得了全网大约 75%的算力支持，但是最终这些方案都没有得到成功的实施。

> BIP-101 方案，将比特币系统单个区块的容量提升到 8MB，并在 2036 年 1 月 6 日前每两年对区块容量上限值翻倍，直到达到 8GB 为止。

虽然这些提案最终都失败了，但是推动比特币系统区块扩容的社区支持者并没有放弃努力，其中有一些非常重要的时间节点。

1）香港共识

2016 年 2 月，比特币核心团队、矿池等业内人士在香港召开了一次会议，会议上达成了在部署隔离见证的同时把区块容量提升到 2MB 的共识，然而事后比特币核心团队推翻了此次共识。

2）纽约共识

2017 年 5 月 23 日，来自全球的 21 个国家和 56 家知名区块链公司共同签署了纽约共识，其内容和香港共识一致，但是这次会议没有比特币核心团队成员的参与，自然最终的共识也没有得到他们的承认。

3）比特币现金系统

经历了香港共识和纽约共识的失败，2017 年 8 月 1 日在 ViaBTC 等大矿池的推动下，比特币系统经过硬分叉产生了一条新的区块链条，被称为比特币现金（Bitcoin Cash，BCH）系统。比特币现金系统支持 8MB 的区块大小，同时获得了大量推动比特币系统区块扩容团队的支持。2018 年 5 月 15 日，比特币现金系统经过二次硬分叉升级为支持 32MB 区块的系统。同年的 11 月 10 日，比特币现金系统创建了第一个扩容后的区块，体积达到了

31.99MB。同年 11 月 15 日比特币现金系统再一次分叉为 Bitcoin ABC 系统和 Bitcoin SV 系统，后者进一步把区块容量提升到了 128MB。到目前为止这两条链条仍然处于竞争状态，这对于比特币系统本身的区块扩容而言具有一定的参考借鉴意义。

6.5 默克尔树与轻节点

6.5.1 默克尔树

默克尔树（Merkle Tree）是区块链系统中非常重要的一种数据结构，维基百科对它的定义为，默克尔树是一种特殊的树结构，其每个非叶子节点通过其子节点的标记或值（当子节点为叶子节点时）的哈希值来进行标记。默克尔树允许对大型数据结构的内容进行有效且安全的验证。

在 P2P 下载技术出现之前，整个文件的数据都从一个中心节点上获取。这个中心节点资源的稳定性常常成为瓶颈点，一旦下载异常，整个文件都需要重新下载。P2P 下载技术出现后，一个大文件被分割成许多个小块，进行编号以后分布在不同的资源节点上，下载操作同时从多个节点上进行，每一块都有对应的哈希值，用于下载后的校验。就算一个小块出错，只需要重新下载这个小块就行，不需要重新下载整个文件。这样做的问题是当需要下载的资源被分散到不同的节点后，虽然加快了下载的速度，却无法保证数据整体的正确性。

在 P2P 网络中，任何人都可以成为提供下载资源的节点，虽然传输错误的小块数据可以通过重新拉取来获得，但是无法确保整体数据的哈希值未被恶意篡改，如果被篡改就会导致每块数据都正确获得，但是组合起来得到的并非预期的数据。解决该问题的一种方式是由可靠的权威节点提供这些小块数据的哈希值，可以从任意节点下载资源。但当源文件非常大导致小块较多时，哈希表也会非常大，而文件的完整性校验必须下载整个哈希表。默克尔树是这个问题的解决方案之一。

默克尔树首先计算叶子节点的哈希值，然后将相邻两个节点的哈希值进行合并，合并完成后计算这个字符串的哈希值，直到根节点为止，其根节点存储的哈希值被称为默克尔根（Merkle Root）。如果是单个节点，则可以复制单个节点的哈希值，然后合并哈希值并重复上面的过程。默克尔树如图 6-10 所示。

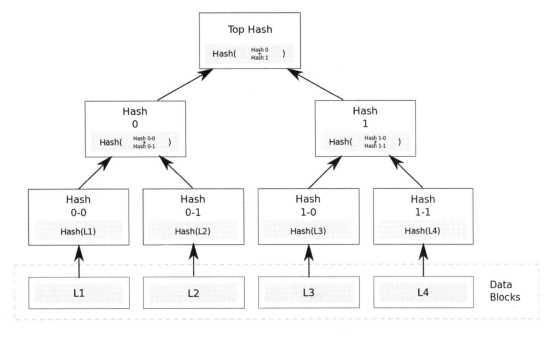

图 6-10　默克尔树

默克尔树是区块链系统的最为重要的底层数据结构之一，可以高效安全地验证数据结构的内容，当默克尔树的内容发生改变时，计算得到的根哈希值就会不同。例如，可以用区块头中交易树的根哈希值快速校验区块中交易数据的存在性和完整性。

6.5.2　轻节点

轻节点也称作简化支付验证（SPV）节点，是与全节点相对的一个概念。在比特币系统或以太坊中，保存全量最新数据的节点被称为全节点，全节点可以独立自主地验证所有的交易，但是我们知道无论是比特币系统还是以太坊，全量的数据都是非常庞大的，并且在飞速地增长中。全节点虽然可以提供全部的功能，但是对于大多数使用者而言只用到了很少的功能，如发送交易、验证交易。为了使用少量的功能花费昂贵的成本去保存全量数据显然是不划算的，同时限制了比特币系统和以太坊的应用场景。

为了解决上面的问题，提出了轻节点的概念，轻节点只保存少量数据就可以满足基本的使用需要。

假设有这样一种场景需要用到比特币支付（发送交易），支付完成以后需要向对方证明这笔交易已经写到区块中了，比较容易想到的办法是拿到打包交易的对应区块，然后对比区块中的所有交易来确认该交易是否已经被打包在其中。

在比特币系统或以太坊的场景下，一个区块大概有两三千笔交易，一笔交易又包含若干条字段，如果逐一比较交易不仅速度慢，而且不安全，因为凭借单一的区块无法知道拿到的区块的真伪。这个时候就可以利用默克尔树来解决这个问题。

简化支付验证（Simplified Payment Verification，SPV）协议，即不需要保存全量的区块数据，只保存最长链的区块头即可对交易数据进行校验。这种校验方式也被称为默克尔证明。SPV协议对于计算能力弱、存储空间小的智能手机和物联网设备等便携式移动设备具有重要意义。

SPV协议强调的是验证交易是否被支付，而非交易的合法性，简单来说验证的是交易是否已经存在于区块中，并且是否后续有足够多的区块保证了这笔交易只有很低的概率被回滚，而非验证交易中的数据是否合法，交易是否有效。默克尔路径如图6-11所示。

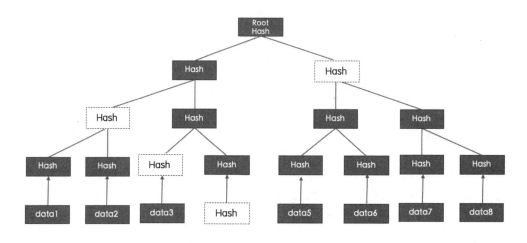

图6-11 默克尔路径

如图 6-11 所示，如果我们知道了根哈希值，也就是根节点包含的哈希值，需要证明包含 data4 数据的节点是否在这个集合中，那么仅需要提供虚线节点包含的哈希值。首先计算出 data4 的哈希值，然后依次与虚线节点包含的哈希值两两计算哈希值，最终就可以得到根哈希值，根哈希值一致则证明 data4 在这个区块中。

在 N 个交易组成的区块中，默克尔路径的算法复杂度仅仅为 $\log_2 N$。意味着如果一个区块包含 16 笔交易那么默克尔路径只有 4 条。当区块打包的交易增长到了 4096 笔的时候，默克尔路径仅仅增长到了 12 条，可见默克尔路径的增长速率是远远小于区块交易数据增长速率的。

当拥有了默克尔树和默克尔证明以后，轻节点只需要保存区块头，也就是有交易树的根哈希值，当 A 需要向轻节点证明一笔交易已经打包到指定区块时，只需要提供这笔交易和对应默克尔路径上的哈希值即可，这样轻节点就可以在不保存区块体的情况下证明这笔交易已经上链并不可更改了。截至 2020 年 2 月底，比特币系统中大约有 60 万个区块产生，按区块头体积为 80B 来计算，保存全量区块头信息也仅仅需要 60MB 左右的存储空间，并且因为保存了全量的区块头，安全性得到了保证。

6.5.3 布隆过滤器

SPV 协议的使用使得客户端只需要保存少量数据即可对交易是否被打包到区块中进行验证。这在极大降低区块链网络参与设备门槛的同时，带来了 SPV 节点的隐私保护方面的问题。例如，在比特币系统中用户希望可以查询自己"钱包"的当前余额是多少，这个时候就需要获得该"钱包"地址相关的所有 UTXO 余额。如果频繁地在区块链网络中查询指定地址的"钱包"余额，那么当节点是恶意节点时，很容易将 UTXO 余额与"钱包"地址关联起来，从而达到追踪比特币的目的。为了避免隐私数据的泄露而采用下载全量区块的方式显然是不可接受的。

为了解决这个问题，比特币系统在改进协议 BIP-0037 中提出了采用布隆过滤器（Bloom Filter）来达到既可获得想要的数据又可避免隐私泄露的目的。

布隆过滤器是一种基于概率的数据结构，可以用来判读某个元素是否在集合内，具有运行速度快、占用空间小的特点。布隆过滤器的不足之处在于其会有一定的误识率，即布隆过滤器可以确定某个元素一定不在集合内或可能在集合内，而不能确定某个元素一定在集合内。

布隆过滤器的原理为当一个元素被加入集合的时候，用 K 个哈希函数将元素映射到一个位图中的 K 个点，并且把这些点的值设置为 1，在每次检索的时候查看一下这些点是不是都是 1 就知道集合中有没有这个元素了。

这样说可能比较抽象，举个例子，假设 K 是 2，有 Hash1 和 Hash2 两个哈希函数，两个哈希函数的计算哈希值的方法如下所示。

```
Hash1 = n%3
Hash2 = n%8
```

然后创建一个名叫 bitMap 的长度是 20bit 的位图。

```
bitMap=[0, 0, 0, 0, 0, 0, 0, 0, 0, 0, 0, 0, 0, 0, 0, 0, 0, 0, 0, 0]
```

这个时候将 7 存入到这个集合中。

```
n = 7
```

在存入 7 之前，分别用 Hash1 和 Hash2 计算 7 哈希后的值。

```
Hash1  →  1
Hash2  →  7
```

把 bitMap 对应的值置为 1，修改后得到如下位图。

```
bitMap=[0, 1, 0, 0, 0, 0, 0, 1, 0, 0, 0, 0, 0, 0, 0, 0, 0, 0, 0, 0]
```

这样下次再来查找 7 在不在这个集合的时候，就可以用 Hash1 和 Hash2 函数计算该值在位图中的存储位置，在 bitMap 的集合中查找对应位置是否都是 1，如果都是 1 则一定在集合中。

如果再在集合中插入 13，分别用 Hash1 和 Hash2 计算 13 哈希后的值。

```
n = 13
Hash1  →  1
Hash2  →  5
```

把 bitMap 对应的值置为 1，修改后得到如下位图。

```
bitMap=[0, 1, 0, 0, 0, 1, 0, 1, 0, 0, 0, 0, 0, 0, 0, 0, 0, 0, 0, 0]
```

这个时候发现 1 被映射了两次，但是并不影响我们在集合[7, 13]中快速找到 7 或 13。

但是当插入的数据量大幅提升的时候，甚至 bitMap 全部被置为 1 的时候问题就很严重了，误识率就变得非常高以至于无法识别元素是否在集合中，这是根据不同场景实现布隆过滤器所要考虑的问题。另外在布隆过滤器中增加某个数据相对容易，但是删除某个数据非常困难。

在比特币"钱包"查询余额的时候，SPV 节点可以设置布隆过滤器的误识率，使得通过布隆过滤器选择的地址一定有属于该"钱包"的地址，而没有通过布隆过滤器选择的地址一定没有属于该"钱包"的地址。当节点返回许多满足布隆过滤器条件的地址后，"钱包"可以在其中挑选属于自己交易的 UTXO 集合。对于接收 SPV 查询请求的节点来说，只能获得一个混淆了大量无关地址的 UTXO 集合，很难对 SPV 查询请示发起方的地址进行追踪。

布隆过滤器在以太坊中也有广泛的应用，在以太坊的区块头中有一个 Bloom 的字段存储了一个布隆过滤器的位图。这个布隆过滤器需要依据交易收据中的数据，通过计算 Logs 中的 Address 和 Topics 字段生成。当需要查询感兴趣的地址或相关主题的日志时可以极大地提高查询的效率。

6.6 字典树

区块头中有一个 Merkle Root 的字段保存了区块中交易列表的默克尔树的根哈希值，为了计算这个值需要消耗大量的计算资源。回想一下默克尔树的根哈希值的计算方法，当一个区块的交易达到两三千笔的时候，两两计算哈希值直到默克尔树根哈希值的计算量是多么的庞大。如果刚计算完成得到默克尔树根哈希值，这时区块中的一笔交易由于一些原因发生了变化，那么就需要从头开始计算。例如，收到了一个新区块，新区块的交易和自己打包的交易有少量重叠，这时需要替换这些重叠交易重新计算默克尔树根哈希值。

默克尔树还有一个缺点，即叶子节点的内容虽然没有发生改变，但是次序发生变化后得到的默克尔树根哈希值是不一致的。

如果我们用哈希表、链表或数组之类的数据结构存储默克尔树的叶子节点就会不可避免地出现上面的问题，为此需要设计一种数据结构，在存储数据发生改变的时候尽可能少地计算哈希值，还要避免相同内容不同次序导致的根哈希值不一致的问题。

为此引入了一种新的数据结构——字典树，字典树（Trie）又称为前缀树，是一种有序树，用于保存关联数据，存储的数据通常是字符串。字典树通常有三种基本性质，即根节点不包含字符（对应空字符串），除根节点外的每一个节点都只包含一个字符；从根节点到某一节点，路径上经过的字符连接起来即该节点对应的字符串；每个节点的所有子节点包含的字符都不相同。

与二叉树不同，字典树中的数据不是直接保存在节点中的，而是由节点在树中的位置决定的。一个节点的所有子孙都有相同的前缀，也就是这个节点对应的字符串。一般情况下，不是所有的节点都有对应的值，只有叶子节点和部分内部节点才有对应的值。图 6-12 所示是一棵典型的字典树。

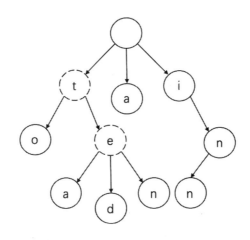

图 6-12　字典树

在图 6-12 所示的字典树中，各个节点存储了一些字符，其中在实线圆标明的节点中存储的是关键字。字典树中实际存储的字符串由关键字组成，如图 6-12 中的字典树存储了字符串 "a" "to" "tea" "ted" "ten" "i" "in" 和 "inn"。

> 在关键路径中每个节点有一个标志位，用来标记这个节点是否作为构成数据的一部分。图 6-12 中的从根节点到包含 t、e 节点的路径不是关键路径。

字典树利用字符串的公共前缀缩小查询范围，通过状态间的映射关系避免字符的遍历，从而达到高效检索的目的。数据的前后位置按照字典序得以保证，这对于区块链来说是一个非常重要的特性。例如，两个区块中存储相同的交易，由于区块中交易的顺序不同，因此计算得到的默克尔树根不一致,进而导致区块自身的哈希值发生改变,这样区块就会被误认为是无效区块。同时不同顺序的交易在执行时得到的世界状态会不一致。

字典树在带来便利的同时带来了一些问题,由于字典树结构需要记录更多的信息,因此字典树的实现稍显复杂,此外字典树在构建时必须对每个词和字逐一进行处理来构建关键路径,无法并行操作无疑会减慢字典树的构建速度。

如果字符串数量为 m,字符串长度为 n 的话,则字典树的每个节点的子节点数量为 m 而字典树的高度为 n。字典树的最坏空间复杂度为 $O(m^n)$。随着字符串数量 m 和字符串长度 n 的增长,字典树占用的存储空间将呈指数增长。虽然相较于哈希表,字典树插入和查询速度略逊一筹,但是字典树的插入和查询依然非常高效,二者的空间复杂度一般都是 $O(n)$,其设计哲学是典型的"以空间换时间"。除此之外,字典树还在下面这些场景中有广泛的应用。

- 搜索引擎系统的文本词频次统计。
- 字符串匹配。
- 字符串字典序排序。
- 前缀匹配,如一些搜索框的自动提示。

在字典树中很多节点只是为了存储字符串前缀而存在的,当路径上只有一个关键字的时候,这些只为存储字符串前缀而存在的节点就显得非常冗余。压缩字典树在字典树的基础之上进行了一些优化,将存储字符串前缀的节点进行了压缩,如图 6-13 所示。

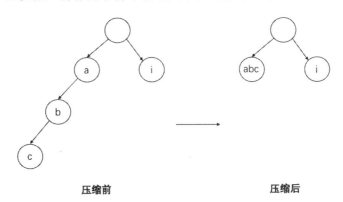

图 6-13 压缩字典树

在图 6-13 中，从根节点到包含字符"c"的路径是关键路径，存储了字符串"abc"。其中存储字符"a"和"b"的节点除了存储字符串前缀再无他用，可以将其合并，压缩后的字典树占用了更小的空间。

6.7 MPT 树

MPT 树（Merkle Patricia Trie，默克尔帕特里夏树）结合了字典树和默克尔树的优点，同时对二者进行了一定的改进，以此来适应区块链场景下组织数据的需要。

MPT 树与传统的字典树采用内存指针来连接节点不同，MPT 树中的节点是通过节点哈希值被引用的，具体的数据是以键值对的形式存储在 LevelDB 中的。在 LevelDB 中，存储的数据是经过 RLP 编码后的数据，数据的 key 是节点 RLP 编码后的哈希值，value 是节点数据经过 RLP 编码后的值。在压缩字典树中根节点是空的，而 MPT 树可以在根节点中保存整棵树的哈希值校验和，哈希值校验和的生成采用了与默克尔树生成根哈希值一致的方式。

以太坊采用 MPT 树来保存交易、交易收据和世界状态，为了压缩整体的树高，降低操作的复杂度，以太坊对 MPT 树进行了一些工程上的优化。以太坊将树节点分成了四种，分别是空节点（Empty Node）、叶子节点（Leaf Node）、分支节点（Branch Node）和扩展节点（Extension Node）。

通过以太坊黄皮书中很经典的一张图（图 6-14），来了解 MPT 树如何存储以太坊中的世界状态，以及不同节点的具体结构和作用。

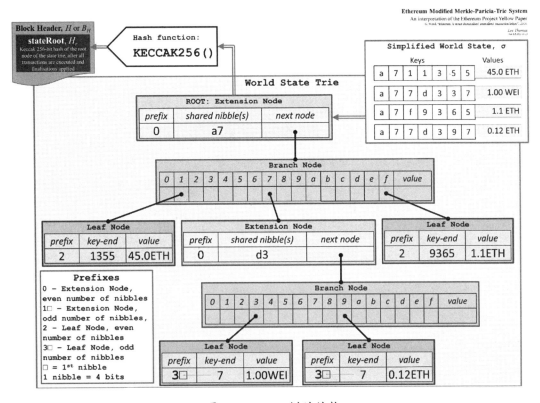

图 6-14 MPT 树的结构

在图 6-14 中可以看到，在存储以太坊世界状态的 MPT 树中有 4 种类型的节点，需要存入的值采用键值对的形式。自顶向下，我们首先看到 Keccak256(SHA3) 算法生成的根哈希值，参考默克尔树的根哈希值。其次看到扩展节点（Extension Node），扩展节点用来处理具有共同前缀的数据，扩展节点通过 next node 字段可以扩展出一个多分支的分支节点，key 字段用来存储节点的共同前缀（Shared Nibble），在这里存储的值为 a7，共同前缀采用压缩字典树的方式进行了合并。接着看到分支节点（Branch Node），分支节点表示 MPT 树中所有超过 1 个子节点的非叶子节点，其中 key 表示经过 Hex 编码后分别对应的十六进制字符，用来扩展不同的分叉。分支节点的 value 一般为空，如果有数据的 key 在其下的扩展节点终止，那么这个 key 对应的 value 存储在分支节点的 value 属性上。最后看到叶子节点（Leaf Node），用来存储具体的数据，叶子节点同样对路径进行了压缩，key 是插入数据的十六进制前缀编码（Hex-Prefix Encoding），value 是对应插入数据的 RLP 编码。

以以太坊的智能合约为例，智能合约部署成功后会得到一个地址，如 0xa16de3199ca3ee1bc1e0926d53c12ffacdf3f2c4，除去开头的 0x（表示这是一个十六进制的字符串），把其余字符按照压缩字典树的规则存入 MPT 树，键（key）就是合约的地址，键对应的值（value）就是合约账户的信息，其中包括合约代码和合约状态。合约中的状态变量会作为一个键值对存入合约，每个合约都有自己的 MPT 树，相当于合约自己的 MPT 树又通过一个 MPT 树来进行组织。如果账户是外部账户，没有合约代码和合约状态，就直接存储账户余额。组织这一切的 MPT 树叫作世界状态树。世界状态树只需要存储每个合约状态树的根哈希值，当合约状态变更时，合约状态树的根哈希值发生变化，传到世界状态树，世界状态树的根哈希值发生变化，从而让外部感知到世界状态进行了修改。

> 在之前讲解EVM的章节中可以看到需要持久化保存的数据都是以键值对的形式存在的，而键是由 Keccak256 函数计算得到的，用十六进制数据表示后刚好对应 MPT 树中分支节点的 0~f 的 16 个分支。

最终的数据是以键值对的形式存储在 LevelDB 中的，MPT 树相当于提供了一个缓存，帮助我们快速找到需要的数据。

6.7.1 MPT 树持久化

在以太坊客户端 Geth 中，MPT 树最终是存储在 LevelDB 中的，LevelDB 是 Google 开源的持久化 KV 单机数据库，具有很好的随机写、顺序读/写性能。以太坊将叶子节点按照 RLP 编码后存入 LevelDB。

以太坊的 MPT 树提供了三种不同的编码方式来满足不同场景的不同需求，三种编码方式如下。

- Raw 编码（原生字符）。
- Hex 编码（扩展十六进制编码）。
- HP 编码（十六进制前缀编码）。

三者的关系如图 6-15 所示，分别进行 MPT 树对外提供接口的编码、在内存中的编码和持久化到数据库中的编码。

图6-15 MPT树的三种编码方式

1) Raw编码

MPT树对外提供的API采用的就是Raw编码方式,这种编码方式不会对key进行修改,如果key是"foo",那么经过编码后的key会被转换为["f", "o", "o"]。假设我们要把a作为key放入MPT树,则key可以直接用a的ASCII值表示为97。

2) Hex编码

可以发现采用Raw编码以后,在编码的结果中,每个字符有从a~z共26种可能性,如果采用分支节点存储的话需要26个空间,如果再加上0~9这10个数字和一个value,总共需要3T个空间。以太坊的开发者权衡后决定减少分支节点的存储空间,于是采用了Hex编码方式。

以太坊定义了一个新单位nibble,1nibble表示4bit,0.5B。Hex编码的规则如下。

- 首先将Raw输入的每个字符(1B)拆分成2nibble,前4位和后4位各1nibble。
- 其次将1nibble扩展为1B(8bit)。
- 最后分别将Raw编码后的十六进制结果的每个位(1bit)进行如下操作。

1. $b/16$。

2. $b\%16$。

可以通过下面的两个例子看到Raw编码到Hex编码的转换。

```
a 的 ASCII 值为 97(十进制),转换十六进制数据为 61
采用 Hex 编码
[0] = 61 / 16 = 3
[1] = 61 % 16 = 13
编码后的结果为[3, 13]
```

```
再举个例子
输入"cat",Raw 编码后为 [63, 61, 74]
63 / 16  = 3
63 % 16 = 15
61 / 16 = 3
61 % 16 = 13
74 / 16 = 4
74 % 16 = 10
编码后的结果为 [3,15,3,13,4,10]
```

MRT 树的最后一位 value 是一个标识符,如果存储的是真实的数据项,即该节点是叶子节点,则在末尾添加一个 ASCII 值为 16 的字符作为终止标识符。添加后的结果是 [3,15,3,13,4,10,16]。

采用 Hex 编码以后,可以看到原本需要的 37 个空间被压缩到了 17 个空间。采用 Hex 编码方式,对每个节点所需的存储空间进行了横向压缩,但是增加了纵向空间的消耗,是一种工程的妥协。根据 key 的数量多少,压缩与否各有优劣。

3)HP 编码

Hex 编码后的数据是在内存中的,如果要对 Hex 编码后的数据进行持久化保存,就会发现一个问题,我们对原数据进行了扩展,本来 1B 的数据被我们变成了 2B,显然这对于存储来说是不可接受的,于是有了 HP 编码。HP 编码(Hex-Prefix Encoding,十六进制前缀编码)的过程如下。

- 输入 key(Hex 编码的结果),如果有标识符,则去掉这个标识符。
- 在 key 的头部填充 1nibble 的数据,填充的规则如下。

  1. 如果 key 的 nibble 长度是偶数则最后一位为 0。

  2. 如果 key 的 nibble 长度是奇数则最后一位为 1。

  3. 如果 key 是扩展节点则倒数第二位为 0。

  4. 如果 key 是叶子节点则倒数第二位为 1。

例如,nibble 长度是奇数的扩展节点按照 HP 编码的规则编码后为 0001。下面的例子展示了从 Raw 编码到 HP 编码的过程。

"cat"经过 Hex 编码后的结果为[3,15,3,13,4,10,16]
再用 HP 编码，过程如下。
1. 去掉 16，同时表明这个节点是叶子节点。
2. 叶子节点，nibble 数量是奇数，这两个条件得出需要填充的值为 0010 0000。
3. 将 HP 编码后的结果用二进制数据表示，为 [0010, 0000, 0011, 1111, 0011, 1101, 0100, 1010]。
4. 将 HP 编码后的结果合并成字节码形式的数据，为[00100000, 00111111, 00111101, 01001010]，转换为十进制数据是[32, 63, 61, 74]。

相较于"cat"的 Raw 编码，经过上面的 Hex 编码和 HP 编码后，既可以在内存中构建出具有大量节点的 MPT 树，又可以在持久化 MPT 树时尽可能减小所占用的空间。

6.7.2 安全的 MPT 树

上面介绍的三种编码方式并没有解决一个问题：如果需要存储数据的 key 非常长，尽管 MPT 树采用了多种节点类型但是依然会导致树非常深，读写性能急剧下降。如果有人不怀好意地设计了一个独特的 key 甚至可以进行 DDoS 攻击，为了避免上面的问题，以太坊对 key 进行了一个特别的操作。MPT 树不直接存储 key，而将所有 key 都进行了一个 Keccak256(key)的操作，这样就保证了所有 key 的长度一致。

6.7.3 持久化 MPT 树

以太坊在存储 MPT 树的键值对之前会采用 RLP 编码对键值对进行编码，将键值对编码后的数据存储在 LevelDB 中。在具体的实现中，为了避免出现相同的 key，以太坊会给 key 增加一些前缀用作区分，如合约中的 MPT 树会增加合约地址，区块数据会增加表示区块的字符和区块号。

随着数据的膨胀，LevelDB 本身的读写速度都会变慢，这是 LevelDB 实现采用 LSM 树导致的，这也是制约 MPT 树性能的重要因素。

6.7.4 MPT 树应用

在以太坊区块头中有三个 MPT 树树根的哈希值，三个哈希值分别对应的 MPT 树是状态树、收据树和交易树。三种树分别存储了以太坊中的世界状态、本区块的交易和交易回执，其中交易和交易回执是一一对应的。

1）状态树

当以太坊执行一笔交易的时候，以太坊对应的世界状态会发生改变。以太坊作为一个公有链平台，上面有大量合约所对应的海量状态，如果每次发生状态改变都重建状态树无疑会消耗巨大的计算资源。为了解决这个问题，以太坊提出了增量修改状态树的方法。每次以太坊状态发生改变后并不会去修改原来的 MPT 树，而会新建一些分支，如图 6-16 所示。

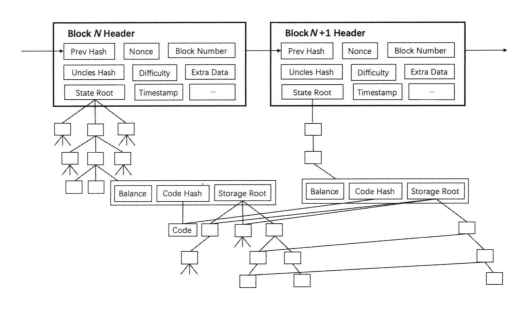

图 6-16 世界状态 MPT 树

以太坊的每次世界状态发生改变后，只会影响世界状态树的少量节点，新生成的世界状态树只需要重新计算受到影响的少量节点和与之相连节点的哈希值即可。

以太坊中的世界状态非常适合用 MPT 树来存储，MPT 树的特点与以太坊世界状态的特点很契合，当采用 MPT 树存储以太坊世界状态后可以带来如下优势。

- 当一个账户的余额发生改变后，对应路径的哈希值发生了变化，自底而上地更新对应路径上的哈希值，直至 State Root，这样可以计算最少的哈希次数。

- 以太坊中的全节点维护的是增量的世界状态树，因为每次一个区块对世界状态的修改都只是很小的一部分，增量修改既有利于区块回滚，又可以节约开销。
- 在以太坊中区块临时分叉很普遍，但是由于以太坊智能合约的复杂性，如果不记录原始状态，很难根据合约代码回滚状态。

2）收据树

以太坊在执行智能合约时会产生一个交易回执（Receipt），交易回执记录了此笔交易的执行结果、交易信息和区块信息。当查询轻节点通过布隆过滤器找到交易后，还会再次查询收据树来避免误识。

3）交易树

交易树的作用是提供交易的默克尔证明，证明某个交易被打包到某个区块里。轻节点不用存储区块体仅根据提供的默克尔证明就可以快速判断交易是否已经被打包。

在以太坊中，交易树中交易的排序只有在该交易被打包后才能由相应的矿工决定，并且当交易被打包后交易树就不会再更新。

4）三种树的差异

交易树和收据树只依赖当前的区块，而状态树会把链上所有状态都包含进去。交易树和收据树是独立的，而状态树会共享树的节点。

举个例子，当发起一笔转账操作时，节点需要判断发起账户是否有足够的 ETH 来完成这笔转账，这个时候节点要通过查找状态树来查看对应账户的状态。如果为了节约空间，节点只保存了当前区块的账户的状态，就需要逐块查找，非常影响交易执行的性能，甚至转账交易的发起者都不知道当前账户的状态。

6.8 Bucket 树

MPT 树的设计已经足够优秀，但是超级账本在组织世界状态的时候并没有使用 MPT 树，而采用了另一种数据结构——Bucket 树。对软件工程而言没有银弹可以一劳永逸地解决所有问题，在联盟链场景中 MPT 树就暴露了很多问题。

以太坊面临的挑战是在一个公有链场景下，大量的用户在公有链上部署使用智能合约，但是绝大部分智能合约在部署以后调用量非常少，智能合约的复杂度也有限。以太坊为了支持如此多的智能合约和大量合约状态采用了 MPT 树，尽管采用了节点划分、多种编码方式在内的各种优化手段，但是 MPT 树仍然在复杂性和性能方面存在一些问题，成为制约区块链平台的性能瓶颈。这个性能瓶颈并不在以太坊这个体系之中，而在联盟链技术体系之下。

在联盟链场景下，尽管区块链节点数量和合约数量大幅减少，合约逻辑却变得更加复杂。区块链共识机制的不同导致联盟链接收、执行交易的速度得到极大提升，从而可以拥有更大的吞吐量，合约状态的变更变得非常频繁。联盟链一般被用来支持具体的业务，业务流程相对固定，也就导致不会有大量合约的频繁部署。大量的状态变更操作集中在少数合约之间，这些合约的"热度"会变得非常高。

MPT 树针对这种对少量合约调用频繁的场景非常乏力，当整条链条只为少量的合约服务时，MPT 树就会成为性能瓶颈，这个时候超级账本采用了 Bucket 树来解决这个问题。

Bucket 树拓展了哈希表的概念，引入了哈希桶（Bucket）的概念。哈希桶算法是为了解决哈希冲突提出的。举个例子，有一组序列为[1,2,3,4,5,6,9]，使用的哈希函数为 $f(key) = key \bmod 5$，那么这组序列通过哈希函数计算得到的哈希值是[1,2,3,4,0,1,4]，显然在 key 为 1、6 的时候得到的哈希值都是 1，如图 6-17 所示。

key	1	2	3	4	5	6	9
$f(key)$	1	2	3	4	0	1	4

图 6-17 哈希表

这个时候就产生了冲突，也就是不同的 key 通过哈希函数映射后得到了相同的值。所谓的哈希桶算法其实就是链表地址解决冲突的方法。如上面的例子所示，可以设置桶的个数为 5，也就是 $f(key)$ 集合的个数为 5，这样的话，哈希值就可以作为桶的索引值，将 1,2,3,4,5 分别通过 $f(key)$ 得到 1,2,3,4,0。首先将这几个 key 放入桶 1,2,3,4,0 的首地址所指的内存中，然后处理值为 6 的 key，得到哈希值为 1。这个时候需要放入桶 1 中，但桶 1 的地址已经有了元素 1，这个时候需要怎么处理呢？可以为每个桶开辟一片内存，在内存中存放所有哈希值相同的 key，冲突的 key 之间用单链表进行存储，这样就解决了哈希冲突。在查找对应 key 的时候，只需要通过 key 索引到对应的桶，然后从桶的首地址对应的节点开始查找，就是按照链表顺序查找，对比 key 的值，直到找到对应 key 的信息。哈希链表如图 6-18 所示。

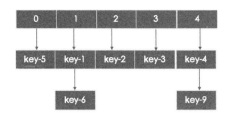

图 6-18　哈希链表

在冲突率比较高的时候，桶内的哈希链表就会很长，使得查找效率比较低。在最坏的情况下，所有的 key 都对应同一个哈希值，当然这种情况不会出现，这样的哈希函数选取得没有意义。假设这种情况出现，那么哈希链表就退化成了单链表，其他桶的内存就会被浪费，且查找效率从 $O(1)$ 直接降到了 $O(N)$，所以哈希函数的选择非常关键。

为了满足区块头保存少量数据即可对区块内容进行校验的需要，可以将哈希桶和默克尔树结合，将每一个哈希桶当作叶子节点，得到如图 6-19 所示的结构。

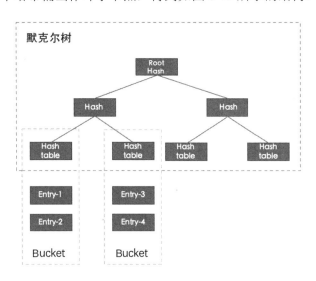

图 6-19　Bucket 树结构

哈希表由一系列的哈希桶组成，每个哈希桶中存储着若干被散列到该桶中的数据项（Entry），每一个哈希桶有一个哈希值来标识整个桶，该哈希值是桶内所有数据通过哈希计算得到的，相当于将原来需要全量计算的哈希表拆分成了一个接一个的子哈希表，这样当数据发生变化的时候缩小了需要计算哈希值的数据范围。

除底层的哈希表外，其他哈希表上层是一系列的默克尔树节点，一个默克尔树节点对应着下层的 N 个哈希桶或默克尔树节点，这个 N 也称作默克尔树的聚合度。

通过这样的设计达到了两个目的：①利用默克尔树的特点，每次树状态改变，重新计算哈希值的代价减小；②利用哈希表进行底层数据的维护，数据项均匀分布。最终我们依然可以利用默克尔树根来快速感知世界状态的变更。

在图 6-19 中，一个新的数据项 Entry5 插入，该数据项被散列到位置为 1 的哈希桶中，即从该桶至根节点上所有的节点被标记为脏节点。仅对这些脏节点进行哈希重计算，便可得到一个新的哈希值用来代表新的树状态。

Bucket 树是一种固定大小的树（底层的哈希表容量在树初始化之后，就无法更改了），随着数据量的增大，采用散列函数将所有的数据项进行均匀散列可以避免数据聚集的情况发生。

在 Bucket 树中有两个重要的可调参数，如下所示。

- capacity：表示哈希表的容量，该值越大，整棵树所能容纳的数据项个数越多。在聚合度不变的前提下，树越高，从叶子节点到根节点的路径越长，哈希计算次数越多。
- aggreation：表示一个父节点对应的孩子节点的个数，在哈希表容量不变的前提下，该值越大，树的收敛速度越快，树越矮，从叶子节点到根节点的路径越短，哈希计算次数越少。但是每个默克尔树节点的 size 会越大，增加磁盘 IO 开销。

超级账本在实现 Bucket 树的时候采用了一些优化手段。例如，当有大量数据变更的时候，这些数据非常容易散列到不同的哈希桶，这个时候可以并行计算新桶的哈希值，加速构建默克尔树。如果 Bucket 树比较大，并且用数据库来存储的话，那么加上 Cache 可以显著地提升性能。超级账本结合具体的应用场景对数据结构改造优化极大地提高了系统的性能，其实很多时候需要把握每个数据结构在区块链系统中解决了哪些问题，高效地解决这些问题就可以了，并不需要拘泥于采用字典树、MPT 树、默克尔树或 Bucket 树。

相较于 MPT 树，Bucket 树的实现更加简单，不需要多种数据编码方式，同时生成的默克尔树高度更低，这意味着生成默克尔树根计算哈希值的次数更少，将数据散列到多个哈希桶更利于并行计算。在联盟链场景下，Bucket 树可以在满足需求的前提下获得更好性能。

第 7 章

共识算法

  计算机科学领域的早期共识研究一般聚焦于分布式一致性问题，即如何保证分布式系统集群中所有节点的数据完全相同并能够对某个提案达成一致的问题，这是分布式计算的根本问题之一。虽然共识（Consensus）和一致性（Consistency）在很多文献和应用场景中被认为是近似等价和可互换使用的，但二者含义存在着细微的差别：共识研究侧重于分布式节点达成一致的过程及其算法，而一致性研究侧重于节点共识过程最终达成的稳定状态。此外，传统分布式一致性研究大多不考虑拜占庭容错问题，即假设不存在恶意篡改和伪造数据的拜占庭节点，因此在很长一段时间里，传统分布式一致性算法的应用场景大多是节点数量有限且相对可信的分布式数据库环境。与之相比，区块链系统的共识算法更倾向于运行在更为复杂、开放和缺乏信任的互联网环境下，在这种环境下节点数量更多且可能存在恶意拜占庭节点。因此，即使 Viewstamped replication（VR）和 Paxos 等许多分布式一致性算法早在 20 世纪 80 年代就已经提出，但是如何跨越拜占庭容错问题这道鸿沟来设计简便易行的分布式共识算法，仍然是分布式计算领域的难题之一。

  2008 年 10 月 31 日，一位化名为"中本聪"的研究者在密码学邮件组中发表了比特币的奠基性论文《比特币：一种点对点式的电子现金系统》，基于区块链（特别是公有链）的共识研究自此拉开序幕。从分布式计算和共识的角度来看，比特币的根本性贡献在于首次实现和验证了一类实用的并支持互联网规模的拜占庭容错算法，从而打开了通往区块链新时代的大门。

去中心化的区块链作为一个分布式系统，并不依赖于一个中央机构，而由分布在网络中的多数节点认可来实现交易。与此同时，共识算法开始发挥作用，它保证了协议规则的正常执行及交易可以在免信任情况下发生。当需要对共识算法进行分析的时候就需要先介绍一些基础的分布式知识，同时在设计共识算法的时候必须要注意这些理论约束。

7.1 分布式系统模型

7.1.1 分布式系统中的网络模型

1) 分布式系统中的同步网络模型

在同步网络（Synchronous Network）中，进程执行每一步的时间都有明确的上限和下限，每一条消息在网络中传输的时间都有一个上限，同时每个进程的本地时钟与实际时间的漂移率在已知范围内。在分布式系统中，基于这三个条件就可以根据超时（Timeout）机制来检测进程的非拜占庭故障，从而简化分布式系统的设计。

2) 分布式系统中的异步网络模型

异步网络（Asynchornous Network）模型和同步网络模型相反，对进程的执行速度、消息在网络中的传输时间和时钟漂移率都没有限制。在异步网络模型中，有些故障非常难解决，如当一个节点 A 给另一个节点 B 发送一条消息之后，节点 A 几十秒都没有收到节点 B 的应答，可能是节点 B 计算速度非常慢，也可能是节点 B 已经崩溃了或由于网络延迟造成消息没有送达，节点 A 很难判断在这个过程中到底发生了什么样的故障。我们日常使用的互联网就是典型的异步网络模型。尽管目前绝大多数区块链共识算法都是基于同步网络模型的，但在区块链实际运行环境中一般都是异步网络模型。

同步网络模型和异步网络模型是两个极端，更常用的其实是半异步（Partially

Synchronous）网络模型。半异步网络模型假设在一段网络扰动（Global Stabilization Time，GST）后，网络最终会回归到同步状态上，这更符合实际的网络场景。实际上，很多区块链协议都是基于半异步网络模型的，如 HotStuff。

7.1.2 分布式系统中的故障模型

分布式系统中的故障一般发生在节点计算和通信链路上，因此在区块链系统中，对于系统故障大多讨论都集中在节点故障和信道故障上。根据故障性质，按照从广泛到特定的顺序可以将故障分为 4 种，分别是拜占庭故障（Byzantine Failure）、时序故障（Timing Failure）、崩溃故障（Crash Failure）和遗漏故障（Omission Failure），它们之间的关系如图 7-1 所示。

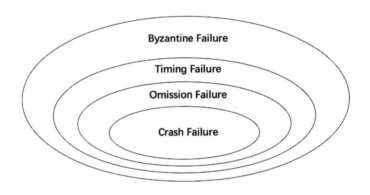

图 7-1 分布式系统故障关系

拜占庭故障也称为随机故障，是指节点可以任意地、错误地甚至恶意地执行任何动作。

时序故障是指程序可以按照逻辑执行，并且可以正常地响应请求，但是不能保证在指定的时间内响应。出现这种情况一般有三种原因，第一种原因是信道故障，消息在信道的传输过程中超出了规定的延迟范围。第二种原因是节点出现了性能问题，虽然节点可以正常执行，但是由于性能问题导致执行时间过长，超过了预期的范围。第三种原因是本地时钟超过了实际的时钟漂移率范围。

遗漏故障是指节点或信道未能执行本来应该执行的动作。例如，一些共识算法在崩溃时，必须保证一些动作记录下来，当崩溃故障恢复的时候，就需要继续执行因为崩溃未执行的动作。

崩溃故障是指当故障发生时必须停止响应和发送消息，如一个节点出现故障后立即停止接收和发送所有消息，或者网络发生了故障无法进行任何通信，并且这些故障不会恢复。

7.2 FLP 和 CAP 定理

7.2.1 FLP 定理

FLP 定理的论文是由 Fischer、Lynch 和 Patterson 三位作者于 1985 年发表的，之后该论文毫无疑问地获得了 Dijkstra 奖。FLP 定理的具体表述为，在含有多个确定性进程的异步系统中，只要有一个进程可能发生故障，那么就不存在协议可以保证在有限时间内所有进程达成一致。异步系统的假设是 FLP 定理的关键，该定理假设进程是完全异步的，无法获得任何进程处理速度或消息传输延迟的信息，进程也不能使用同步时钟，因此无法使用基于超时（Timeout）的算法。此外，FLP 定理假设进程无法判断其他进程是处于完全停止状态还是处于缓慢运行状态。

举个例子，在一个分布式的异步共识系统中，每一个领导者都会从提议者处收集提案，当收集到全部提议者发出的提案后就可以达成一致。显然，当没有故障节点出现的时候，这种共识协议是可行的，只是达成共识的速度会受到最慢节点网络连接的影响。但是当这些提案者中发生了崩溃或其他故障，领导者也不会知道，更不会知道需要等待多长时间才能收集到全部的提案，即使领导者重试这个过程依然无法知道故障节点是否可以恢复，因此除了等待别无他法，最终导致整个系统无法达成共识。

7.2.2 CAP 定理

CAP 定理起源于加州大学柏克莱分校的计算机科学家埃里克·布鲁尔在 2000 年的分布式计算原理研讨会（PODC）上提出的一个猜想。在 2002 年，麻省理工学院的赛斯·吉尔伯特和南希·林奇发表了布鲁尔猜想的证明，使之成为 CAP 定理。CAP 定理指出对于一个分布式系统来说，不可能同时满足如下三个特点，即一致性（Consistency）、可用性

（Availability）和分区容错性（Partition tolerance）。

- 一致性是指强一致性，也称原子一致性，即分布式系统中的状态在某一时刻必须保持一致。如果一个写操作执行成功，那么之后的所有读操作都必须读到这个新的数据，如果写操作执行失败，那么所有的读操作都不能读到这个数据，不能存在中间状态。
- 可用性是指当集群中部分节点出现故障的时候，集群整体仍然可以处理客户端的请求，所有的读写请求都会在一个有限的时间内得到响应。
- 分区容错性是指当网络出现分区，不同分区的集群节点之间无法相互通信的时候，被分隔的节点仍能对外提供服务。

CAP 定理表明，在上述三个特点中，理论上最多只能同时满足其中两个。如果同时满足一致性和可用性，则要求网络不能出现分区。如果同时满足可用性和分区容错性，那么不同分区的网络同时对外提供服务就可能导致状态不一致。如果同时满足一致性和分区容错性，那么不同分区的网络为了实现状态的一致就必须等待从而导致不能满足可用性。

理论虽然如此，但是在工程实践中这三点并不是非此即彼的关系，往往会放宽一定的限制来满足实际需要。CAP 定理给出的一致性要求是强一致性，意味着无论更新操作在哪一个副本执行之后，之后所有的副本的读操作都要能立刻获得最新的数据。但是这种强一致性在工程中几乎是不可能实现的，不论是因为网络传输中的延迟还是因为系统本身的延迟。这就导致在实践中分布式系统会将这条限制放宽为弱一致性，即当用户读到某一操作时，系统特定数据的更新需要一段时间。

对于区块链系统来说，它的最终一致性是弱一致性的表现。以比特币系统和以太坊为代表的绝大多数公有链通常牺牲强一致性来同时满足最终一致性、可用性和分区容错性。在某一时间节点，区块链可能出现分叉，每一个分叉各自独立地维护一个交易集合，但是随着时间的推移，总会有一个分叉获得越来越多的认可，最后会达到最终一致性。同时一些联盟链（如超级账本）会牺牲可用性来满足强一致性和分区容错性。

比特币系统采用的共识算法称为工作量证明（Proof Of Work，PoW）算法，PoW 简单理解就是一份用来确认系统做过一定量的工作的证明。监测工作的整个过程通常是极为低效的，而通过对工作的结果进行认证来证明完成了相应的工作量是一种非常高效的方式。例如，现实生活中的毕业证或驾驶证等，是通过检验结果的方式（通过相关的考试）所取得的证明。在 PoW 算法的工作方式中，区块链参与者（矿工）要在区块链中添加一笔交易，必须解决某种复杂但是无用的计算问题。本质上，这种做法可确保矿工花费了一些金钱或资源（矿机）完成工作，这表示矿工将不会损害区块链系统，因为矿工对系统的损害将会导致他们对系统投入资源的损失，进而损害他们自身。这种共识算法的问题显而易见，解决复杂而无用问题的意义仅在于完成证明。

在联盟链或私有链的场景下，为了达成共识可以采取一种更为高效的方法，即超级账本采用过的实用拜占庭容错（Practical Byzantine Fault Tolerance，PBFT）算法。PBFT 算法来自分布式计算中的经典问题，即拜占庭将军问题。

拜占庭将军问题是 Leslie Lamport 在 10 世纪 80 年代提出的一个假想问题。拜占庭是东罗马帝国的首都，由于当时东罗马帝国国土辽阔，每支军队的驻地分隔很远，将军们只能靠信使传递消息，因此发生战争时将军们必须制定统一的行动计划。

然而，这些将军中有叛徒，叛徒希望通过影响统一行动计划的制定与传播，破坏忠诚的将军们一致的行动计划。因此，将军们必须有一个预定的方法协议，使所有忠诚的将军们达成一致，而且少数几个叛徒不能使忠诚的将军们做出错误的计划。也就是说，拜占庭将军问题的实质就是要寻找一个方法，使得将军们在一个有叛徒的非信任环境中建立对战斗计划的共识。

在分布式系统中，特别是在区块链网络环境中，运行环境和拜占庭将军的环境类似，有运行正常的服务器（类似忠诚的拜占庭将军），有出现故障的服务器，还有破坏者的服务器（类似叛变的拜占庭将军）。共识算法的核心是在正常的节点间形成对网络状态的共识。

PBFT 算法使用了较少的预选定将军数，因此运行非常高效。PBFT 算法的优点是高交易量和吞吐量，不足之处是对于完全的中心化进行了一定的取舍。当有太多的将军，如超过 100 位的将军参与其中时，会导致在彼此交流信息的时候产生大量的消耗，算法的性能会大幅下降。

在 PBFT 算法中，混入了一些心存鬼胎的将军，因此忠诚的将军为了一致的行动计划付出了很多的代价。如果有一种神奇的水晶球可以窥探人心，只有忠诚可靠的将军才能参与行动计划，那么将军间的协作一定是非常高效的。

Raft 算法就是这样的一种算法，对于参与者的数量十分宽容，但是无法容忍心怀鬼胎的将军。为了保证 Raft 算法能够正常运行，一般需要一种带许可证的网络，对每一个参与其中的将军发放一份证书，忠诚的将军才能获得证书并且参与其中。

不同的算法保证了在不同场景下区块链节点可以达成一致，共识只是一种手段，最终的目的还是要让分布在不同地理位置的节点，按相同的顺序执行相同的交易，得到相同的结果和一致的状态，这就好比一个银行账户在相同银行的不同网点所看到的余额都是一致的。

7.3 比特币共识

比特币网络源源不断地接收到来自不同用户的交易，矿工为了获得收益，需要将这些交易打包成区块后添加到区块链网络中最长的链上，然而网络中的所有全节点都是对等平权的，那要如何判断谁可以打包这些交易获得收益呢？

这个时候就需要用到 Pow 算法决定记账权。Pow 算法由来已久，最早是针对资源和服务的滥用，或者拒绝服务攻击等场景提出的一种经济对策。Pow 算法一般要求使用者在使用服务或资源之前完成一些具有一定难度或适当工作量的复杂运算，并且这种运算很容易被证明。

当矿工想要打包这些交易获得稀缺记账权的时候必须消耗一定的资源，以此来提高门槛确保记账权确实被想要打包区块的矿工获得。获得记账权需要消耗大量的资源，而其他节点验证这个过程很容易，这主要利用了 PoW 算法中资源消耗的不对称性。

网络中的任何全节点，都可以试图创建区块，但只有在满足下列条件时创建的区块才会被其他节点认可和接受。

- 区块中包含的交易都是合法的。
- 区块哈希值要小于或等于一个目标值（争夺记账权）。

要满足第一个条件很简单，节点只需要将每笔交易都验证一遍，丢弃掉不合法的交易即可，但要满足第二个条件就需要"挖矿"。

7.3.1 比特币清算

需要特别注意的是,"挖矿"虽然在客观上会创造新的比特币,但是"挖矿"的最终目的并不是创造比特币,它只是作为一种激励手段来支撑去中心化的清算机制。通过"挖矿"这样一个方式将去中心化的安全机制与参与者的利益相统一,也就是后文会提到的激励相容。

挖矿简单来说就是找到一个随机数(Nonce)参与哈希运算,使得最后得到的区块哈希值符合难度要求,用公式表示为

```
Hash(Block Header) <= target
```

> 比特币系统采用的哈希算法是 SHA256 算法,也就是说最后会产生 256bit 的输出,一共有 2^{256} 种可能的取值,如果要找到符合难度要求的哈希值无异于用计算机进行一次又一次大海捞针式地搜索,同时区块头(Block Header)不是单一的字段,而是多个字段拼接而来的。

上述公式中最后得到的哈希值小于或等于 target 的意思是,把进行哈希运算后得到的 bytes 转换成数字后小于或等于 target 转换成的数字。举个例子,直观地感受一下挖矿的难度。

采用 SHA256 算法计算 123 的哈希值,得到如下哈希值。

a665a45920422f9d417e4867efdc4fb8a04a1f3fff1fa07e998e86f7f7a27ae3

下面的哈希值是比特币系统第 1000 个区块的哈希值(2009 年 1 月产生)。

00000000c937983704a73af28acdec37b049d214adbda81d7e2a3dd146f6ed09

可以看到这个哈希值前面有 8 个 0,虽然哈希值的生成是随机的,但是生成前面有 8 个 0 的哈希值对计算机穷举来说并不算太难。

再看一下这个哈希值,是比特币系统第 560 000 个区块的哈希值(2019 年 1 月产生)。

0000000000000000002c7b276daf6efb2b6aa68e2ce3be67ef925b3264ae7122

可以看到这个哈希值前面有 18 个 0,要生成满足这个条件的哈希值对于普通计算机来说几乎是不可能完成的任务了。简单来说挖矿难度的高低取决于生成区块头的哈希值中有多少个 0。

比特币的供应是通过"挖矿"创造的，类似于黄金开采过程，为了模拟这个过程将"挖矿"产生的比特币数量设计为逐步递减的。大约每四年（每 210 000 块）产生一个新区块获得的比特币数量将减少一半。2009 年 1 月开始每产生一个新区块奖励 50 个比特币，2012 年 11 月开始每产生一个新区块奖励 25 个比特币，2016 年 7 月奖励减少为 12.5 个比特币。基于这个公式，比特币挖矿奖励指数级下降，到 2140 年左右，所有的比特币（2100 万）将发行完毕。2140 年以后将不会再产生新的比特币。

7.3.2 难度调整

在比特币系统中出块时间被设置为一个 10min 的常数，但是在实际运行过程中，矿工挖出新区块的时间并不每次都是 10min 这么精确，矿工挖出区块的时间会随着挖矿难度的变化在 10min 上下浮动，挖矿难度越大，出块时间越长，为了得到相对平均的出块时间，比特币系统设计了一种动态调节挖矿难度的算法。

对于比特币系统来说，每产生 2016 个区块调整一次挖矿难度，一个区块需要 10min，2016 个区块大概需要两周，调整挖矿难度的逻辑已经包含在比特币系统代码中了，当大多数忠诚节点采用这个策略的时候整个网络就会自动遵循这个策略。挖矿难度的计算公式如下。

$$\text{difficulty} = \frac{\text{difficulty\_1\_target}}{\text{target}}$$

此处的 difficulty_1_target 为一个常数，这是非常大的一个数字（$2^{256-32}-1$），表示挖矿的初始难度，目标值越小，区块生成难度越大。

($2^{256-32}-1$) 是挖矿的初始难度，是挖出比特币系统最开始 2016 个区块的难度。

挖矿难度被存储在比特币系统的区块头 nBits 字段中，当有恶意节点为了更快地挖出区块获得收益而篡改这个值时，恶意节点挖矿产生的区块是无法通过忠诚节点校验的，忠诚节点不会接收这个由恶意节点挖出的区块，这样恶意节点白白浪费了算力做了无用功。

7.3.3 出块时间调整

比特币系统中区块的产生速度是根据之前的区块产生速度调整的，出块时间大于 10min，比特币系统会认为需要降低难度，于是增大挖矿难度计算公式中 target 的值，target 通过如下公式计算。

$$target = current\_target * (\frac{actual\_time}{excepted\_time})$$

target 是经过公式调整后的难度值，current_target 是系统当前难度值，actual_time 是实际出块时间，excepted_time 是期望出块时间（2016 块×10min），actual_time 有上下限，actual_time 最多为 8 周，最少为 0.5 周。

7.3.4 算法原理

比特币系统区块头中的 nBits 字段标识了挖矿的难度，也就是说这个区块头进行 SHA256 计算后得到的 bytes 转换成数字后要小于这个难度，用 SHA256 算法计算后的结果有 256 位，如果直接存储需要 32 个字节，比较占用空间，所以比特币系统采用了一种压缩算法。

7.3.5 压缩算法

在比特币系统中 nBits 字段占用 4 个字节 32 位，将用 SHA256 算法计算得到的值经过如下计算可以压缩到 32 位，然后交由 nBits 字段存储。

1. 将十进制数转换为 256 进制数。
2. 如果第一位数字大于 127（0x7f），则前面添加 0。
3. 压缩结果中的第一位，存放该 256 进制数的位数。
4. 后面三个数存放该 256 进制数的前三位，如果不足三位，从后面补零。

举个例子，将十进制 1000 压缩的过程如下。

1. 1000 转换为 256 进制数，1000 = 3 * 256 + 232 = 3*256^(2-1) + 232*256^(1-1)。

2. 3 小于 127，不需要补 0，跳过。

3. 1000 转换成 256 进制数有两位，压缩结果第一位应该存放 2。

4. 因为只有两位，所以最后一位补 0，得到存放的值为 [2, 3, 232, 0]，这是十进制数，转换成十六进制数为 [0x02, 0x03, 0xe8, 0x00]，合并存储到 nBits 中为 0x0203e800。

7.3.6 难度计算

在计算比特币系统挖矿难度的公式中 difficulty_1_target 的值为 $2^{256-32}-1$，转换成 256 进制数如下。

```
FF FF FF FF FF FF FF FF FF FF FF FF FF FF FF FF FF FF FF FF FF FF FF FF FF FF FF FF
```

第一位大于 0x7f，前面补 0，变为如下二进制数。

```
00 FF FF FF FF FF FF FF FF FF FF FF FF FF FF FF FF FF FF FF FF FF FF FF FF FF FF FF FF
```

其长度等于 28+1=29（0x1d），且长度超过三位，无须补零，则压缩结果为 0x1d00FFFF，因为压缩存储容量只有 4 个字节，前 2 个字节已经被长度和添加的 00 占用，只剩下 2 个字节来存储数字，这样后面的 26 个 FF 值被丢弃。

```
T = 0x00FFFF * 256^{0x1d-3} = 0x00000000FFFF0000000000000000000000000000000000000000000000000000
```

比特币中的 difficulty 就是 0x1d00FFFF，如果区块中的 nBits 为 0x1d00FFFF 则说明这个区块挖矿难度为最小挖矿难度 1。实际上专业的矿池程序会保留被截断的 FF 值：

```
00 FF FF FF FF FF FF FF FF FF FF FF FF FF FF FF FF FF FF FF FF FF FF FF FF FF FF FF FF
```

通过同样的计算方式，可以计算一下比特币系统第 101 799 个区块的挖矿难度，通过区块链浏览器可以看到第 101 799 个区块的 nBits 字段值为 0x1b0404cb。

```
D = 0x00000000FFFFFFFFFFFFFFFFFFFFFFFFFFFFFFFFFFFFFFFFFFFFFFFFFFFFFFFF /
0x00000000000404CB000000000000000000000000000000000000000000000000 =
16 307.669 773 817 162 (pdiFF)
```

- pdiFF 为矿池难度。

7.3.7 算力

算力（也称哈希率）即计算机（CPU）计算哈希函数输出的速度。例如，当网络达到 10Th/s 的哈希率时，意味着每秒可以进行 10 万亿次计算。在比特币系统中，在挖矿的时候为了找到符合条件的哈希值，需要不断地调整区块头中 Nonce 的值作为计算哈希值的参数，但是这会产生一个问题，在比特币中 Nonce 的值是 32 位的，如果挖矿难度太大，就算穷尽 Nonce 的所有可能还是不能计算出符合条件的哈希值。

为了解决这个问题，比特币系统在寻找符合挖矿难度值的时候增加了"铸币交易"这个变量。

7.3.8 铸币交易

在比特币系统中，当一个区块产生的时候，会产生一个铸币交易（Coinbase），也就是矿工为自己铸币，产生新的比特币作为挖矿奖励。

铸币交易没有输入只有输出，输出指向自己控制的 UTXO，当挖矿成功，这个区块被网络接收的时候，新产生的比特币就转移到这个矿工的 UTXO 中。在铸币交易中包含以下字段。

- Transaction hash："交易哈希值"字段 32 个字节全部填充 0（因为没有 UTXO 输入）。
- Ouput index："交易输出索引"字段全部填充 0xFF（十进制数为 255）。
- Coinbase data：Coinbase 数据，长度最小为 2 个字节，最大为 100 个字节。除开始的几个字节外，矿工可以任意使用 Coinbase 的其他部分，随意填充任何数据。以创世区块为例，中本聪在 Coinbase 中填入了这样的数据"The times 03/Jan/ 2009 chancellor on brink of second bailout for banks"。
- Coinbase data size：Coinbase 数据的大小。
- Sequence number：现在未使用，设置为 0xffffffff。

可以看到铸币交易的 Coinbase data 字段是矿工可以控制的，当只变换 Nonce 计算哈希值不能满足挖矿难度要求的时候，矿工可以通过调整 Coinbase data 字段，改变铸币交易的内容，产生不同的哈希值从而影响区块头的默克尔树根的值，以此来提供更多的可能来满足挖矿难度的要求。

7.3.9 算力单位

计算一次可能成功挖矿的哈希运算被称为 H，通常为了评估一台机器计算哈希值的能力，会采用每秒可以计算多少次哈希值的指标。下面列出了一些常用的算力单位及各个算力单位所对应的具体计算哈希值的次数。

1 H/s　＝ 每秒可执行 1 次哈希运算。

1 KH/s ＝ 每秒可执行 1000 哈希运算（一千次）。

1 MH/s ＝ 每秒可执行 1 000 000 次哈希运算（百万次）。

1 GH/s ＝ 每秒可执行 1 000 000 000 次哈希运算（十亿次）。

1 TH/s ＝ 每秒可执行 1 000 000 000 000 次哈希运算（万亿次）。

1 PH/s ＝ 每秒可执行 1 000 000 000 000 000 次哈希运算（千万亿次）。

1 EH/s ＝ 每秒可执行 1 000 000 000 000 000 000 次哈希运算（百兆次）。

7.3.10 矿池收益

单个矿工在挖矿的时候会出现很长时间找不到符合条件的哈希值的情况，如果找不到符合条件的哈希值，就不能打包区块获得收益，一旦挖到区块就像中彩票一样获得非常丰厚的回报，这种情况显然对单个矿工十分不友好。

为了避免单个矿工挖矿收益的不稳定性，出现了矿池。矿池集合了大量的矿工，平均了挖矿的收益，避免了单个矿工挖矿收益的不稳定性。

7.3.11 矿池

当矿池出现以后，需要解决一个问题：单个矿工找到符合条件的哈希值后，私自打包区块独吞收益，不通知矿主，私自将区块在网络中广播怎么办？

为了解决这个问题，先了解一下矿池的种类，目前的矿池分为两种，分别是集中托管式矿池和分布式矿池。

- 集中托管式矿池，矿工可以把矿机托管给矿池，由矿池统一操作和维护，矿工只需要支付一些电费和管理费即可，这种组织形式的矿池可以避免矿工的私自广播。
- 分布式矿池，矿工将矿机自行管理，通过矿池协议从网络连接矿池进行挖矿，这样就会出现私自广播的可能。

回顾一下铸币交易，当区块产生时，奖励矿工的比特币是发放到 Output 字段指向的 UTXO 中的，在比特币 UTXO 模型中任何可以花费的比特币的来源都是上一笔交易的输出，所以可以把铸币交易的 Output 字段设置为矿池的地址，然后随机生成一些 Coinbase data 的填充数据后生成区块头的默克尔树，最后交由矿工去尝试替换 Nonce 计算哈希值来达到目标挖矿难度。

通过这样的方式，即使矿工找到满足条件的哈希值，矿工在铸币交易中获得挖矿奖励的 UTXO 也是矿池控制的 UTXO，矿工私自广播区块没有任何收益。如果矿工调整了铸币交易中的地址，就回到了矿工独立挖矿的场景。

7.3.12　全网算力

比特币系统的全网算力就是所有参与挖矿的比特币矿机算力的总和，可以通过出块时间和挖矿难度大致反推出全网算力。2020 年 9 月，比特币系统的全网算力约为 120EH/s。

> 实时算力统计可以通过网站 Blockchain.info 在线查看。

7.3.13　区块确认

在比特币系统中，当一个区块产生之后，因为可能有分叉产生，所以该区块包含的交易并不会立即被交易的接收方信任。区块链网络上的节点总是相信最长链上的区块，当一条交易记录被打包进一个区块之后，就有了一个确认，而这个区块所在的链后面被再加入一个区块，就是第二个确认……如此下去，当一个区块有了 6 个确认后，就可以认为这个区块中包含的交易已经被确定，只有极低的可能性会被回滚修改。

为什么是 6 个确认呢？因为每多产生一个确认，区块链产生分叉的可能性就降低一点。一般而言当有 6 个确认的时候，区块链仍然分叉的可能性就可以忽略不计，也就说明打包这个交易的区块在最长的链上。或者可以这样理解，每一个确认就是一次挖矿的过程，需要做大量的工作，当恶意节点想篡改这笔交易时，就需要在第 7 个确认产生之前，做完这 6 个确认的工作，还要尽快地广播出去。这几乎是一件不可能的事情，因此比特币系统在等待时间和安全性之间进行了权衡，认为 6 个确认足以满足需要。

由于比特币系统的平均出块时间是 10min，所以一笔交易要 1h 左右才能保证成功（最快）。不过也不是所有的系统都这样认为，有些网站在进行比特币支付时，认为 4 个确认就可以给客户发货了，区块确认越多则越难被逆转。

7.4 以太坊共识

区块链鼻祖比特币系统采用 PoW 算法，到目前为止已经稳定运行了十余年。从 2011 年开始，因为比特币系统挖矿有利可图，在市场的驱动下出现了专用集成电路（ASIC）矿机，专门针对哈希算法、散热和耗能进行优化以此来提高挖矿的投入产出比，这违背了比特币 "One CPU One Vote" 的原则，将造成比特币系统节点中心化并增加面临攻击的风险，因此当以太坊采用 PoW 算法的时候需要针对这些问题改进 PoW 算法。

以太坊早期起草的共识算法是 Dagger-Hashimoto 算法，但 Sergio Lerner 证明 Dagger 算法很容易受到共享内存硬件加速的影响。以太坊社区最后抛弃了 Dagger-Hashimoto 算法，转而在其基础上进行优化改进，最终形成了新的共识算法——Ethash 算法。

7.4.1 Dagger

Dagger 算法由 Vitalik Buterin 发明，旨在通过 DAG（有向无环图）来同时获得内存计算困难（Memory-hard）和内存易于验证（Memory-easy）这两个特性，在 Dagger 算法中，每个 Nonce 的生成需要大量数据的一小部分，而每次为生成 Nonce 重新生成大量数据的代价十分高昂，因此不得不将 Nonce 存储避免重复生成。验证 Nonce 的有效性不用生成大量的数据。但是，Sergio Lerner 证明 Dagger 算法容易受到共享内存硬件加速的影响，因此

Dagger 算法并不是一个可靠的算法。

为了理解共享内存对 Dagger 算法的影响，就需要先看一下 ASIC 矿机是如何被设计的。ASIC 矿机是专门为单一目的而设计的专用硬件，当被设计用来开采比特币后，这个机器只会做一件事情，那就是计算哈希值。为了实现专用化的目标，在 ASIC 矿机中数据的存储和计算是分离的，通过这样的设计可以让多个 CPU 或专用电路并行计算，来达到高效完成哈希计算任务的目的，同时能共享使用同一段内存，因此在这样的架构下 ASIC 矿机无法应对以太坊所要求的占用大量内存的操作。这使得 ASIC 矿机对于以太坊挖矿作用不大。这并不意味着不会有能够生成有效哈希值的 ASIC 矿机，这只是意味着要制造这样的 ASIC 矿机会困难得多（具有大量内存的 ASIC 矿机本质上就是 CPU，如果这样设计又退回到了通用计算 CPU 的设计方案，并不会提供更多的计算优势）。

在 Dagger 算法中，内存中的数据被区块头和 Nonce 生成的伪随机数填充，这些数据是逐轮填充的，每一轮的填充都会依赖前一轮数据的散列，这种方式对于抵抗 ASIC 矿机来说，策略过于简单，ASIC 矿机设计者可以将多个计算单元通过共享总线连接到共享内存，从而达到存储和计算分离来加速计算哈希值的目的。

7.4.2 Hashimoto

Hashimoto 算法由 Thaddeus Dryja 发明，通过增加对内存读取的瓶颈来抵抗 ASIC 矿机。从理论上讲，内存本质上比计算机具有更多的通用性，并且内存生产厂家已经投入了数十亿美元的研究，针对内存的不同用例进行优化，这些用例通常涉及近乎随机的访问模式（称为"随机访问存储器"）。因此，现有内存的读取速度已经接近现有硬件的极限，如果想要通过对内存读取进行专门优化来获得挖矿时更高的性价比是一件极为困难的事。

简单来说，在 Dagger 算法中通过增加内存占用避免了 ASIC 矿机的专用化，但是存在存储和计算可分离的漏洞。在 Hashimoto 算法中，每次计算哈希值都依赖内存中的数据，导致计算单元每次计算哈希值都需要读取内存，而内存读取速度的优化非常困难，从而限制了计算单元计算哈希值的速度。

7.4.3 Dagger-Hashimoto

以太坊早期起草的共识算法是 Dagger-Hashimoto 算法，Dagger-Hashimoto 算法由 Dagger 算法和 Hashimoto 算法融合而成，后来对其进行了大量修改，最后形成了明显不同于 Dagger-Hashimoto 算法的新算法 Ethash 算法。采用 Ethash 算法想要达到如下目标。

- 抵抗 ASIC 矿机，避免算力集中化。
- 支持轻客户端，可以对硬件性能比较差的轻节点进行 SPV 验证。
- 全链都可以存储数据。

7.4.4 Ethash

Ethash 算法的总体思路是这样的，轻节点因为硬件设备限制和节点特性，存在计算能力弱、内存小的缺点。矿工因为挖矿需要计算大量哈希值。专门为了计算哈希值设计的 ASIC 矿机，具有计算能力强、内存大的优点。为了抵抗 ASIC 矿机需要在挖矿时增加内存消耗，而验证时只需要很小的内存，避免了挖矿只需要算力的问题，使挖矿更贴近普通计算机，实践"One CPU One Vote"的原则。

> 这里可能会有疑问，既然是专业设计的矿机，为什么不可以针对 Ethash 算法设计计算能力强且内存大的专业矿机？因为相较于提升计算能力，提升内存容量需要更高的成本和门槛，提升完内存容量之后，内存与 CPU 的带宽又会极大地限制内存的读取速度，而内存带宽又是很难提升的，这些限制导致设计针对 Ethash 算法的矿机困难重重。

Ethash 算法流程

以太坊 Ethash 算法的流程如下所示。

- 根据区块信息生成一个种子（Seed）。
- 根据 Seed 计算出一个 16MB 的伪随机缓存（Cache），由轻客户端存储。
- 根据 Cache 计算出一个 1GB 的数据集（Dataset），其中的每一个数据都是通过 Cache 中的一小部分数据计算出来的，该数据集由全节点存储，大小随时间线性增长。
- 矿工会从 Dataset 中随机取出部分数据计算哈希值（Hash），并且判断哈希值是否满足挖矿难度。
- 轻节点验证者会根据 Cache 重新生成 Dataset 中所需要的那部分数据，因此只需要存储 Cache 即可。

在 Ethash 算法中选择 16MB 的缓存是因为较小的缓存生成数据集过于容易，而较大的缓存会增加轻客户端的存储负担，同时验证算法难度的增加会使得轻客户端无法进行区块校验。

在 Ethash 算法中，数据集的初始大小为 1GB，这是为了让内存大小超过大多数专用 ASIC 矿机内存和缓存的大小，同时让普通计算机满足挖矿的条件。数据集每挖出 3 万个区块会更新一次，因为如果更新时间间隔太长，会导致数据集一旦被创建就不容易被再次更新，只需要读取内存即可；如果更新时间间隔太短，则会增加普通机器挖矿的进入壁垒，因为性能差的机器需要花费大量时间在更新数据集的固定成本上。

数据集大小随时间线性增长，这是为了降低循环行为的偶然规律性风险。数据集大小是一个不超过上限的素数。数据集每年约以 0.73 倍的速度增长，这个增长速度大致符合摩尔定律，但仍有越过摩尔定律的风险，这将导致挖矿需要非常大的内存，使得普通的 CPU 不再适用于挖矿。在这种情况下，可通过使用缓存重新生成所需数据集的特定部分，仅使用少量内存进行 PoW 验证。这样只需要存储缓存，而不需要存储数据集，但是挖矿效率会大幅降低。以太坊 Ethash 算法流程如图 7-2 所示。

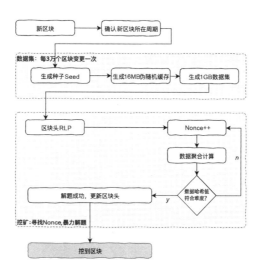

图 7-2　以太坊 Ethash 算法流程

数据集和缓存

在以太坊中,每 3 万个区块被称作一个纪元(Epoch),每产生一个纪元就更新一次数据集和缓存。前 2048 个纪元生成的数据集和缓存是硬编码在以太坊代码中的,如果超过这个数量就需要矿工自己计算。计算方式如下。

1. 数据集的计算方式是,首先生成一个值 $x = 2^{24} + 2^{17} \times \text{Epoch} - 128$,用 x 除以 128 看结果是否是一个质数,如果不是,减去 128 再重新计算,直到结果是质数为止。

2. 缓存的计算方式为 $x = 2^{24} + 2^{17} \times \text{Epoch} - 64$,用 x 除以 64 看结果是否是一个质数,如果不是,减去 64 再重新计算,直到结果是质数为止。

> 数据集从 1GB 开始,以每年约 520MB 的速度增加,缓存从 16MB 开始,以每年约 12MB 的速度增加。

生成种子

以太坊挖矿所需的种子(Seed)实际是一个哈希值,每个纪元更新一次。种子是经过多次叠加 Keccak256 哈希计算得到的。第一个纪元内的种子 s 是一个空的 32B 数组,后续每个纪元中的种子,则是对上一个纪元的种子再次进行 Keccak256 哈希计算得到的,整个种子的生成过程如图 7-3 所示。

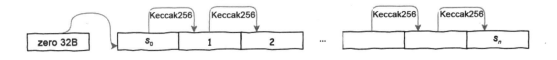

图 7-3 生成种子

生成缓存

根据区块大小,可以计算区块所需要的缓存大小,为了加速缓存计算的过程,以太坊根据增长算法内置了最开始 1024 个纪元的缓存大小,相当于在第 30 720 000 个区块前是可以直接使用缓存的。当区块大小超过内置纪元的缓存大小以后,就需要矿工进行缓存大小的计算。

在生成缓存时,会将缓存切割成 64B 的若干行数组,整个过程如图 7-4 所示。

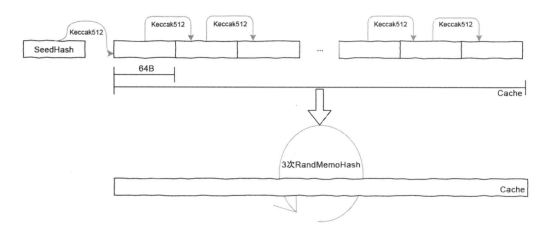

图 7-4　生成缓存

在缓存时，首先，将种子的 Keccak512 哈希计算结果作为初始值写入第一个数组中。其次，每个数组中的数据用上个数组中数据的 Keccak512 哈希计算结果填充，直至生成指定大小的缓存。最后，执行 3 次 RandMemoHash 算法（在严格内存硬哈希函数 Strict Memory Hard Hashing Functions 2014 中定义的内存难题算法）。该算法的目的是证明这一刻确实使用了指定量的内存进行计算，避免了计算缓存时，通过一些手段减少计算量来获得挖矿时的优势。

RandMemoHash 算法可以理解为将若干行数组进行首尾连接，形成环形链表，每个节点的数据是组成缓存的单个数组，其中 n 为数组个数，整个结构如图 7-5 所示。

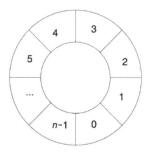

图 7-5　环形链表

RandMemoHash 算法的计算过程是依次对每个节点 i 进行重新填充。在填充前先求第 i 个数组前后两个数组的值或运算结果，再将结果进行 Keccak512 哈希计算后填充到第 i 行中。

最后，如果操作系统是大端（Big-Endian）字节序的，那么意味着低位字节排放在内存的高端，高位字节排放在内存的低端。此时，将缓存内容进行倒排，以便调整内存存放顺序。最终使得缓存数据在内存中的排序顺序和机器字节顺序一致。

生成数据集

在以太坊中，利用缓存来生成数据集时，首先将缓存切割成 n 个 16B 的单元，然后将单元切割为若干个 64B 的数据项，接着对每个数据项采用一系列算法并发生成，最终将所有数据项拼接组成数据集。数据集生成过程如图 7-6 所示。

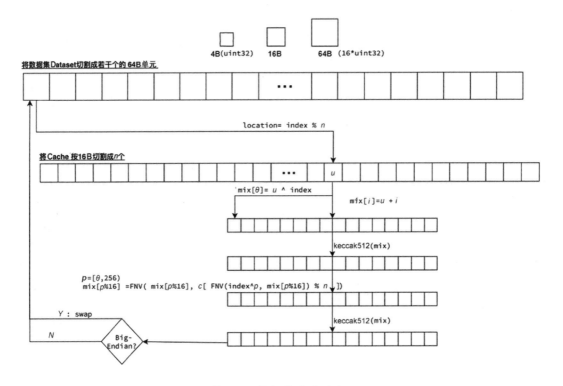

图 7-6 数据集生成过程

- 在生成数据集第 index 个数据项时,先从缓存中获取第 index%n 个单元的值 u。
- 数据项(mix)是 64B 的,在生成 mix 时,首先将 mix 分割为 4B 的 16 个存储 uint32 类型的数组。第一个 uint32 数组的值为 u^{index},index 是数组的索引值,其他 i 个 uint32 数组的值等于 $u+i$。
- 用 mix 的 Keccak512 哈希值覆盖原始 mix。
- 对 mix 元素逐个进行 FNV 哈希。在 FNV 哈希时,要从缓存中获取 256 个父项 p 进行运算,p 的取值为[0,256]。

a)确定第 p 个父项位置:$\text{FNV}(\text{index}^p, \text{mix}[p\%16])\%n$。

b)将 $\text{FNV}(\text{mix}[p\%16], \text{FNV}(\text{index}^p, \text{mix}[p\%16])\%n)$ 的值填充到 mix[p%16]中,其中,$\text{FNV}(x,y) = x \times 0x01000193^y$。mix 中的每个元素以此计算,总共需要进行 256 次 FNV 哈希计算,相当于 mix 的 16 个 uint32 数组的值循环执行了 16 次。

- 再一次用 mix 的 Keccak512 哈希值覆盖原始 mix。
- 如果机器字节序是大端序,则需要交换高低位。
- 最后将数据项 mix 填充到数据集中,即 dataset[index]=mix。

生成 1GB 的数据集,则需要填充 16 777 216 次,每次都根据 index 从缓存中获取 64B 数据作为初始值,并且依次进行哈希计算。哈希后的 64B 数据需要执行 256 次 FNV 哈希计算。最后对计算结果进行哈希,得到最终需要的 64B 数据,填充到数据集中。

这样 1GB 数据需要进行 16 777 216×256 次计算。整个过程非常耗时,因此在 Geth 中会利用多核进行并行计算。即使如此,1GB 数据集的生成也是缓慢的。

这就是为什么在搭建以太坊私有链时,刚启动时会看到一段 "Generating DAG in progress" 的日志,生成数据集完成后,才可以开始挖矿,整个过程如图 7-7 所示。此外,可以执行 Geth 的子命令 "Geth makedag 10000 /tmp/ethdag" 来直接生成数据集。

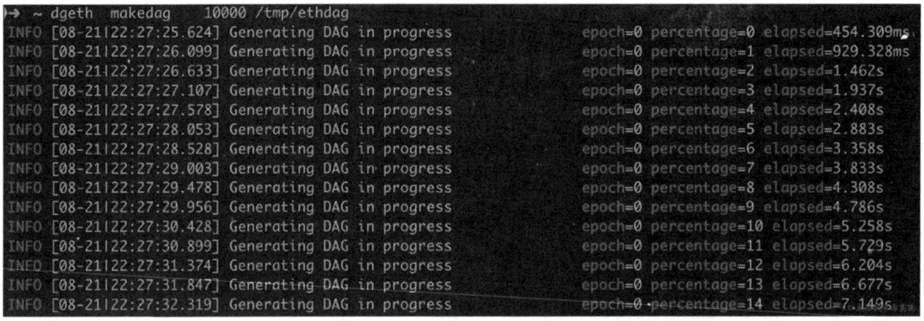

图 7-7　以太坊初始化数据集

FNV 算法

FNV 算法全名为 Fowler-Noll-Vo，是以三位发明人 Glenn Fowler、Landon Curt Noll 和 Phong Vo 的名字来命名的，FNV 算法最早在 1991 年提出。该算法能快速哈希大量数据并保持较小的冲突率，它的高度分散使它适用于哈希一些非常相近的字符串，如 URL、Hostname、文件名和 IP 地址等。

FNV 算法有三个版本：FNV-0（已废弃）、FNV-1 和 FNV-1a。在 FNV-1 和 FNV-1a 算法中需要用到的变量如下所示。

```
hash: 一个 n 位的 unsigned int 型哈希值
offset_basis: 初始的哈希值
FNV_prime: FNV 算法用于散列的质数
octet_of_data: 8 位数据（1 个字节）
```

FNV-1 和 FNV-1a 的算法都很简单，FNV-1 算法的流程可用下面的伪代码表示。

```
hash = offset_basis
for each octet_of_data to be hashed
    hash = hash * FNV_prime
    hash = hash xor octet_of_data
return hash
```

FNV-1a 算法的流程可用下面的伪代码表示。

```
hash = offset_basis
for each octet_of_data to be hashed
    hash = hash xor octet_of_data
    hash = hash * FNV_prime
```

```
return hash
```

FNV_prime 有两种取值方法，分别是 32bit 和 64bit，二者的取值如下所示。

32 bit $\text{FNV\_prime} = 2^{24} + 2^8 + 0x93 = 16777619$

64 bit $\text{FNV\_prime} = 2^{40} + 2^8 + 0xb3 = 1099511628211$

以太坊采用的是 FNV-1 算法。

算法原理

以太坊挖矿所需的数据集准备好后就可以挖矿寻找符合难度要求的新区块了。在每次尝试寻找新区块时，需要结合新区块的信息、数据集和随机数来进行数据聚合计算，如果此算法的输出结果（Result）低于目标值（Target），则生成的随机数（Nonce）有效。以太坊 Ethash 算法原理如图 7-8 所示。

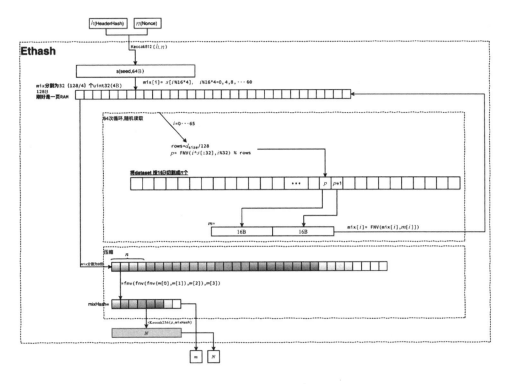

图 7-8　以太坊 Ethash 算法原理

具体说明如下。

- 首先将传入的新区块头哈希值和随机数 Nonce 拼接后进行 Keccak512 哈希计算，计算完成后得到 64B 的种子 seed。
- 然后初始化一个 128B 的 mix，初始化时将 mix 分割成 32 个 4B 的单元。使用 128B 的顺序访问，以便每次 Ethash 计算都始终从 RAM 提取整页，从而最小化页表缓存未命中情况。理论上，ASIC 矿机是可以避免这种情况的。
- mix 中的每个元素都来自 seed。具体的计算方法是 mix[i]= s[i%16*4]，分别是 seed 的第 0、4、8…60 位的值。
- 接着完成 64 次循环内存随机读写。每次循环需要从数据集中取指定位置 $p(\text{FNV}(i^{s[32]}, i\%32)\%\text{rows})$ 和 $p+1$ 上的两个由 16 个字节拼接成的 32 个字节的 m。

  然后，使用 FNV(mix[i],m[i])覆盖 mix[i]，其中，i 是循环索引值，s[:32]是种子 seed 的前 32 个字节，rows 表示数据集 dataset 可分成 128 个字节。
- 然后压缩 mix。压缩是将 mix 按每 16 个字节分别压缩得到 8 个压缩项。每 16 个字节又是 4 小份的 FNV 叠加哈希值 fnv(fnv(fnv(m[0],m[1]),m[2]),m[3])。
- 拼接这 8 个压缩项得到 mix 的哈希值 mixHash。
- 最后将 seed 和 mixHash 进行 Keccak256 哈希得到伪随机数 N。
- 最终，返回这两个参数：mixHash 和 N。

以太坊挖矿数据流如图 7-9 所示。

难度炸弹

尽管以太坊对比特币系统的 PoW 算法进行了大量的改进，但是有一些算法根本性的缺点还是无法克服，如挖矿时会浪费大量的资源及整个网络处理交易效率较低等。为了解决这些问题，在以太坊社区中，有人在 2011 年提出："可不可以在 PoW 算法的基础上，重新设计一个机制？既能保留 PoW 算法的优势，又能解决它的问题"。于是权益证明（Proof of Stake，PoS）机制应运而生。

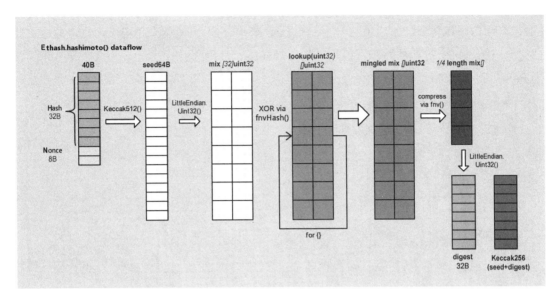

图 7-9 以太坊挖矿数据流

PoS 机制主要通过权益记账的方式,来解决区块链网络的效率低下、资源浪费和各节点的一致性的问题。简单来说,就是谁拥有的权益多谁说了算。以太坊从 2013 年底诞生至今有近十年的发展时间,其中掺杂了太多的利益方,从 PoW 算法到 PoS 机制的转换不仅是一个技术上的问题,还涉及附着在以太坊之上的利益团体能否达成一致来支持共识算法的变更,矿工的利益就是其中很重要的一部分,取得矿工们的支持无疑对以太坊共识算法的变更有着极为重要的作用。

以太坊"难度炸弹"是以太坊在 2015 年加入的一段代码,通过逐步增加挖矿难度,从而人为减慢以太坊挖矿速度。难度炸弹是为了使以太坊的共识算法从 PoW 算法向 PoS 机制转变而设计的。

难度炸弹机制指的是计算难度时除根据出块时间和上一个区块难度进行调整外,还加上了一个每十万个区块呈指数型增长的难度因子。

这有点像温水煮青蛙的过程,一开始附加的难度并不引人注意,但是随着区块高度的增加,呈指数型增长的难度因子比重将会显著提高,使得出块难度大大增加,矿工将难以挖出新的区块。在 2017 年 9 月的时候,以太坊的区块高度超过 420 万,难度炸弹已经开始发挥威力,出块时间从之前很长一段时间维持的平均 15s 渐渐增加到了 25s,每天新产生的

ETH 降到了 19 000 个以下（2017 年 9 月 2 日数据）。由于出块越来越艰难，到最后区块将被完全冻结，这个时期被称作"冰川时代"（Ice Age）。有了这个预期，那么转变共识算法到 PoS 机制引起的硬分叉就不会是一个困难的选择，毕竟没有人会继续待在那条将要走向凛冬的区块链。

通过图 7-10 看到以太坊难度炸弹的威力。

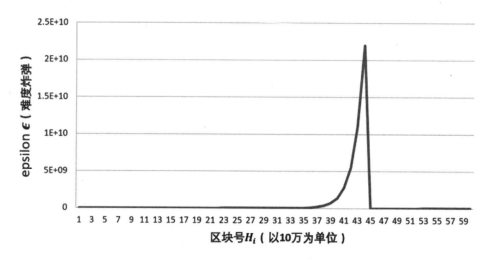

图 7-10　以太坊难度炸弹的威力

然而 PoS 机制设计中有很多问题需要解决，开发时间比原本计划的时间要长。根据最近的以太坊改进建议 EIP-649（2017 年 8 月 26 日被接受），转换到 PoS 机制的时间节点将被延迟约一年半，PoW 算法将会继续担当大任。为了不堵塞交易，维持系统稳定运行，难度炸弹需要被相应地延迟，实现方式是将挖矿难度按照回退 300 万个区块的高度去计算，因此出块时间又将回到 15s 左右。如果不采取任何行动，ETH 的供应量会明显超出按原本难度炸弹时间表规划的供应量，这会导致通货膨胀，降低 ETH 的价值。为了使 ETH 的供应量与原本计划的数量相当，以太坊在降低挖矿难度的同时减少了每产生一个区块所给予矿工的奖励，奖励从原本每产生一个新区块矿工可以获得 5 个 ETH 减少为 3 个 ETH，叔块的奖励也相应减少。

在目前的 PoW 算法的条件下，矿工每次创建新区块并将其添加到区块链中都会获得奖励。但当以太坊难度炸弹设置为"引爆"时，矿工通过挖矿获得奖励的难度将成倍增加。

挖矿难度调整

在比特币系统中，每隔 2016 个区块就会调整挖矿难度，这与以太坊中挖矿难度的机制不同，在以太坊中每个区块都有可能调整挖矿难度，具体调整的公式如下。

本区块难度 = 父区块难度 + 难度调整 + 难度炸弹

其中难度调整的具体计算公式如下所示。

$$\frac{parent\_diff}{2048} \times Max(y - \frac{block\_timestamp - parent\_timestamp}{10}, -99)$$

y 和父区块的叔块数有关，如果父区块包含了叔块，那么 $y=2$，否则 $y=1$，这样调整主要是因为当父区块包含叔块时，ETH 的发行量就会变大一点。为了保证 ETH 发行量的稳定，就需要在父区块包含叔块时适当增加下一个区块产生的难度，并且当前区块的时间戳 block_timestamp 必须大于父区块的时间戳 parent_timestamp。在最后调节的 Max 函数中，还有一个常量-99，这主要是为了避免一些意外情况的出现，即使出现一些开发者意想不到的情况，也可保证挖矿难度的降幅在一个可以接受的范围之内。

最后，难度炸弹的计算公式为 $Int(2^{\frac{block\_number}{10000}-2})$

7.5 以太坊 Ghost 协议

在比特币系统中，每个区块的出块时间被设置为 10min，一般来说在不改变区块容量的前提下出块时间间隔越短，可以打包的交易越多，整个区块系统的吞吐量越高。想要提高出块速度就需要降低挖矿难度，而降低挖矿难度会导致满足打包区块条件的区块更有可能被网络中不同的矿工同时挖出，当降低挖矿难度后可能会出现如图 7-11 所示的场景。

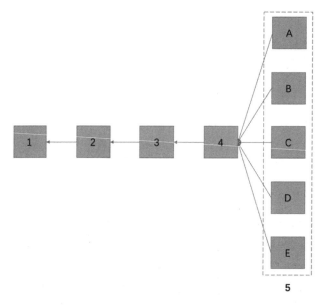

图 7-11　不同矿工同时挖出区块

在区块链系统中，当挖矿难度降低后，最新区块有可能被网络中的多个矿工同时挖出，如在图 7-11 中，区块 A、B、C、D、E 可能被区块链网络中的不同矿工同时挖出，当区块 A 被挖出的时候，消息还没广播到其余矿工，其余矿工还在基于区块 4 继续挖矿，这样就会同时产生区块 B、C、D、E。

由于其余矿工接收到最高区块后，就不会再接收同一高度的区块，与此同时产生的多个最新区块相当于将区块链网络进行了分区，分为了 5 个区域 A、B、C、D、E。每个分区中的矿工都会按照自己接收到的最长链进行挖矿，这样原本集中于最长链的算力就被分成了五份，如图 7-12 所示。

这个时候矿工不需要全网 51% 的算力，只需要全网 21% 的算力就可以快速挖出最长链，严重地威胁了整个区块链网络的安全。可见降低挖矿难度，提高出块速度后链更容易产生分叉，一定程度上浪费了算力，也降低了链的安全性。在更坏的情况下，会出现链频繁分叉的情况，在分叉的基础上继续产生区块又有可能出现分叉，最终将导致整个链不可用。

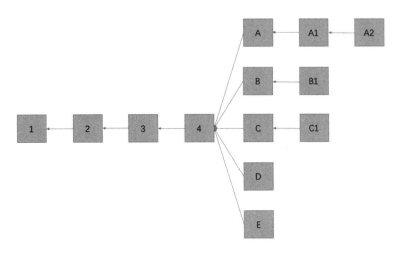

图 7-12 区块链分叉导致算力被分散

以太坊中的出块间隔时间被缩短为 15s，意味着比特币系统中延长出块时间 10min 所解决的问题都将会在以太坊中暴露出来。在图 7-12 中，假如区块 A 由矿池挖出，后续矿池的挖矿算力都会基于区块 A 继续挖掘，而其他节点可能基于区块 B 或 C 挖掘，但是由于矿池网络更好，连接了更多的节点，新区块可以通过广播更快地传播到网络中其他节点。因为这些优势，矿池产生的新区块更可能成为最长链，而其余的分叉区块将得不到挖矿奖励，显然这样的情况不利于个人矿工或小矿池。

假设一个大型矿池打包了区块 A，继续在区块 A 的基础上挖区块 A1。挖出区块 B 的矿工为了自己挖出的区块不被丢弃，保护自己的利益，就需要继续在区块 B 的基础上挖区块 B1，希望成为最长链，这显然不是以太坊设计者希望看到的。缩短出块时间后区块链系统面临的问题如下。

- 出块速度快导致链频繁分叉，难以确定最长链。
- 矿池因为网络、算力优势具备了不对称的优势。

为了解决这两个问题，在以太坊中引入了 Ghost 协议。以太坊中出现了频繁的分叉，为了尽快确定最长链就需要尽早地合并这些分叉，为此以太坊创造了一个新的名词——叔块（Uncle block）。叔块与其他区块的关系如图 7-13 所示。

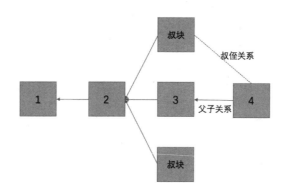

图 7-13 叔块与其他区块的关系

对区块 4 来说，区块 3 是它的父区块，两个叔块是区块 3 的兄弟区块，是区块 4 的叔叔，于是，叔块就这么得名。

> 虚线部分仅仅用来陈述关系，不表示有实际的连接。

以图 7-13 为例，在 Ghost 协议中，当区块 4 被挖出后，可以包含一个叔块。当叔块被包含后，产生叔块的矿工将获得 7/8 的出块奖励，而挖出区块 4 的矿工可以得到 1/32 的额外奖励。在这样的设计下，每一个产生新区块的矿工都更有动力去包含叔块，在整合以太坊区块链分叉的同时获得了更多的奖励。对于叔块来说，相较于被主链抛弃，被包含可以获得不菲的奖励，叔块也乐于被其他区块包含。

> 需要注意的是，一个区块最多可以包含两个叔块。

但是 Ghost 协议有以下三个问题。

- 叔块可能不只有两个，这样就会导致一个新区块产生后可能不会包含全部叔块。
- 如图 7-14 所示，可能区块 4 被挖出的时候，还没有感知到叔块，这样只能等矿工挖出区块 5 时才能包含区块 4 的叔块。
- 如图 7-14 所示，可能区块 4 由于某些原因就是不包含叔块，如和挖出叔块的节点有竞争关系。

如果一个区块允许包含过多的叔块，就会导致 ETH 的产出过多，进而引起 ETH 贬值。为了保护矿工利益和尽快合并临时分叉，Ghost 协议放宽了对叔块的限制，如在图 7-14 中，区块 5 可以包含区块 4 的叔块。

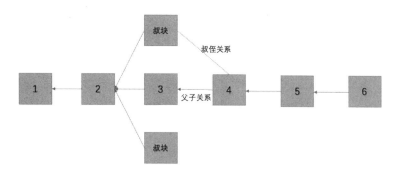

图 7-14 叔块竞争

为了避免无限制地包含叔块，Ghost 协议加了这样一条限制：每一个区块只能包含自己前 7 个区块的叔块，而且每离自己远一个区块，产生那个叔块的矿工所获得的奖励就减少 1/8。包含叔块奖励如图 7-15 所示。

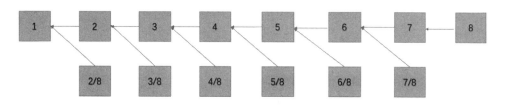

图 7-15 包含叔块奖励

包含叔块矿工获得的最少区块奖励是 2/8。

通过这样的方式就解决了上面提出的前两个问题，第三个问题也很好解决，因为一个矿工很难连续挖出区块，所以可以解决。

往前推 7 个区块是为了避免以太坊代码实现的复杂性，因为既要保存区块，又要记录同一高度区块的大量区块会导致状态非常复杂。

需要注意的一点是，包含在叔块中的交易并不会执行，叔块中的交易不一定是非法的，但是如果执行则可能造成主链上的交易变成非法交易，所以并不会执行。

包含的叔块只能是单个区块，如果在叔块后还有区块则不包含。这个也很好理解，如果分叉的是第一个区块可以理解为巧合或网络传播速度太慢，但是当感知到这个区块不是最长链上的区块时，还基于分叉挖矿则可以认为是恶意节点。

7.6 公有链激励

对于公有链来说，区块链系统是一个典型的经济系统，参与区块链网络的节点通过贡献算力来获得奖励，节点在贡献算力的同时增强了整个区块链系统的安全性和稳定性。可以把每一个节点都当作理性经济人来看待，节点有自利的一面，其个人行为会按自利的规则行动。如果有一种机制，使行为人追求个人利益的行为，正好与区块链要实现集体价值最大化的目标吻合，这种机制就是"激励相容"的。

对于联盟链或私有链来说，由于共识机制和服务范围的不同，所以区块链系统并不需要激励相容机制，其作为企业信息系统的组成部分，需要企业投入人力和物力维持系统运转，通过运行在链上的具体业务来创造价值。

7.6.1 公有链共识与激励相容

通过对比特币系统和以太坊挖矿过程的介绍，可以看到算力的提高对于区块链系统的安全性和稳定性是很有益处的，但是每个节点作为一个理性经济人都有其自利的一面。作为参与区块链系统的一个节点或矿工，他们更倾向于利用一些有利于自己的规则来提高自身在区块链系统中所获得的收益。

如果区块链系统的设计者缺乏有效的手段，节点在挖矿的过程中就会采取一系列的策略来提高自己的收益，在提高收益的同时可能会破坏其他节点的利益及整个区块链系统的安全性和稳定性。这些破坏区块链系统安全性和稳定性的策略并非节点恶意所为，而是节点在发现"激励相容"机制不合理之后的理性反应，所以在设计激励相容机制时要慎之又慎。

7.6.2 矿池利益分配

在公有链中，当全网算力提升到了一定程度后，单台机器挖到新区块的概率就变得非常低，这对于计算能力弱的矿工来说非常不友好，获得的收益变得非常不稳定，为了避免这种现象就出现了矿池。矿池集合了大量的矿工使每个矿工获得挖矿的平均收益，从而避免了单个矿工挖矿收益的不稳定性。

矿池组织大量的矿工挖矿所面临的很重要的一个问题是，如何把计算哈希值的高难度任务拆解成相对简单的任务发送给单个矿工来完成。回顾之前挖矿难度的计算方法，可以简单地认为目标哈希值前面 0 的多少表明了挖矿的难易程度。

目标哈希值前面的 0 越多，挖矿难度越高，为了降低挖矿难度矿池需要减少挖矿目标哈希值前面的 0 的数量。

假设产生新区块的目标哈希值是 0x000abc，只要满足这个哈希值就可以打包区块获得挖矿收益。这时，矿池可以降低挖矿难度，将目标哈希值改为 0x001abc，发送给矿工，矿工只要计算区块头哈希值，满足这个哈希值相对低一点的难度就可以得到一个分片（Shared），单个矿工挖到这个低难度的分片是无法发布到整个网络中的，但是矿池可以把这个分片记录下来，作为以后给这个矿工奖励的凭证。

目标哈希值 0x001abc 是最终期望哈希值 0x000abc 的子集，只要子集足够多总有一个会满足要求。当矿工产生一个满足目标的哈希值后，矿池就可以获得挖矿收益，这时矿池可以根据单个矿工所获得分片的多少来分配收益，所以就有了一个矿工获得挖矿收益的公式。

矿工收益 = 区块奖励 / 提交分片的数量

目前矿池对每个分片收益的结算方式主要有三种：按比例支付收益（Proportional 模式）、分片支付收益（Pay-Per-Share，PPS 模式）和根据过去的 N 个分片来支付收益(Pay-Per-Last-N-Shares，PPLNS 模式）。

1）Proportional 模式

Proportional 模式是矿池分配奖励最简单的办法，在采用 Proportional 模式的矿池中，矿池每一次挖矿成功后都会将奖励按照矿工在这个过程中所提交分片的数量占比分配给矿工。因为只有在矿池成功挖到区块后才能收到奖励，所以矿工的收益会具有一定的不稳定性。

2）PPS 模式

PPS 模式会立即为每一个分片支付报酬，该支出来源于矿池现有的资金，因此可以立即提现，而不用等待区块生成完毕或确认。这样可以避免矿池运营者幕后操纵。矿池相当于一个中间商，承受了由矿工转移过来的风险，矿工可以获得稳定的收益。

在 PPS 模式下，矿池的管理者首先会根据所有矿工的总算力在整个区块链网络中的占比估算出每天可能挖到区块的数量，然后根据矿工总算力估算每天可以收到分片的数量，最后就可以计算出每个分片所对应的奖励。一旦计算完成后这个奖励在一定时间内就不会变化，当矿工提交一个分片时就可以立刻获得分片收益。

举个例子，假设某矿工的算力是 100MH/s，而整个矿池的算力是 10 000MH/s，那么该矿工就占据了矿池算力的 1%。然后，假设矿池根据当前的难度和全网总算力，估算出矿池一天大约能够挖到 4 个区块，假定获得比特币的数量为 100 个。那么，矿池会为该矿工每天支付全矿池 1%，也就是 1 个比特币的报酬。这样，即使矿池今天只挖到 1 个区块，该矿工也能获得 1 个比特币（矿池亏本）。如果矿池超额发挥，挖到了 10 个区块，该矿工还是只有 1 个比特币的收益（矿池大赚）。

实际上在 PPS 模式下矿池所面临的风险就是将整个矿池视为一个矿工进行个体挖矿时所面临的风险，因此在 PPS 模式下矿池往往会收取较高的手续费来规避风险。

3) PPLNS 模式

在 PPLNS 模式下矿池会选择一个时间段，在这个时间段内无论挖到多少个区块，奖励都会分配给那些提交了分片的矿工。在 PPLNS 模式下，运气成分非常重要。如果矿池在一段时间内能够发现很多个区块，那么大家的收益会非常多。如果矿池一天下来都没有发现区块，那么大家当天没有任何收益。

同时，PPLNS 模式具有一定的滞后惯性，矿工的挖矿收益会有一定的延迟。例如，矿工加入一个新的 PPLNS 矿池，这个时候就会发现前面几个小时的收益比较低。那是因为其他矿工在这个矿池里已经贡献了很多个分片了，由于新加入矿池后贡献的分片数量少，所以分红时的收益都是比较低的。随着时间的推移，该结算的都结算了，大家又开始进行了新一轮的运算时，新矿工就回到和其他矿工一样的水平了。同样道理，若新矿工离开了 PPLNS 矿池不再挖矿，但他贡献的分片还在，那么在此后的一段时间里，他依然会得到分片收益，直到他的分片被结算完毕。

7.6.3 挖矿风险

对于矿工来说更加关心的是分片结算的机制,以便根据自己的情况选择适宜的矿池获得最大的收益。对于矿池来说除需要设计合理的机制保证可以吸引大量矿工加入外,还需要防止恶意的矿工对矿池或其他矿工利益的破坏。

1)私自广播

对于矿工来说有这样一种场景,当自己挖到的分片是不符合难度要求的就交给矿池,当分片符合难度要求的时候就不交给矿池分享收益,转而私自广播到网络中独吞收益。这样既可以分享忠诚矿工挖矿的收益又可以额外地独享自己的挖矿收益。如果出现这种情况,并且被大量的矿工知晓那么矿池就无法组建起来,每一个忠诚矿工都不愿无偿分享自己的挖矿收益。

以比特币系统挖矿为例,每一个有效的区块除包含正常用户发来的有效交易外还包含一笔铸币交易(Coinbase),铸币交易的 Output 字段指明了获得挖矿奖励矿工的地址,矿池可以把铸币交易的 Output 字段设置为矿池的地址,然后随机生成一些 Coinbase data 的填充数据后生成区块头的默克尔树,最后发由矿工去尝试目标哈希值。通过这样的方式,即使矿工找到满足条件的哈希值,铸币交易的地址也是矿池的地址,私自广播区块没有任何收益。如果调整了铸币交易的地址,就回到了独立挖矿的场景,这样就可以避免矿工私自广播区块的情况。

2)私自挖矿

私自挖矿的情况不仅矿工可能发起,矿池为了自己的利益也有可能发起。私自挖矿是扣块攻击的一种,具体的方式是在某一时间段内挖到新的区块后暂时不向区块链网络广播出去,即"扣块",等到合适的时机再向区块链网络广播全部的区块。这种行为的目的并不是要破坏区块链网络本身,而是为了获得更多的利润。

由于区块链网络的去中心化的特点,当一个新的区块产生后在区块链网络中进行传播具有一定的延时性,每一个节点或矿工每次接收新区块的时间都是不一样的,距离挖出新区块的节点越近就会越早地收到新区块。因此当两个新区块在差不多相同的时间被挖出进行广播时就会产生分叉,一部分节点接收到了第一个新区块,另一部分节点接收到了第二个新区块。这个时候每个接收到新区块的矿工都会在自己的分叉上进行挖矿,直到其中一条分叉上有一个新区块被挖到从而成为主链为止。

当矿工或矿池发现这个漏洞以后就会通过一定的方式来保证自己的那部分分叉成为主链来扩大自己的挖矿收益，在自己成为主链的同时会消耗忠诚矿工在挖掘废弃区块上的算力，这样还会提高自己在区块链网络中有效算力的比例来获得超额收益。

这种私自挖矿的行为本质上是"扣块"发起者与其他矿工的算力比拼，私自挖矿的矿工期望通过对新区块的暂时隐藏来获得高于自己算力的平均收益。

3）挖空块

当一个区块只包含区块头而不包含区块体时称为空块，矿池或矿工生成空块的行为被称为挖空块。当矿池或矿工挖空块时，只能获得铸币交易的奖励，因为区块中没有打包交易所以无法获得交易奖励。每个节点作为一个理性经济人，放弃获得交易奖励打包空块必然有其合理的原因。

在 PoW 算法下，每次生成一个新区块前首先需要获得系统发布的目标难度，并且当高度为 H 的区块被挖到并且广播到区块链网络之后，所有矿池才会在当前高度为 H 的基础上开始挖高度为 $H+1$ 的下一个区块。一个新区块包含区块头和区块体，区块头中包含高度为 H 区块的哈希值和 Nonce 值，根据前文我们知道一个区块在网络中的广播过程分为两个部分，广播区块头和广播区块体，并且区块头体积只有 80B，一般会更快地被矿工接收到。矿工接收到区块头后并不能立刻开始挖高度为 $H+1$ 的区块，因为需要校验高度为 H 的区块中包含的交易是否有效，同时自己挖高度为 $H+1$ 的区块的时候需要剔除高度为 H 的区块中所包含的交易，为了做到这两点需要等待区块体广播完成，但是在这个时间里矿池巨大的算力是停摆的，而挖矿的竞争十分激烈，大型矿池不是争分夺秒的，是争毫秒夺微秒的，因此停摆会带来很大的损失。

在这种情况下矿池的合理的做法是利用区块广播的这段时间，继续寻找下一个区块。方法是只要发现了新的区块，矿工就可以在没有拿到高度为 H 的区块的完整数据时，只进行简单的验证，先拿到高度为 H 的区块的哈希值，然后直接跟在后面继续挖矿。在继续挖矿的过程中为了避免两个区块打包了相同的交易后在挖高度为 $H+1$ 的区块时就不包含区块体，矿工会直接打包空块。

如果区块体在 6s 内广播完成，每个区块的出块时间约为 10min，那么在比特币网络中出现空块的概率在 1%左右，空块对比特币网络来说并没有带来积极的意义，只是矿池为了自己利益的一种理性选择。

事实上，解决空块问题是有办法的，空块问题的核心是挖空块时，不敢打包交易，以防止这些交易在上一个区块中出现过。那就构造一些不可能出现在上一个区块中的交易就可以了。例如，自己找一些零散的 UTXO 来整合，或者和交易所合作，交易所使用 IP 到 IP 的方式提供一些交易，这些交易不被广播，只可能出现在挖空块的矿池里，这样空块就不会"空"了。

7.7 联盟链共识

在学习区块链的时候，经常会听到这样一种说法，比特币系统中并没有什么突破性的技术，只是把现有技术巧妙地组合起来。事实确实是这样，其中如何保持大量节点达成共识就采用了分布式系统设计的思想。

针对区块链的应用场景不同，将区块链分为公有链和联盟链。公有链对加入者没有任何要求，允许各种各样的计算设备加入，同时为了足够的去中心化，公有链一般都有大量的节点，如比特币系统和以太坊有近万个全节点参与共识，这些节点中有忠诚节点也有恶意节点，但只要忠诚节点算力占比大就没有关系。联盟链在去中心化和提高系统吞吐量之间进行了权衡，通过提高节点加入网络的门槛来限制恶意节点的加入，同时限制了节点数量，如一些采用 PBFT 算法的联盟链，其节点一般只有 10~20 个，可以容忍的恶意节点的数量降到了大约总节点数量的 1/3。

区块链系统在不同的场景取舍各不相同，为了节点间达成一致采用了不同的共识算法，如比特币系统通过 PoW 算法来达成一致，NEO 采用类 PBFT 算法来达成一致，超级账本支持采用 Raft 算法的共识插件来达成一致。

比特币系统采用的 PoW 算法需要消耗大量的算力来保证区块链系统的安全，消耗的算力越多系统越安全，同时比特币系统对加入的节点没有任何要求，甚至可以是恶意节点，但是在联盟链场景下，如果采用这种算法，不但要消耗大量的算力来保证系统安全，还要忍受算法性能差的后果。在联盟链场景下参与者有限，不需要那么多的节点，所以可以采用 PBFT 算法，既可以容忍少量的恶意节点又可以保证系统的性能。超级账本在这个基础上更进一步，直接对加入网络的节点进行准入限制，获得准入许可的节点才能加入网络，这样一来加入的节点都是值得信赖的，所以在网络中只需要容忍非拜占庭错误即可，超级账本的共识算法直接采用了 Raft 算法，使得区块链系统的性能进一步得到了提升。

通过不同的共识算法保证了在不同场景下区块链节点能够达成共识，共识的内容又是什么呢？答案就是交易，数字信息非常容易复制，在区块链系统中，需要保证大部分节点看到的交易都是一致的，这就好比一个银行账户在银行的不同网点看到的余额必须一致。

7.8 Raft 算法

Raft 算法是 2013 年由斯坦福大学的 Diego Ongaro 和 John Ousterhout 提出的一种适用于非拜占庭容错环境下的分布式一致性算法。Raft 算法是一种用于替代 Paxos 算法的共识算法。相较于 Paxos 算法，Raft 算法的目标是提供更清楚的逻辑分工使得算法本身能被更好地理解，同时 Raft 算法的安全性更高，并且能提供一些额外的特性。Raft 算法能为在集群之间部署有限状态机提供一种通用方法，并且确保计算机集群内的任意节点在某种状态转换上保持一致。

Paxos 算法难以理解，并且十分不易于构建实际系统。因此，在设计 Raft 算法的时候，使用了一些特别的技巧来提升它的可理解性，包括算法分解（Raft 算法主要被分成了领导者选举、日志复制和异常处理三个模块）和减少状态机的状态（相较于 Paxos 算法，Raft 算法减少了非确定性操作和服务器互相处于非一致性的方式）。除此之外，Raft 算法的安全性经过严格的形式化证明，其效率与其他算法相当。因此，Raft 算法已经成为目前主流的分布式一致性算法之一。

Raft 算法解决的核心问题是在分布式环境下如何保持集群状态的一致性，简而言之就是给定一组服务器，给定一组操作，最后得到一致的结果。

7.8.1 复制状态机

一致性算法是在复制状态机（State Machine Replication）的背景下提出来的。在一致性算法中，一组服务器的状态机是拥有相同状态的副本，即使有一部分服务器宕机了，这一组服务器仍然能够继续运行，对外提供服务。在分布式系统中，复制状态机被用来解决各种容错问题。具有单个集群领导者的大规模系统（如 GFS 和 HDFS）一般使用一个单独的状态机来管理领导者选举和存储配置信息，同时能够使领导者从失败中恢复。使用复制状态机方法的系统有 Chubby 系统和 ZooKeeper 系统。复制状态机如图 7-16 所示。

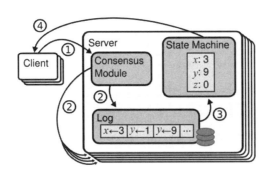

图 7-16　复制状态机

如图 7-16 所示，一般通过复制日志来实现复制状态机。每个服务器存储着一份包含一系列命令的日志（Log），状态机会按顺序执行这些命令。因为每份日志包含相同的命令，并且顺序相同，所以每个状态机都会处理相同的命令序列。由于状态机是确定性的，所以处理相同的命令，最后会得到相同的输出。

保证所复制的日志的一致性是一致性算法的任务。每个服务器上的一致性模块都会接收来自客户端（Client）的命令，如图 7-16 步骤①所示，并把命令添加到自己的日志中，如图 7-16 步骤②所示。每个服务器都通过服务器上的一致性模块进行通信，确保每一份日志最终包含相同的命令且顺序相同，即使某些服务器出现故障。一旦这些命令被正确复制，每个服务器上的状态机都会按照日志中的顺序去处理，如图 7-16 步骤③所示，并将输出结果返回给客户端，如图 7-16 步骤④所示。最终，这些服务器看起来就像一个单独的并可靠的状态机。

7.8.2　算法流程

Raft 算法的基本流程为，首先在集群中选择一个领导者负责日志的管理。领导者从客户端收到请求后会将请求以日志的形式复制给其他跟随者,并且在保证安全的时候通知其他跟随者执行日志中包含的命令,将状态应用到各自的状态机中。Raft 算法强化了领导者的地位,数据只会从领导者流向其他跟随者从而极大地简化了算法。当领导者因为故障宕机后其他节点会从集群中重新选举新的领导者,然后重复之前的过程。在这个过程中,Raft 算法被拆分成了三个独立的模块,即领导者选举、日志复制和异常处理。

7.8.3 领导者选举

在 Raft 算法中,一个节点在任意时刻只能处于领导者(Leader)、候选者(Candidate)和跟随者(Follower)其中一种状态,算法初始化的时候所有的节点都处于跟随者的状态,跟随者之间通过心跳信息来感知其他节点。通常情况下,系统中只有一个领导者且其他节点全部都是跟随者,跟随者都是被动的,它们不会发送任何请求,只会简单地响应来自领导者或候选者的请求。图 7-17 所示是三种状态及状态转换所需的条件。

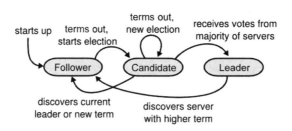

图 7-17 三种状态及状态转换所需的条件

节点在启动的时候,都处于跟随者状态,在一段时间内如果没有收到来自领导者的心跳信息,就会从跟随者转变为候选者,发起选举。如果收到包含自己的多数选票则转变为领导者。如果发现其他节点比自己更新,则切换到跟随者状态。为了确定其他节点比自己更新,Raft 算法引入了任期(Term)的概念。

算法起始,任期号是 0,当有节点当选领导者时,任期号更新为 1,当新领导者选出后,新任期号在之前的任期号基础上加 1。当节点从跟随者转变为候选者的时候,任期号要增加 1。在节点间通信的时候会交换当前任期号,如果一个节点的任期号比其他节点小,那么该节点会把自己的任期号更新为较大的那个值。如果一个候选者或领导者发现自己的任期号过期了,也就是比其他节点小,那么它会立刻退回到跟随者状态。如果一个节点收到过期的任期号则会直接拒绝不进行处理。

> 任期在 Raft 算法中起到逻辑时钟的作用。

7.8.4 选举流程

Raft 算法使用心跳机制来触发领导者选举流程，领导者周期性地向所有跟随者发送心跳信息，每个节点只要能收到领导者或候选者发来的心跳信息就会一直保持跟随者状态。每个节点本身都有自己的选举超时时间，如果超过这个超时时间没有收到任何消息，那么它就会假设网络中没有领导者，这个时候它就会改变自己的状态成为候选者，同时增加自己的任期号，并且开始竞选领导者。每个节点在竞选时会首先给自己投一票，然后并行地向集群中的其他节点发送请求投票的消息。如果其他节点在这轮选举中没有投过票就会给它投一票。最终得到三种结果，分别是成功、失败或无法确定领导者。可以将整个选举流程归纳成如下几步。

- 节点增加自己当前的任期号，转换状态成为候选者。
- 节点投自己一票，并且给其他节点发送给自己投票的请求。
- 等待其他节点回复，在等待过程中又可能发生下面的情况。

    1. 赢得选举，成为领导者。
    2. 被告知其他节点当选领导者，自己退回跟随者状态。
    3. 在选举超时时间内没有收到足够多的选票，重复整个选举过程。

如果没有任何领导者获得超过半数的选票，那么这次选举就会失败。一次失败可能是偶然的，但是如果连续多次失败，那么除去系统本身的原因，就是算法本身到达了某种不可恢复的状态。为了跳出这样一种不可用的状态，Raft 算法使用随机选择选举超时时间的方法来解决。候选者会随机从固定时间区间中选择一个时间作为选举超时时间，这样每个节点每次等待选举的选举超时时间都不一样，选举超时时间短的节点会有更大的机会获得更多的选票从而成为领导者，这样会极大减小因为选票被瓜分而导致选举失败的可能性。

7.8.5 日志复制

当选出领导者后系统就可以对外提供服务，领导者会负责在其任期内的日志复制工作，以保证各服务器节点的一致性。客户端把请求发送给集群，如果跟随者收到请求则转发给领导者，由领导者统一处理，领导者会调度这些请求，顺序地告知所有跟随者，以此来保证所有节点的状态一致。Raft 算法是基于复制状态机实现的，其核心思想是"相同的初始状态 + 相同的输入 = 一致的最终状态"，领导者将客户端请求打包成一个个日志条目（Log entry），并将这些日志条目发送给所有跟随者，然后大家按相同顺序应用日志条目中的命令，则状态肯定是一致的。整个日志条目的复制流程如下。

- 领导者接收到请求并打包成日志条目。
- 领导者并行发送日志条目到集群所有节点。
- 领导者收到大多数跟随者收到日志条目的回复。
- 领导者应用日志条目里面的命令到自己的状态机中，也就是执行命令。
- 领导者回复跟随者，并且让它们执行日志条目中的命令，达到和自己一致的状态。

在每个日志条目中，除包括需要执行的命令外，还包括领导者的任期号，用于处理异常情况。当日志被复制到大多数节点后，系统即可向客户端返回成功的消息，一旦系统返回了结果，就必须保证系统在任何异常情况都不会发送回滚信息。

前文描述了 Raft 算法在正常情况下的算法流程，但在节点崩溃的情况下会有一些异常情况产生，从而影响状态机顺序地执行相同命令。

7.8.6 领导者选举安全性

领导者选举安全性（Election safety），即在一个任期内最多有一个领导者被选出，如果有多余的领导者被选出，则被称为脑裂（Brain Split）。当出现脑裂时，意味着集群在同一时刻有多个领导者，旧的领导者可能在一段时间内并不知道新的领导者已经被选举出来，这时候客户端在旧的领导者上可能会读取出陈旧的数据，如果客户端进行写操作，则可能出现数据的覆盖或丢失，导致服务器出现数据不一致的问题，Raft 算法通过下面两点保证了不会出现脑裂的情况。

- 一个节点在某一任期内最多只能投一票。
- 只有获得大多数选票才能成为领导者。

通过对算法增加约束避免了脑裂的情况出现，保证了同一时间集群中只有一个领导者。但是当一个节点崩溃了一段时间以后，它的状态机已经落后其他节点很多，突然重启恢复被选举为领导者，这个时候，客户端发来的请求经由它复制给其他节点的状态机执行，就会出现集群状态机状态不一致的问题。

其他共识算法可能会同步落后的日志给领导者，然后由领导者复制日志给其他节点，但是 Raft 算法的设计者认为这样会增加算法的复杂性，直接放弃了这种方法，而采用拒绝投票给那些日志没有自己新的节点的方法。

通过比较两份日志中最后一个日志条目的索引值和任期号，定义谁的日志比较新。如果两份日志最后的日志条目的任期号不同，那么任期号大的日志更新。如果两份日志最后的日志条目任期号相同，那么索引值大的日志新。

> 拒绝给日志比自己旧的节点投票基于这样一种思考，要当选领导者，就必须获得大多数节点的选票，意味着自己必须比大多数节点的日志新或和其他节点一致，这样拒绝日志比自己旧的节点的投票请求，就保证了状态比大多数节点落后的节点不会当选领导者。

如果一个领导者把日志复制到了大多数其他节点，但是在应用到状态机之前崩溃了，那么新选出的领导者是不知道被复制到大多数节点的日志是否应用到了状态机的。领导者崩溃又恢复的整个日志复制过程如图 7-18 所示。

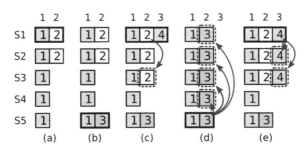

图 7-18　领导者崩溃又恢复的整个日志复制过程

在图 7-18（a）中，S1 是领导者，复制了索引值为 2 的日志条目到集群中的部分节点。

在图 7-18（b）中，S1 崩溃了，然后 S5 在任期 3 内通过 S3、S4 和自己的选票赢得选举，接着从客户端接收了一个不一样的日志条目放在了索引 2 处。

在图 7-18（c）中，S5 崩溃了，S1 重启并选举成功，开始复制日志条目。在这时，来自索引 2 的那个日志条目已经被复制到了集群中的大多数机器上，但是还没有被提交。

在图 7-18（d）中，S1 崩溃了，S5 重新被选举成功（通过来自 S2、S3 和 S4 的选票），然后覆盖了在索引 2 处的日志条目。注意，虽然 S2 复制日志条目过半，但是 S5 的任期号更大，日志更新，所以是可以接收 S2 的选票的。S1 在崩溃前把新接收到的日志条目复制到了大多数机器上，如图 7-18（e）所示。

在图 7-18（e）中，在后面任期中的这些新的日志条目会被提交（因为 S5 不可能被选举成功）。这样在同一时刻就保证了之前的所有陈旧的日志条目会被提交。

7.8.7 候选者和跟随者安全性

候选者和跟随者崩溃以后，领导者简单地周期性地发送心跳消息即可，如果重启发生在节点处理完日志复制后，响应心跳消息之前，此时若收到一样的请求消息正常返回即可，没有任何问题。如果候选者或跟随者崩溃时间太长，重启以后落后其他节点的日志太多，就需要采取快照的方式进行恢复。

> Raft 算法的请求投票和追加日志的请求是幂等的，幂等性是指一个操作无论执行多少遍，都会产生相同的状态，如绝对值操作就是幂等操作。

7.8.8 可用性

Raft 算法的要求之一是安全性不能依赖时间，整个系统不能因为某些事件运行的比预期快一点或慢一点就产生了错误的结果。但是，可用性（系统可以及时地响应客户端）不可避免地要依赖时间。这个时候就会有一些限制，如下。

- 服务器故障的时间必须比消息交换的时间长，否则每当一个节点要收集足够多选票的时候就宕机了，新一轮的投票会重复这个过程，导致无法在有限的时间内选出领导者。
- 广播的时间必须小于选举超时时间一个数量级，这样领导者才能发送稳定的心跳消息阻止跟随者进入候选者状态。
- 当领导者崩溃后，整个系统在选举超时时间中不可用，所以平均故障间隔时间要大于选举超时时间几个数量级，这样系统的可用性才会比较高。
- 一般来说，广播时间在 10ms 左右，选举超时时间在 300ms 左右，服务器平均故障时间大于 1 个月。

7.8.9 增删节点

前文已经介绍了 Raft 算法的正常流程和对异常的处理，但是还有一些问题没有解决。由于硬件故障，集群负载发生了变化等情况的出现，需要集群中的节点数量动态地增加或减少。容易想到的方法是暂停整个集群，更新配置，然后重启集群。但是这样做的问题显而易见，在更新配置期间集群是不可用的，而手工操作配置文件，并且操作多个节点的配置文件，会造成很大的风险。为了避免这些风险，Raft 算法添加了自动变更配置的流程。

从旧配置直接变更到新配置的各种方法都是不安全的，其中最大的问题是容易出现脑裂，如图 7-19 所示。

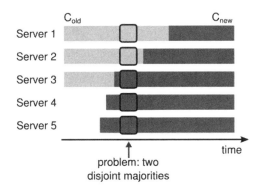

图 7-19　Raft 算法配置更新时出现脑裂

旧配置有 1、2、3 号节点，候选者只需要 2 张选票就可以成为领导者，除自己的一张选票外，还需要等待另外的一个节点投票给自己。但是当集群增加 2 个节点的时候，旧节点是无法感知有几个新节点加入网络的，所以还会按照旧配置进行投票，即收集到 2 张选票就可以成为领导者。而新节点可以感知到集群中是有 5 个节点的，所以新节点要成为领导者需要 3 张选票，那么必然有一个时间点，既可满足旧节点的选举要求，又可满足新节点的选举要求，脑裂就这样发生了。

显而易见，出现脑裂的问题是由于在同一时间，保存了新旧配置的节点各自单方面地做出了选举领导者的决定。

停止集群，更新配置，然后重启集群的目的是保证同一时间只有一种状态，为了解决集群的可用性，Raft 算法采用了两段提交来保证安全地变更日志。

7.8.10 配置变更流程

当一个领导者收到一个改变配置从 C-old 到 C-new 的请求时，首先会合并新旧配置即 merge(C-old, C-new)，并且保存到自己的日志条目中，然后复制到集群中的其他节点。在 C-new 提交之前，所有节点的决定都会基于 merge(C-old,C-new) 的配置做决定。

在 merge(C-old,C-new) 被提交以后，领导者创建一条 C-new 的配置复制到集群，当 C-new 被提交以后，旧配置指定的节点就变得无关紧要，在集群中不可见后就可以直接从集群移除，整个过程如图 7-20 所示。

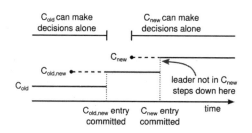

图 7-20　Raft 算法配置变更流程

在配置变更的过程中，需要考虑各种异常情况，下面列出了四种在配置变更的过程中可能出现的异常情况。

1）节点宕机

在配置变更的过程中会有节点宕机的异常情况发生，Raft 算法是如何保证整个增删节点过程的安全性的呢？如果领导者在复制包含配置文件的日志的时候崩溃了，那么跟随者节点只有两种配置状态，merge(C-old,C-new)或 C-old，但是无论哪种状态，C-new 都不会单方面做出决定。

2）空白节点加入

当一个新的服务器加入集群时，新服务器本身没有存储任何日志，是无法提交集群中的任何一个日志的，需要一段时间来追赶。Raft 算法为了避免这种可用时间间隔太长的问题，采取了节点静默加入集群的方法，节点加入集群后没有投票权，只能同步日志，当新节点已经可以跟上集群日志的时候再投票加入集群。

3）旧节点干扰

当 C-new 被提交以后，就需要移除不在 C-new 中的节点。在 C-new 被提交后，需要移除的节点就接收不到领导者的心跳消息，这个时候这些节点认为领导者可能出现了故障，会发起选举，正常执行的领导者收到投票请求后会退回到跟随者状态等待新领导者被选出，虽然最终正确的领导者会被选出，但是频繁的选举会扰乱集群的可用性。

为了避免这个问题，Raft 算法采用了最小选举超时时间的机制，当服务器在当前最小选举超时时间内收到一个请求投票的消息时，它不会更新当前的任期号或投出选票，这样就避免了频繁的状态切换。

4）领导者不在新集群中

如果领导者不在新集群中，当配置文件从 merge(C-old,C-new)变更到 C-new 时，领导者不在 C-new 中，这个时候就会在一段时间内发生旧节点管理新集群的情况。

在 Raft 算法中解决方法很简单，当提交 C-new 成功的时候，领导者的状态变为跟随者状态，这样领导者就只能在新集群中选出。

7.8.11 日志压缩

Raft 算法在运行的过程中，日志会不断累积，但是在实际的系统中，无论是从日志占用磁盘空间，还是从新节点加入集群所需同步日志的网络消耗来看，日志都不能无限增长。

为此 Raft 算法采用快照的方法来压缩日志，快照时间点前的日志全部丢弃，整个过程如图 7-21 所示。

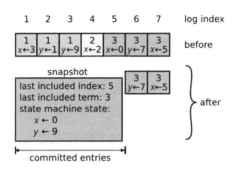

图 7-21　Raft 算法日志压缩流程

每个服务器根据已经提交的日志，会独立创建快照，快照中包含如下内容。

- 状态机最后应用的日志。
- 状态机最后应用日志的任期号。
- 状态机最后应用的配置文件内容。

领导者周期性地发送一些快照给跟随者，如果与领导者保持同步的跟随者已经提交了快照的内容，则会直接丢弃收到的快照，而运行缓慢或新加入集群的跟随者不会有这些内容，就会接受并应用到自己的状态机中。

综上所述，一系列机制保证了 Raft 算法可以在非拜占庭容错环境下正常地工作。即使出现了网络延迟、节点宕机或选举冲突，Raft 算法依然可以保证集群的可用性。

7.9　实用拜占庭容错算法

实用拜占庭容错（Practical Byzantine Fault Tolerance，PBFT）算法是由 Miguel Castro 和 Barbara Liskov 在 1999 年召开的第三届操作系统设计与实现研讨会上提出的。PBFT 算法可以应用于异步网络，并且在前人所做工作的基础上大幅提高了系统的响应效率，具有较强的实用性。

PBFT 算法假设的环境比 Raft 算法更加"恶劣"，Raft 算法只支持容忍故障节点，而 PBFT 算法除支持容忍故障节点外，还支持容忍拜占庭节点。在 PBFT 算法中假设系统中存在一个恶意节点，它可以伪装成自身发生了故障或与其他节点的通信产生延迟，以便对整个系统造成最大的破坏。但是这个恶意节点所能造成的破坏在计算上是受限的，不能破坏节点间用到的密码学技术，如恶意节点不能产生正常节点的有效签名，或者根据彩虹表、消息摘要等得到原始消息内容。

PBFT 算法是一种基于状态机复制的共识算法，在该算法中节点只有两种角色分别是主节点（Primary）和副本（Replica），两种角色可以相互转换。两者之间的转换引入了视图（View）的概念，在每个视图中，只有一个副本为主节点，每当主节点发生变更时，其所对应的视图会随之变化，视图在 PBFT 算法中起到逻辑时钟的作用。

PBFT 算法与其他基于状态机复制的共识算法一样，PBFT 算法对每个副本提出了两个限定条件，第一个是所有节点必须是确定的，在相同状态下给定一组参数，最终的执行结果必须相同，第二个是所有节点的起始状态必须一致。

在 PBFT 算法中最大的容错节点数量是 $(n-1)/3$，也就是说 4 个节点的集群最多只能容忍一个节点作恶或故障。而 Raft 算法的最大容错节点数量是 $(n-1)/2$，即 5 个节点的集群可以容忍 2 个节点故障。

7.9.1 算法容错

PBFT 算法的最大容错节点数量是 $(n-1)/3$，为什么 PBFT 算法只能容忍 $(n-1)/3$ 个节点作恶或故障呢？

假设节点总数是 n，其中异常节点有 f 个，那么正常节点有 $n-f$ 个，意味着只要收到 $n-f$ 个消息就能做出决定。但是这 $n-f$ 个消息中也包括节点因为故障而不能及时回复的消息，但这些节点不是恶意的，那么正确的消息就应该是 $n-f-f$ 个，为了保持一致，正确消息必须占多数，也就是 $n-f-f>f$ 个，又因为节点必须是整数个，所以 n 最少是 $3f+1$。

或者可以这样理解，假定 f 个节点是故障节点，f 个节点是恶意节点，那么达成一致需要的正确节点最少是 $f+1$ 个，当然这是最坏的情况。如果故障节点集合和恶意节点集合有重复，可以不需要 $f+1$ 个正确节点，但是为了保证在最坏的情况下算法还能正常运行，所以正确节点最少是 $f+1$ 个。

7.9.2 算法流程

在 PBFT 算法开始阶段，主节点由公式 $p = v \bmod n$ 计算得出，p 是主节点编号，v 是视图编号，n 是集群中节点的个数。随着 v 的增长可以看到 p 不断变化，算法采用轮流坐庄的方法，在这里是一个潜在的优化点。

当集群中的节点采用 PBFT 算法后，当客户端发送消息 m 给主节点 p 时，主节点就开始了 PBFT 三阶段协议，三个阶段分别是预准备（Pre-prepare）、准备（Prepare）和提交（Commit）。

其中 Pre-prepare 和 Prepare 阶段最重要的任务是保证同一个主节点发出的请求在同一个视图中的顺序是一致的，Prepare 和 Commit 阶段最重要的任务是保证请求在不同视图之间的顺序是一致的。

PBFT 算法的三个阶段如图 7-22 所示。

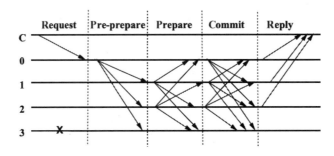

图 7-22　PBFT 算法的三个阶段

- 主节点在收到客户端发送来的消息后，构造 Pre-prepare 阶段的消息结构体< <PRE-PREPARE, v, n, d>, m >并广播到集群中的其他节点。

  1. PRE-PREPARE 标识当前消息所处的协议阶段。
  2. v 标识当前消息所在的视图编号。
  3. n 为主节点广播消息的唯一递增编号。

4. d 为消息 m 的消息摘要。

5. m 为客户端发来的消息。

- 副本收到主节点消息后，会对消息进行有效性检查，检查通过会将消息存储在本节点中。与此同时副本会进入 Prepare 阶段，广播消息<<PREPARE, v, n, d, i>>，其中 i 是本节点的编号。对消息的有效性检查包括以下几方面。

  1. 检查收到的消息体中的消息摘要 d，是否和自己对消息 m 生成的消息摘要一致，确保消息的完整性。

  2. 检查 v 是否和节点当前视图编号 v 一致。

  3. 检查编号 n 是否在水线 $h\sim H$ 之间，避免恶意节点快速消耗可用编号。

  4. 检查之前是否接收过相同编号 n 和 v，但是不同消息摘要 d 的消息。

- 副本收到 $2f+1$（包括自己）个一致的 PREPARE 消息后，会进入 Commit 阶段，并且广播消息< COMMIT, $v, n, D(m), i$ >给集群中的其他节点。在收到 PREPARE 消息后，副本同样会对消息进行有效性检查，检查的内容是副本收到主节点消息后进行检查的前三点。

- 副本收到 $2f+1$（包括自己）个一致的 COMMIT 消息后执行 m 中包含的操作，其中，如果有多个 m 则按照编号 n 从小到大执行，执行完毕后发送执行成功的消息给客户端。

前面介绍了 PBFT 算法的正常流程，但是还有一些解决可用性方面的问题的方法没有介绍，如避免日志无限增长的方法、主节点发送故障时采取的安全措施和集群中动态增删节点的方式。

7.9.3 日志压缩

PBFT 算法在运行的过程中，日志会不断累积，但是在实际的系统中，无论是从日志所占用的磁盘空间，还是从新节点加入集群时所需同步日志的网络消耗来看，日志都不能无限增长。

PBFT 算法采用检查点（Checkpoint）机制来压缩日志，其本质和 Raft 算法采用快照的方式清理日志是一样的，只是实现的方式不同。检查点的含义是当前节点所处理的最新请求编号,大部分节点(2f+1)已经共识完成的最大请求编号被称为稳定检查点(Stable Checkpoint)。

在 PBFT 算法中,为每一个操作创建一个集群中的检查点的代价是非常高昂的,所以 PBFT 算法会为每常数个操作创建一个检查点,如为每 100 个操作创建一个检查点。当这个检查点得到集群中多数节点的认可以后,就变成了稳定检查点,稳定检查点之前的日志就成为了过时日志,可以删除。

当节点 i 生成检查点后会广播消息<CHECKPOINT, n, d, i>,其中 n 是最后一次执行的消息编号,d 是 n 执行后的状态机状态的摘要。每个节点收到 $2f+1$ 个相同 n 和 d 的 CHECKPOINT 消息以后,检查点就变成了稳定检查点,同时删除本地编号小于或等于 n 的消息。

稳定检查点还有提高水线(Water Mark)的作用,当一个稳定检查点被创建的时候,水线低位 h 被修改为稳定检查点消息的编号 n,水线高位 H 被修改为 $h+k$,k 是之前用于创建检查点的间隔常数。节点接收消息的编号 n 必须在水线 $h\sim H$ 之间,这主要是为了防止一个失效节点使用一个很大的编号从而消耗消息的编号空间。

7.9.4 视图切换

在 PBFT 算法的正常流程中,可以看到所有客户端发来的消息 m 都是由主节点 p 广播到集群的,但是如果主节点突然宕机,又怎么保证集群的可用性呢?

这个时候就要依赖 PBFT 算法的视图切换(View-change)机制,视图切换机制提供了一种当主节点出现异常以后依然可以保证集群可用性的机制。视图切换机制通过计时器来进行切换,避免副本长时间地等待。

当副本收到请求时,启动一个计时器,如果这个时候刚好有计时器在运行就重置(Reset)计时器。当主节点宕机的时候,副本 i 会在当前视图 v 中超时,这个时候副本 i 就会触发视图切换的操作,将视图切换为 $v+1$。视图切换的流程如下。

- 副本 i 停止接收除检查点消息、视图切换和新视图变更(New View-change)以外的请求,同时广播消息<VIEW-CHANGE, $v+1, n, C, P, i$>到集群。
  1. n 是节点 i 知道的最后一个稳定检查点的消息编号。

2. C 是节点 i 保存的经过 $2f+1$ 个节点确认的稳定检查点的消息集合。

3. P 是保存了 n 之后所有已经达到 Prepare 阶段消息的集合。

- 当在视图 $v+1$ 中的主节点 p_1 接收到 $2f$ 个有效的将视图变更为 $v+1$ 的消息以后，p_1 就会广播消息<NEW-VIEW,$v+1,V,Q$>。

    1. V 是 p_1 收到的、包括自己发送的视图切换的消息集合。

    2. Q 是 Pre-prepare 阶段的消息集合，PRE-PREPARE 消息是从 PREPARE 消息转换过来的。

- 从节点接收到 NEW-VIEW 消息后，验证签名，判断 V 和 Q 中的消息是否合法，验证通过后主节点和副本都进入视图 $v+1$。当 p_1 接收到 $2f+1$ 个 VIEW-CHANGE 消息以后，可以确定稳定检查点之前的消息在视图切换的过程中不会丢失，但是当前稳定检查点之后，下一个稳定检查点之前的 PREPARE 消息可能会被丢弃。在视图切换到 $v+1$ 后，PBFT 算法会把旧视图中的 PREPARE 消息变为 PRE-PREPARE 消息然后广播。

- 如果集合 P 为空，则广播消息<PRE-PREPARE, $v+1, n$, null>。

- 如果集合 P 不为空，则广播消息<PRE-PREPARE, $v+1, n, d$>。

总结一下，在视图切换机制中最为重要的就是 C、P、Q 三个消息的集合，C 确保了视图变更的时候，稳定检查点之前的状态安全。P 确保了视图变更前，PREPARE 消息的安全。Q 确保了视图变更后，P 集合中的消息安全。回想一下 Pre-prepare 和 Prepare 阶段最重要的任务是保证同一个主节点发出的请求在同一个视图中的顺序是一致的，视图切换过程中的 C、P、Q 三个集合就是解决这个问题的。

7.9.5 主动恢复

集群在运行过程中，可能出现网络抖动或磁盘故障等现象，导致部分节点的执行速度落后于大多数节点，而传统的 PBFT 算法并没有实现主动恢复的功能，因此需要添加主动恢复的功能才能保证落后节点可以继续参与后续的共识流程。主动恢复的节点会索取网络中其他节点的视图和最新的区块高度等信息来更新自身的状态，以此来保证与网络中其他节点状态一致。

在 Raft 算法中采用主节点记录每个跟随者提交的日志编号，在发送心跳包时携带额外信息的方式来保持同步，在 PBFT 算法中采用视图协商（Negotiate View）的机制来保持同步。

当一个节点的日志落后太多时，当它收到主节点发来的消息后，对消息水线的检查就会失败，导致计时器超时，从而发送视图变更的请求，但是只有自己一个节点发送视图变更的请求，请求消息的数量达不到 $2f+1$，使得本来正常运行的节点退化为恶意节点。尽管这种恶意节点的产生是非主观原因导致的，但是为了尽可能保证集群的稳定性，PBFT 算法加入了视图协商机制。

当一个节点多次尝试视图变更失败后就会触发视图协商机制来同步集群数据，视图协商流程如图 7-23 所示。

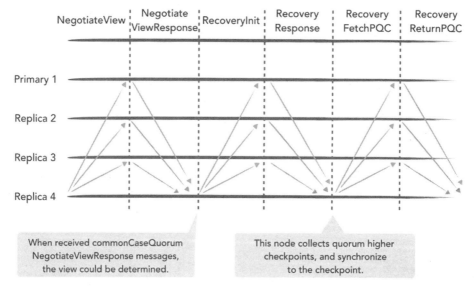

图 7-23 视图协商流程

- 新增节点 Replica 4 发起 NegotiateView 消息给其他节点。
- 集群中其他节点收到消息以后，返回自己的视图信息、节点 ID 和节点总数 N。
- Replica 4 收到 $2f+1$ 个相同的消息后，如果 $2f+1$ 个视图编号和自己不同，则同步视图信息和 N。

- Replica 4 同步完视图信息后，发送 RecoveryToCheckpoint 消息，其中包含自身的检查点信息。
- 其他节点收到 RecoveryToCheckpoint 消息后将自身最新的检查点信息返回给 Replica 4。
- Replica 4 收到 $2f+1$ 个消息后，更新自己的检查点到最新，更新完成以后向正常节点索要 P、Q 和 C 的信息（PBFT 算法中 Pre-prepare 阶段、Prepare 阶段和 Commit 阶段的数据）同步至全网最新状态。

7.9.6 增删节点

在 PBFT 算法中，由于硬件故障或集群负载发生了变化等，需要集群中的节点动态地增加或删除。PBFT 算法为此提供了一种无须停机即可完成节点动态增减的方法。具体的过程以 Replica 5 作为新节点加入集群为例进行说明，整个流程如图 7-24 所示。

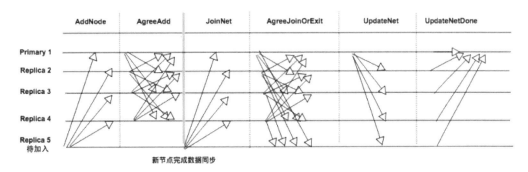

图 7-24　PBFT 算法节点新增流程

- 新节点启动以后，向网络中其他节点建立网络连接后发送 AddNode 消息。
- 当集群中的其他节点收到 AddNode 消息后，会广播 AgreeAdd 消息。
- 当一个节点收到 $2f+1$ 个 AgreeAdd 消息后，会发送 AgreeAdd 消息给 Replica 5。
- Replica 5 会从收到的消息中，挑选一个节点来同步数据，具体的过程在主动恢复的流程中有说明，同步完成以后发送 JoinNet 消息。
- 当集群中其他节点收到 JoinNet 消息之后重新计算视图 View 和节点总数 N，同时将 P、Q、C 的信息封装到 AgreeJoinOrExit 消息中进行广播。

- 当节点收到 $2f+1$ 个有效的 AgreeJoinOrExit 消息后，新的主节点广播 UpdateNet 消息完成新增节点流程。

删除节点的流程和新增节点的流程类似，当主节点接收到删除 Replica 5 的消息后，将 DelNode 消息进行广播。待各个节点全部同意删除操作后将 Replica 5 从各种节点列表中删除，整个过程如图 7-25 所示。

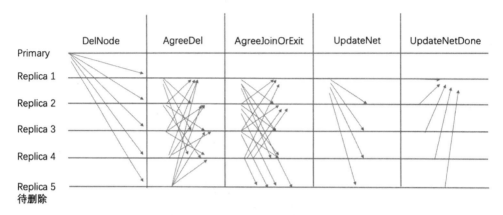

图 7-25　PBFT 算法节点删除流程

综上所述，这一系列机制保证了 PBFT 算法可以在拜占庭容错环境下正确地工作。即使有少量的节点在集群中作恶，也不会对整个集群提供服务的正确性产生影响。

7.10　共识算法的新进展

自 2015 年起，随着比特币系统、以太坊等区块链平台的发展，越来越多的研究者开始关注区块链技术，共识算法因此进入了快速发展、百花齐放的时期。许多新的共识算法在这段时间被提出，它们可能是原有算法的简单变种算法，可能是为了改进某一方面性能而进行微创新的算法，也可能是为了适应新的场景和需求而进行重大改进的新算法。下面列出了目前比较主流的共识算法的改进发展方向。

1）权益证明

2011 年 7 月，一位名为 Quantum Mechanic 的数字货币爱好者在比特币论坛首次提出了权益证明（Proof of Stake，PoS）机制。在 PoS 机制中，提出币龄的概念。

币龄 = 持有的货币数 * 持有时间

如果节点拥有 100 个比特币，持有了 30 天，那么比特币的币龄就是 3000 天。币龄越大的节点获取记账权（生成区块）的概率越大。当每次记账完成之后，该节点的币龄就清空。当然，刚获取的比特币不能直接参与币龄计算，一般是 30 天之后开始计算币龄。

那么这样会产生一个问题：节点可以通过囤币来获取绝对记账权。为了防止这种情况发生，会设置一个最大记账概率，一般设置在 90 天时获得最大记账概率，之后便不再增加。

但是，PoS 机制本质上还是类似 PoW 算法的暴力计算方法，只不过拥有更多比特币的节点更有可能产生新的区块获得收益。PoS 机制在一定程度上解决了在 PoW 算法中，为了产生新区块需要消耗大量算力的问题，避免了谁算力多谁记账的局限性。

随后，Sunny King 在 2012 年 8 月发布了点点币（Peercoin，PPC）。PPC 系统将 PoW 与 PoS 两种共识算法相结合，初期采用 PoW 算法挖矿使得代币可以相对公平地分配给矿工，后期随着挖矿难度的增加，系统主要由 PoS 机制维护。

2）授权股份证明算法

2013 年 8 月，比特股（Bitshare）项目提出了一种新的共识算法，即授权股份证明（Delegated Proof-of-Stake，DPoS）算法。DPoS 算法的基本思路类似于"董事会决策"，即系统中每个节点都可以将其持有的股份权益作为选票授予一个代表，获得票数多且愿意成为代表的前 N 个节点（N 一般为奇数）将进入"董事会"，按照既定的时间表轮流对交易进行打包结算产生新的区块。如果说 PoW 和 PoS 共识算法分别采用"算力为王"和"权益为王"的记账方式的话，DPoS 算法则可以认为采用"民主集中式"的记账方式，其不仅可以很好地解决 PoW 算法浪费能源和联合挖矿对系统去中心化构成威胁的问题，还能弥补 PoS 机制中拥有记账权的节点未必希望参与记账的缺点。

3）新型 BFT 算法

Libra 是 Facebook 新推出的虚拟加密货币。Libra 是一种不追求对美元汇率稳定，而追求实际购买力相对稳定的加密数字货币。Libra 最初由美元、英镑、欧元和日元这 4 种法定货币计价的一篮子低波动性资产作为抵押物。

2019年6月18日，Facebook发布Libra白皮书，在白皮书中说明Libra区块链将使用基于拜占庭容错共识的LibraBFT算法，而LibraBFT算法是HotStuff算法的一个变种。

Hotstuff算法总结对比了目前主流的BFT共识协议，构建了基于经典BFT共识实现的流水线式的BFT共识的模式。通过在投票过程中引入门限签名实现了$O(n)$的消息验证复杂度，在视图变更之后无须同步也可保证系统的可用性。

HotStuff算法是基于View的共识算法，View表示一个共识单元，共识过程是由一个接一个的View组成的。在一个View中，存在一个确定的领导者来主导共识协议，并且经过三个阶段的投票达成共识，然后切换到下一个View继续进行共识。假如遇到异常状况，某个View超时未能达成共识，则切换到下一个View继续进行共识。

第 8 章

数字钱包

数字钱包是一种可以进行个人电子交易的应用,由软件和硬件组成。数字钱包可以与个人的银行账户关联,里面可以放置电子驾照、社保卡、身份证或其他数字证件。这些凭证可以通过近场通信(NFC)技术传递给商户。如今的数字钱包不仅可以进行基本的金融交易,更成了持有人的身份证明。例如,在买酒时向商家证明购买者的年龄。在这里,数字钱包特指存放比特币、以太币等加密货币的数字钱包。

以比特币钱包为例,比特币钱包是基于比特币系统开发的客户端软件,用户可以使用比特币钱包完成比特币的接收、发送和存储。由于区块链平台功能的差异,不同区块链平台的钱包功能各不相同。目前市面上的钱包应用非常多,按照数字钱包所能支持的平台来说,数字钱包有支持单链或支持多链的,也有支持各种异构区块链的。按照数字钱包的形式来说,有手机 App,有网页钱包,也有桌面客户端,还有浏览器插件如 MetaMask 等。

基于钱包是否可以在线访问,又可以将钱包分为冷钱包和热钱包。还有一些人把账户私钥记录在纸上,这种钱包称为纸钱包。无论采用哪种形式,最终目的只有一个,那就是保存账户私钥,私钥代表着对账户的控制权。在任何区块链钱包中都没有存储加密货币,这可能有点反常识,加密货币本身是存储在区块链账本上的,私钥用来控制区块链账本上对应地址加密货币的所有权。目前比较常见的钱包应用有 imToken、Bitcoin Core、Coinbase 和 Bitpie 等,这些钱包通常同时支持多种区块链平台。

8.1 确定性钱包

比特币早期的钱包客户端 Satoshi Client 会自动随机生成 100 个私钥和公钥对,这些私钥之间完全没有关联,这种钱包叫作随机钱包(Random Wallet)或非确定性钱包(Non-Deterministic Wallet),钱包的备份和恢复必须针对每个私钥进行。非确定性钱包如图 8-1 所示。

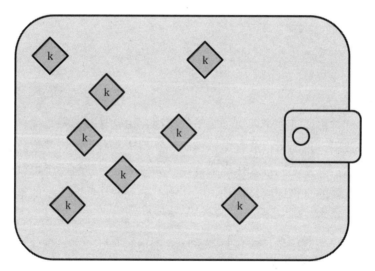

图 8-1 非确定性钱包

如果能随机产生一个种子,然后根据这个种子生成一系列的私钥和公钥对,这样钱包的备份就会容易很多,因为只需要备份随机种子就可以,这种根据随机种子按确定规则生成的一系列钱包叫作种子钱包(Seeded Wallet)或确定性钱包(Deterministic Wallet)。种子钱包在生成多个私钥时会用到序号作为参数,所以这种钱包也叫作线性确定性钱包(Sequential Deterministic Wallet)。线性确定性钱包如图 8-2 所示。

第 8 章 数字钱包

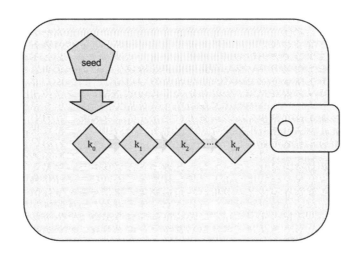

图 8-2 线性确定性钱包

线性确定性钱包解决了备份的问题，但仍然不完美，没有办法把钱包的一部分共享出去给别人管理，同时自己保有知情权和控制权。区块链社区的智慧是无穷的，分层确定性钱包应运而生。分层确定性钱包如图 8-3 所示。

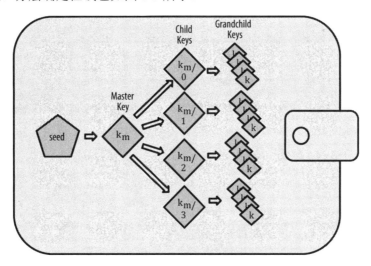

图 8-3 分层确定性钱包

因为这种钱包的结构是有层次的，所以叫作分层确定性钱包（Hierarchical Deterministic Wallet），简称 HD 钱包。所谓分层，就是指一个大公司可以为每个子部门分别生成不同的私钥，子部门还可以管理子子部门的私钥，每个部门都可以看到所有子部门里的资产，也可以花费这里面的资产。与此同时，会计人员具有某个层级的公钥，他可以看见这个部门及子部门的资产变动记录，但不能花费里面的资产，这样财务管理更方便了。分层为钱包带来了如下的好处。

- 树状的钱包结构可以让钱包的组织方式更加灵活，或者赋予其现实世界的意义，如可以用单个 HD 钱包来管理组织的所有资产。
- 每个节点都有私钥和公钥，并且可以派生出更多的子节点。
- 树状结构中的某个分支及其子树可以根据实际需要共享出去。
- 备份和恢复只需要关注主节点。

8.2 分层确定性钱包设计

HD 钱包是目前常用的确定性钱包，说到 HD 钱包，大家可能第一反应会想到硬件钱包（Hardware Wallet），其实这里的 HD 是 Hierarchical Deterministic（分层确定性）的缩写。

分层确定性的概念最早在 BIP-32 提案中被提出。根据比特币核心开发者 Gregory Maxwell 的原始描述和讨论，Pieter Wuille 在 2012 年 2 月 11 日整理完善并提交了 BIP-32 提案。直到 2016 年 6 月 15 日该提案才被合并到 Bitcoin Core 中，目前几乎所有的钱包服务商都整合了该协议。BIP-32 提案是 HD 钱包的核心提案，通过种子来生成主私钥，然后派生海量的子私钥和地址，但是种子是一串很长的随机数，不利于记录，所以我们用算法将种子转化为一串助记词（Mnemonic），方便保存记录，这就是 BIP-39 提案，它扩展了 HD 钱包种子的生成算法。

在 BIP-32 提案中，定义了根据父节点公（私）钥派生子节点公（私）钥的算法，同时规定了将派生出来的密钥对组织成树状结构的方法。在 BIP-32 提案中，根据父节点的公（私）钥）派生子节点公（私）钥的方法被称为子密钥派生（Child Key Derivation，CKD）函数。CKD 函数依据三个参数生成子节点的公私钥对，这三个参数分别是父节点的公钥或私钥、父节点的链码和子节点的序号。CKD 函数的整个过程是单向不可逆的。

根据父节点私钥生成子节点私钥的过程如图 8-4 所示，整个生成步骤如下。

1．根据父节点私钥和椭圆曲线乘法推导出父节点公钥（Parent Public Key）。

2．把父节点公钥、父节点链码和子节点序号作为参数，通过HMAC-SHA512算法得到512bit的输出。

3．把步骤2中的输出拆分为两个等长的256bit串，分别标记为L和R。

4．把步骤3中的输出L和父节点公钥进行运算得到子节点公钥。

5．把步骤3中的输出R当作子节点链码（Child Chain Code）。

子节点私钥生成函数在BIP-32提案中被确定为

$$\text{CKD}_{\text{priv}}\left(\left(k_{\text{par}}, c_{\text{par}}\right), i\right) \rightarrow \left(k_i, c_i\right)$$

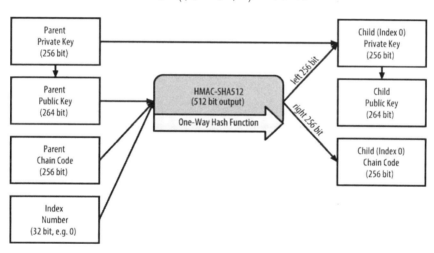

图8-4　子节点私钥生成流程

根据父节点公钥生成子节点公钥的流程如图8-5所示，整个生成步骤如下。

1．把父节点公钥、父节点链码和子节点序号作为参数，通过HMAC-SHA512算法得到512bit的输出。

2．把步骤1中的输出拆分为两个等长的256bit串，分别标记为L和R。

3．把步骤2中的输出L和父节点私钥进行运算得到子节点私钥。

4．把步骤2中的输出R当作子节点链码（Child Chain Code）。

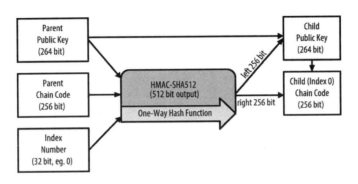

图 8-5 子节点公钥生成流程

可以看到，在这两个过程中都会生成一个链码，采用这个链码可以在一定程度上保证钱包私钥的安全性。在利用 CKD 函数生成子节点公钥时，需要利用三个参数，分别是父节点公钥、父节点链码和子节点序号。如果忽略链码，那么父节点公钥和子节点序号是容易获得的，如果恶意攻击者获得了这两个参数，那么在不加链码的情况下就可以推导出子节点公钥，从而达到破坏节点隐私性的目的。加入链码以后，相当于引入了一个随机变量，从而增加了黑客推导子节点公钥的难度，更加保障了钱包的安全性。

在子节点生成过程中会同时用到父节点公钥和父节点链码，在 BIP-32 提案里面约定把两者拼接再进行特定结构编码产生的结果叫作扩展密钥（Extended Key），根据扩展密钥我们可以开始派生子节点。父节点公钥、父节点私钥和父节点链码结合产生的扩展密钥分别如下。

Extended Private Key = Private Key + Chain Code，标记为 xpriv，可用于派生子节点私钥和公钥。

Extended Public Key = Public Key + Chain Code，标记为 xpub，只能用于派生子节点公钥。

根据扩展密钥可以解出父节点私钥、父节点公钥和父节点链码。可以说扩展密钥代表了 HD 钱包中某个分支、子树的根或起点，也正是因为这种特性，对扩展密钥的数据保密要格外小心。

8.2.1 主密钥生成

定义 CKD 函数之后我们该从哪里开始生成节点呢？必须得有个主密钥（Master Key），

主密钥的生成有一种方案是，首先从生成 512bit 的随机数开始，将 512bit 的随机数拆分为两个 256bit 的数字，分别作为主节点私钥和主节点链码，而后递归地生成子节点。虽然这种方式生成的随机数有 2^{512} 个，但是在生成主节点私钥的时候只会用到 256 个。也就是说，主节点私钥的取值有 2^{256} 种可能。

随机地生成特定位数的数字，位数越大越好，然后将随机数进行 HMAC-SHA256 哈希计算，得到 512bit 的哈希值，将其拆分为主节点私钥和主节点链码。根据单项哈希函数的性质，只要随机数种子不同，得到的哈希值就会不同，私钥也会不同，这样生成的 HD 钱包主节点的私钥就可以有更大的值域空间和更好的随机性。主密钥的生成过程如图 8-6 所示。

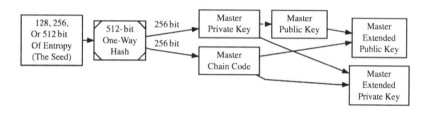

图 8-6　主密钥的生成过程

8.2.2　HCKD 函数

因为区块链钱包里面保存的私钥代表了用户对资产的控制权，特别是区块链具有匿名和不可篡改的特性，资产一旦被转移，追回的可能性微乎其微，所以对钱包的安全性再怎么强调都不为过。上面的子节点私钥和子节点公钥生成函数还有一些潜在的隐患。

如果黑客知道了父节点的公钥和链码，那么他可以生成所有子节点、孙节点的公钥和地址，这样会严重破坏 HD 钱包的隐私性。如果黑客在上面的基础上知道了某个孙节点的私钥，那么所有重孙节点的私钥都能被推导出来，如图 8-7 所示，父节点的私钥也可能被推导出来，这样整个 HD 钱包就"沦陷"了。

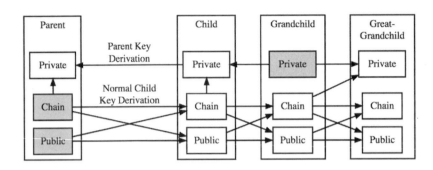

图 8-7　子节点信息推导过程

如果安全问题是没有办法彻底避免的，那么如何在某个子节点私钥泄露的时候把破坏性降到最低呢？这就需要对 CKD 函数进行改进，在 BIP-32 提案中将改进后的函数称为增强的子私钥派生（Hardened Child Key Derivation，HCKD）函数。CKD 函数和 HCKD 函数私钥生成流程对比如图 8-8 所示。

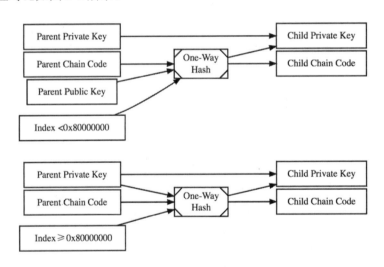

图 8-8　CKD 函数和 HCKD 函数私钥生成流程对比

HCKD 函数产生的节点的称呼相应地发生了变化，分别是增强的子节点私钥（Hardened Child Private Key）和增强的子节点公钥（Hardened Child Public Key）。

不同点在于，HCKD 函数中子节点私钥的生成不再使用父节点公钥，而是直接使用父节点私钥，因为相比私钥而言公钥更容易被黑客截获，这样必须在有父节点私钥的情况下才能推导出子节点私钥,只靠父节点的公钥和链码不能推导出增强的子节点公钥。这样子节点之间的兄弟关系就不那么容易被获悉,即使某个增强的子节点私钥泄露,也不会影响父节点。

BIP-32 提案约定 CKD 函数的节点序号的取值范围为 $0 \sim 2^{31}$,而 HCKD 函数的节点序号的取值范围为 $2^{31} \sim 2^{32}$,这样每个节点就可以生成 2^{32} 个子节点。

8.2.3 节点派生路径

理论上 HD 钱包中任何节点的生成都有路径,因为我们能找到从主节点到该节点的不同深度各节点的序号,我们就可以用统一的路径符号来标记每个节点,在进行节点派生的时候只需要声明路径即可。几个常见派生过程和对应的派生路径如下。

```
CKDpriv(CKDpriv(CKDpriv(m,3),2),5) => m/3/2/5
CKDpriv(CKDpriv(CKDpriv(m,3H),2H),5H) => m/3'/2'/5'
CKDpub(CKDpub(CKDpub(m,0),0),0) => M/0/0/0
```

其中 m 表示私钥,M 表示公钥。节点派生路径"m/3/2/5"表示从主节点派生出来的第 4 个子节点的第 3 个孙节点的第 6 个重孙节点,派生过程中使用的是 CKD 函数,而"m/3'/2'/5'"表示派生过程中使用的是 HCKD 函数。

知道每个节点的派生路径之后,通过合并路径相同前缀的方法,不难得到如图 8-9 所示的树状 HD 钱包节点结构图。

显然,BIP-32 提案在钱包安全性、易用性方面进行了比较不错的平衡,但是不同的钱包应用开发者可以自定义自己的节点结构,这就很容易导致不同的钱包之间互不兼容,没有办法保证使用了 HD 钱包 A 的用户在将自己的种子导入 HD 钱包 B 里面后,种子还能正常工作,也没有办法保证 HD 钱包能支持多个链的私钥管理。

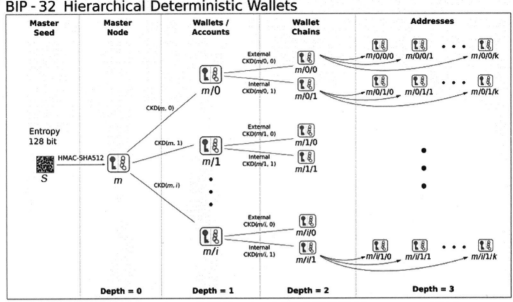

图 8-9 树状 HD 钱包节点结构图

因此，比特币社区在 BIP-32 提案的基础上提出了比较规范的 BIP-43 提案和比较具体的 BIP-44 提案，两者的目的在于就 HD 钱包子节点派生路径的模式、每段路径的含义进行具体的规定，形成共识。事实上如今的 HD 钱包都遵循了 BIP-32 提案和 BIP-44 提案的规定，也只有遵循了这两个提案的规定的钱包应用才是大概率完全兼容的。

春秋战国时期，不同国家间的文字、马车轮距不同导致了较高的社会交易成本，秦始皇统一六国之后实施了"车同轨，书同文"的政策，BIP-44 提案对 BIP-32 提案的作用和"车同轨，书同文"政策的效果非常类似，正是二者的结合让 BIP 提案成了事实上的行业标准。

BIP-44 提案的内容相比 BIP-32 提案简单很多，里面规定了子节点派生路径的范式：

```
m / purpose' / coin_type' / account' / chain / address_index
```

示例如下。

```
m/44'/60'/0'/0/0
```

在示例中从左到右每段路径的含义分别是，m 表示使用 CKD 函数生成的子节点私钥，

M 表示使用 CKD 函数生成的子节点公钥，44'表示这个节点派生路径遵循的规范，这里的 44 意味着遵循的规范是 BIP-44 提案，60'表示这个路径对应哪个区块链平台，60 指代以太坊，0'表示账户编号，0 对于非比特币路径都是 0，路径规范的最后一个 0 表示具体的账户节点。

> 更多的区块链平台编号（Coint_type）可以参考 BIP-44 提案中的内容。

8.3 助记词

互联网发展了二十多年，所有的互联网用户都熟悉了登录账户要输入密码的流程，但是对于账户设置密码来说，用户记住密码变得很难，因为为了安全通常需要设置很复杂的密码，但是复杂的密码没有那么容易记住。区块链钱包管理的私钥可以认为是随机生成的密码，多个随机生成的杂乱字符串对于用户来说是非常不友好的，有没有办法让这个密码变得更加友好呢？

在 BIP-39 提案中，提出的助记词机制很好地解决了这个问题，最终达到了让钱包私钥（对 HD 钱包来说就是种子）在安全性方面不打折扣，但是更容易识记的目的。BIP-39 提案主要描述了两个流程：根据随机数生成助记词的流程和根据助记词推导 HD 钱包种子的流程。

8.3.1 助记词生成

有个广泛流传的误解说助记词是随机生成的，实际上助记词不是随机生成的，而是随机生成的种子的一种呈现方式。助记词究竟是怎么生成的呢？整个过程如图 8-10 所示。

首先需要生成 128bit 的随机数，这个随机数在 BIP-29 提案中叫作熵（Entropy，简写为 ENT），然后对该随机数进行 SHA256 计算，取前 4bit 作为校验码（Checksum），接着把这两个的结果拼接得到 132bit 的结果，然后分割成 12 个 11bit 的子串，最后将 12 个子串转化为十进制值后去表 8-1 中查找对应的单词，把查找到的单词按顺序拼接起来构成助记词。

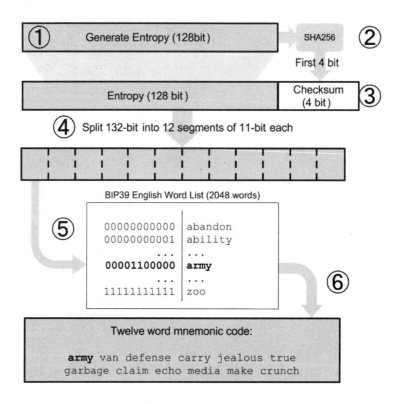

图 8-10 助记词生成过程

在助记词生成过程中，不同长度的随机数所需要的校验码不同，最后产生的助记词长度不同，如表 8-1 所示。

表 8-1 随机数与校验码的长度关系

Entropy/bit	Checksum/bit	Entropy + Checksum/bit	Mnemonic Length/bit
128	4	132	12
160	5	165	15
192	6	198	18
224	7	231	21
256	8	264	24

在 BIP-39 提案中助记词目前支持多种语言，每种语言都有一个助记词表，每个助记词的长度是 2048bit，转换成对应的自然语言后一共有 2048 个助记词。以英语为例，如果得

到的 11 位二进制值为 00000000000，则转换为助记词后为 abandon。更多的助记词可以参考 BIP-39 提案中的内容。

BIP-39 提案除支持英语外，还支持日语、韩语、法语、西班牙语和意大利语。

8.3.2 恢复种子

生成助记词之后，需要通过 HD 钱包从助记词中恢复出种子，整个过程如图 8-11 所示，其中助记词是必选项，盐（Salt）是可选项。

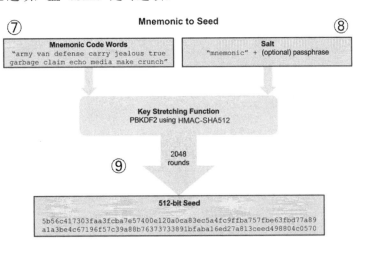

图 8-11 助记词恢复种子

可以看到，从助记词到种子的过程中，加了两个机制来增加暴力破解的难度：①加盐机制，通过使用密码作为盐进一步保护种子的安全性，这样助记词即使泄露，密码不对也无法拿到正确的种子，相当于双保险；②PBKDF2 机制，在 PBKDF2 机制中，使用 2048 轮 HMAC-SHA512 哈希算法来扩展助记词和盐参数，产生 512bit 的值作为最终输出。这个 512bit 的值就是种子，比较弱的密码经过这个环节随机性会大大增强，正是这个运算会增加暴力破解的计算量。

到这里，BIP-32 提案、BIP-44 提案和 BIP-39 提案的核心内容我们都已经理清楚了，从助记词到 HD 钱包的流程如图 8-12 所示。

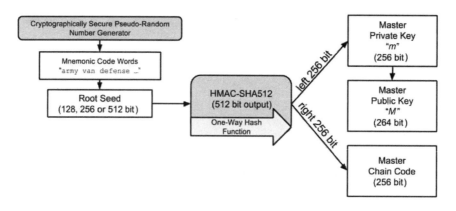

图 8-12 从助记词到 HD 钱包的流程

8.4 硬件钱包

冷钱包是专业的硬件钱包，也叫作离线钱包，可以是拔掉网线的计算机，也可以是锁在保险柜里的 U 盘。冷钱包的私钥或助记词是远离网络的，可以写在纸上、木头上，或者牢记在大脑里。

热钱包正好相反，热钱包是保持联网上线的钱包，是在线钱包，如计算机客户端、手机 App 钱包、浏览器钱包等。根据各自的数字货币资产情况来使用，少量的、经常用来交易的数字货币可以放到热钱包中，当作平常的零钱。大量的、价值高的数字货币资产可以放到冷钱包中，当作长期储存的资产。

硬件钱包属于冷钱包的一种，通常是一种带软件客户端的硬件物理设备，如银行 U 盾、加密 U 盘等，但无论采用何种硬件形式，硬件本身都是带有电子元件或芯片的物理设备。硬件钱包的核心功能在于离线生成并管理私钥，保证私钥的整个生命周期离线"冷"存储。硬件钱包携带的客户端软件包括计算机桌面客户端、网页客户端、手机客户端等，交互界面类似软件钱包或交易所的页面，主要功能是进行收发币的操作。部分硬件钱包集成了第三方的币币交易功能。

钱包的安全性主要包含以下三方面。

1）网络隔离

一款安全的钱包需要私钥的创建提供一个隔离（离线）的环境，以防止病毒或黑客进行网络攻击。现有手机或计算机等软件热钱包直接与网络相连，私钥很容易遭到网络攻击，而硬件钱包通过硬件实体离线保管"私钥和钱包种子"。

2）系统完整性保护

系统完整性保护是指硬件钱包系统能够保护自身关键部件不受非法篡改。任何系统都存在被攻击的可能性，在攻击发生的时候，具备系统完整性保护能力的硬件钱包能够发现攻击并进行相应的安全响应。

3）钱包种子保密

网络隔离和系统完整性保护提供的安全很重要，但仍然是不够的。如果攻击者拿到了物理设备，应保证攻击者无法从设备里提取钱包种子信息，一般的软件钱包或类软件钱包很难保障这一点。

这三个安全性能都是普遍适用的，不管什么样的钱包系统，都可以用这三条标准去衡量其安全性。软件钱包由于其先天限制，很难满足这些要求。相比之下，硬件钱包则具备比较好的安全基础。

冷钱包不联网会比热钱包更安全。一般来说并不需要这么专业安全的冷钱包，热钱包可以满足绝大多数的安全需求。但是发行币种的平台一定要用冷钱包，从"以太坊为了追回被盗 ETH 进行分叉回滚交易"到"比特币病毒勒索"等一系列的盗币事件，足以证明"离线钱包的重要性"。当不需要用数字货币的时候，把数字货币放在冷钱包里，切断网上联系，这样黑客就没有办法进行攻击盗取钱包中的币了。因为没有人能 100%地保证互联网绝对安全，所以为了避免数字货币被盗取，可以把数字货币存在冷钱包里，需要用的时候再转到热钱包里。

8.5 双离线支付

双离线支付，即不需要网络就能完成支付流程，是指收支双方都在离线状态进行支付。

如果手机有电，哪怕整个网络都断了也可以实现支付。

中国央行数字货币研究所所长穆长春曾这样描绘使用数字钱包的情景：只要你我手机上都有数字货币的数字钱包，那连网络都不需要，只要手机有电，两个手机"碰一碰"就能把一个人数字钱包里的数字货币转给另一个人。

据中国央行介绍，数字货币和电子支付工具（DC/EP）可以实现"双离线支付"，即便付款方和收款方都处于离线状态，一样能完成交易。

其实离线支付的功能并不新鲜，微信和支付宝都已经实现了，这可以让我们在一些场景"先享后付"。但这种离线支付一般只能让付款方离线，而收款方必须在线，并将离线的付款信息传到平台服务器端进行校验。

那 DC/EP 的"双离线支付"是怎么实现的呢？据参与 DC/EP 的支付宝平台透露，在收付双方都离线的场景下，就先记账，等能进行安全验证时再扣款。

不过"双离线支付"面临更高的安全风险，有人可能利用当中的时间差作恶，如将同一笔数字货币重复花几次，在现实中这是制造假币，而在线上世界只需要复制数字货币的核心数据。这就是行业中所说的"双花问题"（Double Spending）。

为了防止双花问题，第三方支付平台需要对每一笔交易进行验证，而"双离线支付"无法在第一时间进行验证，因此一般只用于公交等小额支付的场景，以此来降低风险。

DC/EP 目前只用于小额、零售、高频的业务场景，这在一定程度上避免了"双花问题"造成的重大损失，或许未来能通过技术手段彻底解决"双离线支付"的安全问题。

双离线支付的核心是介质和受理终端在离线的情况下完成业务，典型的例子是支付业务和核实身份。对支付业务来说，它通过交易完成之后的延期请款来完成闭环交易的过程，核心是实现了快速的核实身份和支付的一种技术方案。

支付业务的业务机制有两个核心要点，一个要点是业务机制有两个特征，包括核实身份和支付；另一个要点是受理终端和介质之间有一个信用体系。支付业务在交易安全机制方面有三个维度：①风控额度，就是双离线之后的交易的额度；②垫付和追缴机制；③信用体系。实际上支付业务在双离线场景下是一个先享后付的过程，解决的是用户体验的问题，适用于大量人群快速短时间内完成核实身份或小额支付的场景，在网络不畅或信息化环境异常时，也要保障交易的成功率，否则将可能引发群体事件。以校园食堂为例，12 点下课，几万人集中在 1 个小时内完成就餐，如果不支持"双离线支付"，要么引发群体事件，要么学校免费让学生吃饭，学校买单。校园场景双离线特点在于核实校园身份，必须是校园身份，这是封闭环境和开放环境（如公交车）的差异，核实身份时要求必须是学生或老师才能消费，这是特定场景的特定策略。

目前已经实现了卡、码和脸的双离线的核实身份和支付，主要实现路径是合约记账加上运营方资金兜底。

在资金兜底上有两条实现路径，一条实现路径是学校许可学生授信的信用额度，在离校的时候进行管控；另一条实现路径是基于营销策略的资金路径。

当前研究的一个技术方向是物联网边缘计算。通过物联网边缘计算，增强风控能力，风控共性除交易行为外还有限额、限场景、透支风控额度等。基于物联网，通过同一个交易地点，在边缘计算网关完成核销脱机风控余额，增强双离线支付的风控效果。

尽管双离线支付仍然面临着很多挑战，但是在 2020 年 8 月 14 日随着商务部印发《全面深化服务贸易创新发展试点总体方案》，提出在京津冀、长三角、粤港澳大湾区及中西部具备条件的试点地区开展数字人民币测试后，数字人民币逐渐加入了现有的数字货币体系。可以说，随着试点地区的增加，双离线支付将会在不久的将来走入我们的日常生活。

第 9 章

预言机

区块链系统是一个具有确定性且封闭的环境，本书到目前为止所有的操作都是基于区块链系统本身的数据的，但是这样会割裂区块链系统与外部世界，极大地限制区块链的应用场景。

对于智能合约来说不允许不确定的事情发生，不管智能合约何时何地运行都必须得到一致的结果。一旦智能合约的执行需要触发条件，而这些条件需要依赖外部信息时，就要依赖预言机提供服务，通过预言机将现实世界的数据输入区块链中。因为智能合约是一个封闭的环境，不支持对外请求数据。

预言机（Oracle Machine），又称谕示机，是一种抽象计算机，用来研究决定型问题。预言机可以视为一个或多个黑盒子（预言者）的图灵机，黑盒子的功能是在单一运算之内解答特定问题。黑盒子解答的问题可以是任何复杂度之内的问题。

允许智能合约从区块链系统外部获取数据是一把双刃剑，在极大地拓展区块链应用场景，方便区块链与外部世界交互的同时，引入了一定的信任难题。无许可区块链中的矿工没有把握验证所有的外部输入，因此只能无差别地执行任何符合智能合约预置条件的操作。

举个简单的例子，Alice 和 Bob 对 ETH 在北京时间 2019 年 1 月 3 日下午 14:00 的价格打赌。为了避免口头赌约失效，他们用智能合约设立赌局，双方各自向智能合约中存入 1 个 ETH，赌约为如果 ETH 的价格高于 300 美元/个，那么 Alice 赢得 2 个 ETH，否则 Bob 赢得 2 个 ETH。智能合约并不能实时获得 ETH 的价格，并且赌局的结果一旦确定就无法逆转，因此我们一定要保证向智能合约上报正确的 ETH 价格。这个时候，我们就需要所谓的预言机（用来提供数据的组件）。

预言机是对世界状态的声明进行签名的实体，或者可以这样说，预言机扮演着将外部信息写入区块链的角色，是整个写入机制的总体。例如，预言机可以报告 2019 年 1 月 3 号 Coinbase 的 BTC/USD 价格，也可以报告欧冠联赛的冠军。最终消息是通过一个或多个预言机所采信的一个或多个可信源消息进行聚合重整得到的。这就是区块链需要预言机的原因，因为智能合约无法主动获取外部的数据，只能被动接收数据。

9.1 预言机基本原理

下面我们通过一个例子来介绍一下预言机的基本原理。这个例子是，用户在以太坊上建立一个智能合约，智能合约需要获取某个城市的气温数据。当然，智能合约自己是无法获取这个发生于链下真实世界中的数据信息的，需要借助预言机来实现。智能合约将需要获取气温数据的城市名称通过智能合约触发的事件写入产生的日志中，链下我们会启动一个进程，监听并订阅这个事件产生的日志。当这个进程监听到智能合约需要获取某个城市气温数据事件所产生的日志时，就会将指定城市的气温，通过发送交易的方式，调用智能合约中的回填方法，提交到智能合约中，整体流程如图 9-1 所示。

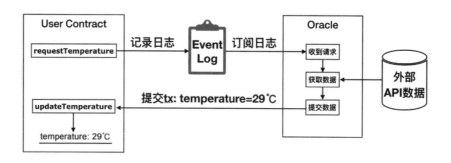

图 9-1 预言机数据提供流程

在《精通以太坊》一书中，提出了三种预言机的设计模式，这三种模式分别是即刻响应模式、请求与响应模式和发布与订阅模式。

让我们从比较简单的即刻响应模式预言机开始，这种预言机提供即时决策所需的数据，如"Ethereumbook.info 的地址是什么"或"这个人是否超过 18 岁"。那些希望查询此类数据的人倾向于在"即时"的基础上选择即刻响应模式预言机。即刻响应模式预言机包括那些持有组织数据或由组织发布数据（如学术证书、拨号代码、机构会员资格、机场标识符、自主 ID 等）的预言机。即刻响应模式预言机一旦将数据存储在其合约存储中，其他智能合约就可以使用预言机合约请求来查找。合约存储中的数据可以通过区块链启用（以太坊客户端连接）应用程序直接查找，无须产生发布交易的 Gas 成本，想要检查买酒顾客年龄的商店可以这样做。即刻响应模式预言机对于需要运行和维护服务器来回答数据请求的组织或公司更具有吸引力。需要注意的是，由即刻响应模式预言机存储的数据可能不是即刻响应模式预言机正在服务的原始数据。例如，出于效率或隐私原因，大学可能会为过去学生的学业成绩证书设立一个预言机。但是，存储证书的完整详细信息（细致到所修的课程和达到的成绩）是多余的，预言机只需要存储学业成绩证书的哈希值就足够了。

请求与响应模式预言机是比较复杂的，出现这种预言机主要是由于预言机合约请求的数据占用的空间太大而无法存储在智能合约中，并且用户每次只需要整个数据集的一小部分。这种预言机是数据提供商业务的适用模型。实际上，请求与响应模式预言机可以实现为链上智能合约系统，以及用于监视请求和检索、返回数据的链外基础结构。来自去中心化应用的数据请求通常涉及许多步骤的异步过程。在这种模式中，首先，外部账户与去中心化应用进行交互，从而与预言机智能合约中定义的功能进行交互。此时函数启动对预言机的请求，除包含回调函数和调度参数的补充信息外，还包含相关参数详细说明。一旦验证成功，就可以将预言机请求视为预言机合约发出的 EVM 事件，或者作为更改状态，可以检索参数并用于执行链外数据源的实际查询。其次，预言机需要付款来处理请求，回调 Gas 支付并访问请求数据。最后，结果数据由预言机所有者签名，证明在给定时间内的数据有效性，并且将结果数据直接或通过预言机合约发出请求传递给去中心化应用。根据调度参数，请求与响应模式预言机可以定期广播更新数据的事务（如日终定价信息）。

在发布与订阅模式预言机中，要对预期改变的数据（定期或频繁地）提供有效的广播服务，发布与订阅模式预言机要么由链上的智能合约轮询，要么由链外守护进程监视和更新。发布与订阅模式预言机具有类似于 RSS 摘要或 WebSub 的模式，当信息发生变更时，会使用最新的信息进行更新，并且用标记表示新数据可供"订阅"的人使用。感兴趣的人必须向预言机轮询检查最新信息是否已更改，或者监听预言机合约的更新并在更新时采取行动。在 Web 开发中，轮询的效率非常低，但在区块链平台这样的环境中却不是这样。以太坊节点必须监听所有状态的更改，包括对合约存储的更改，因此轮询数据是否已经更改其实是对以太坊客户端的本地调用。以太坊事件日志使应用程序特别容易监听到预言机的更新，因此发布与订阅模式预言机在某些方面可以进行"推送"服务。但是，如果轮询是通过智能合约完成的——这对于某些去中心化的应用可能是必要的（如在无法激活激励的情况下），则可能产生大量 Gas 费用支出。

9.2 预言机的起源与发展

预言机可以是中心化的单一预言者，如 Oraclize（Oraclize 后来更名为 Provable，到 2020 年已经不太活跃）这样的中心化预言机，也可以是去中心化的多个预言者，如 ChainLink、DOS Network（到 2020 年已经不太活跃）等这样的去中心化预言机。

中心化预言机由单个预言者（Oracle）为服务请求方提供数据，对某一特定的服务请求，在服务请求方指定 n 个数据来源并向中心化预言机发送合约请求后，服务商从一个或多个数据来源的接口调用数据，最终反馈给服务请求方的数据可以是单个数据来源的，也可以是多个数据来源的。

一般来说，单个数据来源的成本远低于多个数据来源的成本，中心化预言机仅能从最可信的一个数据来源调用数据，以实现整个预言机系统的高效运行。去中心化预言机由多个预言者共同提供数据获取服务，利用纠删码（Erasure encoding）技术实现答案冗余，增强整个预言机系统的容错能力。当所有的预言者在规定时间内提交的答案汇总（汇总的方法包括加权平均、中位数或众数的方法，根据具体调用的数据而定）后，将汇总后的答案反馈给服务请求方。

9.2.1 可信预言机

区块链在构建时故意隔离了外部世界和需要额外信任的第三方。然而，大部分事件是在链外发生的，因此我们要在不破坏这种隔离性的基础上传递数据。事实上，去中心化应用的可信性取决于链内、链外信源中最脆弱的那一个，因此只有一个可能会被污染的信源是远远不够的。

预言机在接入多个信源后能在概率上取得更高的安全性，不过会相应增加很多成本。具体运用场景所需的信源数量可能有多有少，在实际应用中我们应当采取一种基于风险的设计思路来决定不同应用程序需要多少个信源。

以北京的气温数据为例，如果仅仅依赖这个数据决定明天的穿衣风格，那么用手机App上的数据即可，即使数据出了问题也不会有严重后果，使用一个预言机（如 API）就足够了。而如果预言机上报的温度决定了价值千万元的保险合约的赔付结果，那我们就有必要接入多个预言机，包括卫星数据、本地传感器数据等。

总的来说，需要根据涉及资金量的大小来平衡所建立预言机系统的成本，在实际应用中找到适合当前场景的预言机方案。

9.2.2 奶酪模型

预言机要想保证第三方一直不作恶是很难的。在中心化世界里解决这个信任问题要使用多个保护层：纸质合约、公司声誉、保险或法律法规等。只要至少还有一个保护层没有失灵，就可以认为系统依然是诚实的。然而如果所有的保护层都被穿透了，那攻击就生效了，图9-2所示的奶酪模型展示了这一点。

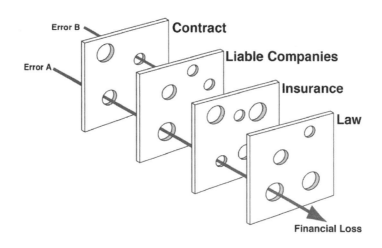

图 9-2 奶酪模型

所以此处我们再次强调单一（未经审计）的信源是无比脆弱的，它会影响所服务系统的安全性。世上没有完美的系统，但我们可以将多重屏障的概念应用到去中心化的预言机系统中，从而尽可能完善信任机制。

1）多重数据来源

减少数据失误的简单办法是用预言机把多重数据来源聚合起来。这样，只有两种可能会收集到离谱的数据：一是大部分数据来源都被污染了，二是预言机本身被攻破了（变成了一个单点故障问题）。

2）多重预言机

当增加预言机数量时，依据概率，大多数预言机不是恶意的，因此只要系统中的大多数预言机仍然保持诚实，那么系统就是安全的。然而无论是有意操纵还是无意为之（信源本身失效），都不能排除所有预言机均传递错误信息的可能。

3）利益共享

去中心化网络可以制定特定的激励机制，以保证网络参与者的行事准则和网络的整体利益一致。当网络参与者按照规则活动时就能获得奖励，如矿工挖矿可以得到区块奖励，权益证明系统需要罚没条件来抵御女巫攻击和无利害关系攻击。

让去中心化网络中的匿名参与者充当预言机十分危险，在去中心化网络中，一旦他们作恶来获取经济利益,也尚未有法律条文来追索那些不义之财。利用代币工程的设计,能强制去中心化网络中的节点质押一部分保证金或存款,这些资产通常是系统中的原生货币。当节点好好工作时,会获取一定的酬劳,如果节点作恶,就会按一定比例失去所质押的保证金。上述机制保证了预言机系统有正向的激励机制来促进参与者生成准确数据。

4)可信执行环境

Intel 最近的 SGX(Software Guard eXtensions)和 ARM 的 TrustZone 都属于可信执行环境(TEE),二者较为相似,下面我们以 Intel 的产品为例进行介绍。

简而言之,SGX 允许程序在 CPU 强化的围圈(Encalve)或内存可执行的保护区域中,为用户级别的代码赋予硬件层面的保护,这样可以在受攻击的平台中提高安全性。首先,围圈避免了应用程序(数据、代码和控制流)受到其他进程的破坏。其次,围圈保护了应用程序的机密性,即应用程序的数据、代码和执行状态在理论上对剩下部分的操作系统不透明,但应用程序依然可以读写围圈区域以外的内存数据。

SGX 希望能在恶意操作系统上保护围圈中的程序,也希望能保护应用程序不被节点上的系统管理员破坏。在围圈中运行预言机程序并分发数据能强有力地确保预言机程序的安全运行,因为可以从远端检测到系统是否运行在合法的 SGX 之上。

不过值得留意的是,SGX 在发布后已经有两个漏洞(March-2018 & July-2018)相继被发现,并且目前还有研究在探索一些其他的漏洞。尽管第一个漏洞已经被修复,但这警示着我们只采用 TEE 仍然会造成单点故障。当智能合约的执行依赖于来自一个或多个预言机自动生成的输入时,必须设计多重保护层来避免单点故障。

上述保护屏障单个抽离出来不能算是万无一失的,但当它们联合起来共同作用时,能起到强有力的保护效果。

9.3 理想预言机

理想预言机应当满足以下五个条件。

(1)数据调用是基于双方相互信任的(不可篡改)。预言机在调用外部数据引入智能合约时，应当保证最终反馈给用户的数据与数据来源本身的数据一致，防止预言者中途篡改。经过服务请求方的确认和其他预言者的验证后，如果调用数据无误，则将调用数据写入智能合约，并且将交易记录上传到区块链上。如果调用数据不一致，则该交易将被定义为非法交易。

（2）数据调用具有高效性。预言机合约通过智能合约规定，如果预言者没有在请求发出后的规定时间内响应用户请求，或者响应请求没有在规定时间内将数据反馈给用户，就会自动取消交易，并且对服务商实施惩罚。

（3）数据调用安全性高。预言机的设计必须有效遏制各种数据腐败行为，如女巫攻击、镜像攻击或复制答案（吃空饷）等，并且强制节点在 TEE 中执行解密操作，并向区块链汇报所有用户和节点都能看到的通用答案。

（4）符合激励相容原则。预言机激励机制和监督机制的设立必须实现激励相容，但是无论是 PoW 算法还是 PoS 机制都很容易造成多数人攻击，前者体现在挖矿方面，如通过矿池等组织形式发起攻击，后者则通过超额抵押（Staking）和贿选等方式实现攻击。

因此，治理机制的设计必须充分调动其他竞争预言机的监督积极性，并且不能与代币奖励和打包概率等决定预言者收益的指标挂钩。否则，将不可避免地发生预言者和用户因利益不一致而产生的委托代理风险。

（5）数据资产化。数据应当作为一种资产，根据其资源的重要性和稀缺性进行定价，以公允价值的形式写入智能合约。

目前，数据资产缺乏有效的定价机制，因为数据多种多样，不同类型的数据对不同用户的作用也存在显著差异。目前数据定价权归数据的资源方所有，并没有实现去中心化。

9.4 去中心化系统的弱点

构建一个预言机并不困难，难的是其中去信任成分的设计。其中关键的风险在于，依赖智能合约裁决事务的各方之间是存在利益冲突的，而匿名的预言机没有诉讼风险。当运行具有多个预言机的系统时，各个预言机必须达成共识，因为智能合约只接受一个输入。

为了防御攻击，预言机需要满足以下要求。

- 预言机之间无法互相辨认。
- 预言机之间无法互相通信。一个有着相当大投票权力（如40%）的预言机能广播自己的答案，而且不需要刻意说服其他节点自己的答案是主流答案。不过如果其他节点已经知道这个节点具备如此大的投票权力，那么这个要求也就没什么意义了。
- 预言机之间无法向其他节点证明自己是自己答案的所有人。设计机制应该隐藏各节点提交的答案，同时必须在所有人都提交答案之后才暴露答案来源节点。

以下的攻击策略或漏洞对去中心化的预言机网络是有效的。

多数人攻击：存在这样的风险，即网络中大多数的节点都是由一个实体或一个同盟来控制。此时网络依然由多数人控制，但已经被恶意操纵了。在去中心化的预言机网络项目中尤其要注意此类风险，需要根据节点的信誉和节点总数来决定节点的权力。

镜像攻击：这是去中心化预言机网络中一种特殊的女巫攻击。为了降低节点运行的成本，某个节点的控制人可以只通过一个节点收集一次数据，然后在链下将数据传递给自己控制的其他节点。当他传递的数据依然真实时，这种攻击并没有很大的危害，但如果传递的数据有问题，就会大大降低整个系统的安全性，因为系统通过多方查询来判断数据准确性的机制被破坏了。

吃空饷：当一个预言机恶意复制其他预言机的答案时，我们称这个预言机吃空饷。可以通过"提交/揭露（Commit/Reveal）"机制来解决这个问题，即预言机所提交的答案是加密的，只有当足够多的预言机都已经提交答案后，才会解密全部人的答案。

数据腐败难以被探查，特别是在只有一个信源（单点故障）时。数据腐败问题的解决思路通常是设立多个信源和多个预言机，以降低数据腐败的风险。

链上数据的机密性：如果数据的请求既敏感又私密，那么即使加密了数据的请求，最终数据在上报时也会不自觉地暴露该请求信息。这个问题的解决思路是强制节点在TEE中执行解密操作，并且向区块链汇报所有用户和节点都能看到的通用答案。举例来说，对于一个航班保险，用户可能不想让别人知道他要从伦敦飞到纽约，因此预言机在知道具体航班之后，只需要在区块链上回答"那一趟航班是否延误了？"，或者其他只需要用是或否来回答，而无须进一步披露信息的问题。

9.5 去中心化预言机项目

许多去中心化程度不同的预言机项目都致力于解决上述问题，或者编写多种激励机制来减少对单一信任中介的依赖，或者引入成熟的攻击抵御机制。但无论预言机项目采取哪种方式，都可将其分为两类：通过网络提供预言机服务的预言机项目和网络自带预言机服务的预言机项目。第一类预言机项目的核心是预言机即服务，代表是 ChainLink。第二类预言机项目的代表是 Witnet。

9.5.1 ChainLink

ChainLink 是一个去中心化的预言机项目，其作用是以安全的方式向区块链提供现实世界中产生的数据。ChainLink 中的网络节点兼容以太坊、比特币系统和超级账本，并且支持模块化，系统的每个部分都可以单独升级，整体结构如图 9-3 所示。ChainLink 主要的想法是为预言机打造一个可信的市场，有良好行为的预言机会受到奖励，其表现和声誉会公之于众，而有恶意行为的预言机会受到惩罚。

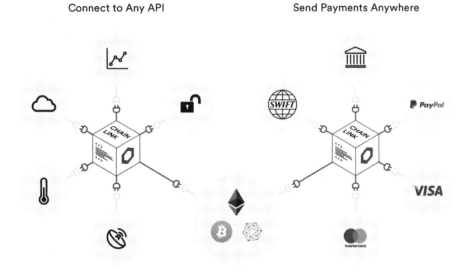

图 9-3 ChainLink 整体结构

ChainLink 在基本的预言机原理的实现方式上，围绕 LINK Token 通过经济激励建立了一个良性循环的生态系统。在 ChainLink 中，需要通过 LINK Token 的转账来实现和触发获得链外数据的机制。

LINK 是 ChainLink 基于以太坊网络上 ERC-677 标准发行的代币，ERC-677 标准是 ERC-20 标准的一个扩展标准，它继承了 ERC-20 标准的所有方法和事件，由 ChainLink 的 CTO Steve Ellis 首次提出。ERC-677 标准除包含 ERC-20 标准的所有方法和事件外，还增加了一个 transferAndCall 方法，该方法的定义如下所示。

```
function transferAndCall ( address receiver, uint amount, bytes data ) returns (bool, success)
```

可以看到，这个方法比 ERC-20 中的 transfer 方法多了一个 bytes 类型的参数，这个字段用于在转账的同时，携带用户自定义的数据。在调用 transferAndCall 方法的时候，会触发合约 Transfer(address，address，uint256，bytes)事件，记录方法调用的发送方、接收方、转账金额及附带数据。完成转账和记录日志之后，代币合约会调用接收合约的 onTokenTransfer 方法，用来触发接收合约的逻辑。这就要求接收 LINK 的合约必须实现 onTokenTransfer 方法，用来给发起转账的代币合约调用。onTokenTransfer 方法定义如下所示。

```
function onTokenTransfer(address from, uint256 amount, bytes data) returns (bool, success)
```

接收合约可以在 onTokenTransfer 方法中定义自己的业务逻辑，这样在进行转账的时候会自动触发。换句话说，智能合约中的业务逻辑，可以通过代币转账的方式来触发。这就给智能合约的应用场景提供了很大的空间。例如，LINK 的 Token 合约就是一个 ERC-677 合约，而 ChainLink 的预言机合约，是一个可以接收 ERC-677 合约的合约，含有 onTokenTransfer 方法，因此可以在收到 LINK 转账的时候执行预言机相关的业务逻辑，整个流程如图 9-4 所示。

第 9 章 预言机

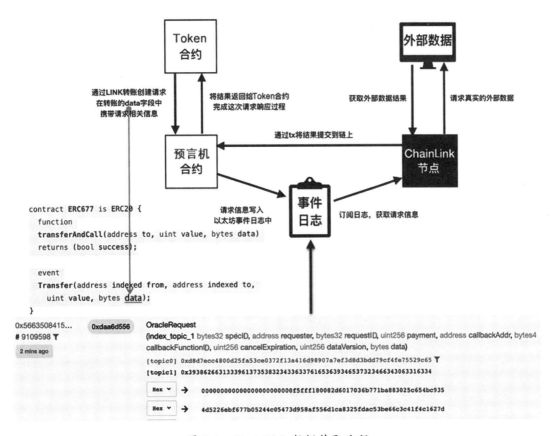

图 9-4 ChainLink 数据获取流程

以 ChainLink 官方提供的 TestnetConsumer 合约中的一个 requestEthereumPrice 函数为例来说明一下整个请求响应的流程，这个函数定义如下。

```
function requestEthereumPrice(address _oracle, string _jobId)
    public
    onlyOwner
{
    Chainlink.Request memory req = buildChainlinkRequest (stringToBytes32(_jobID), this, this.fulfillEthereumPrice.selector);
    req.add("get", "https://min-api.cryptocompare.com/data/price?fsym=ETH&tsyms=USD");
    req.add("path", "USD");
    req.addInt("times", 100);
```

```
    sendChainlinkRequestTo(_oracle, req, ORACLE_PAYMENT);
}
```

该函数实现的功能是从指定的 API 中（https://min-api.cryptocompare.com/data/price?fsym=ETH&tsyms=USD"）获取 ETH/USD 的交易价格。在 requestEthereumPrice 函数中需要传入的参数是指定的 oracle 地址和 jobID。传递完参数以后，函数内部会将这些参数进行组装，组装好的参数用于请求外部数据，在组装完毕后会调用函数最后一行的 sendChainlinkRequestTo 方法将请求发出。sendChainlinkRequestTo 方法是定义在 ChainLink 库中的一个接口方法，用于向预言机合约发送请求，该方法的定义如下所示。

```
/**
 * @notice 向指定的 oracle 地址创建一个请求
 * @dev 创建并存储一个请求 ID，增加本地的 nonce 值，并使用 transferAndCall 方法发送 LINK
 * 创建到目标 oracle 地址的请求
 * 发出 ChainlinkRequested 事件
 * @param _oracle 发送请求至 oracle 地址
 * @param _req 完成初始化的 Chainlink 请求
 * @param _payment 请求发送的 LINK 数量
 * @return 请求 ID
 */
function sendChainlinkRequestTo(address _oracle, Chainlink.Request memory _req, uint256 _payment)
    internal
    returns (bytes32 requestID)
{
    requestID = Keccak256(abi.encodePacked(this, requests));
    _req.nonce = requests;
    pendingRequests[requestID] = _oracle;
    emit ChainlinkRequested(requestID);
    require(link.transferAndCall(_oracle, _payment, encodeRequest(_req)), "unable to transferAndCall to oracle");
    requests += 1;

    return requestID;
}
```

其中 link.transferAndCall 方法即 ERC-677 标准的 Token 转账方法,与 ERC-20 标准的 transfer 方法相比,它多了一个 data 字段,可以在转账的同时携带数据。这里就将之前打包好的请求外部数据的参数放在了 data 字段中,跟随转账一起发送到了预言机合约。其中 transferAndCall 方法的定义如下所示。

```
/**
 * @dev 将 Token 和附带数据一起转移给一个合约地址
 * @param _to 转移到的目的地址
 * @param _value 转移数量
 * @param _data 传递给接收合约的附带数据
 */
function transferAndCall(address _to, uint _value, bytes _data)
  public
  returns (bool success)
{
  super.transfer(_to, _value);
  Transfer(msg.sender, _to, _value, _data);
  if (isContract(_to)) {
    contractFallback(_to, _value, _data);
  }
  return true;
}
```

其中的 Transfer(msg.sender, _to, _value, _data)语句会触发 Transfer 事件并记录日志,Transfer 事件的定义如下所示。

```
event Transfer(address indexed from, address indexed to, uint value, bytes data);
```

Transfer 事件触发后会将这次转账的详细信息(发送方、接收方、转账金额、附带数据)记录到日志中。到目前为止,完成了如图 9-4 所示的从 Token 合约携带请求数据到预言机合约的过程。

预言机合约在收到转账请求之后,会触发 onTokenTransfer 方法,该方法会检查转账的有效性,并且发出 OracleRequest 事件记录更为详细的数据信息,OracleRequest 事件的定义如下所示。

```
event OracleRequest(
```

```
    bytes32 indexed specID,
    address requester,
    bytes32 requestID,
    uint256 payment,
    address callbackAddr,
    bytes4 callbackFunctionID,
    uint256 cancelExpiration,
    uint256 dataVersion,
    bytes data
);
```

OracleRequest 事件可以在预言机合约的日志中找到，如图 9-4 所示。链下的节点会订阅该事件的日志，在获取记录的日志信息之后，节点会解析出请求的具体信息，通过网络的 API 调用，获取请求的结果。

当获得外部数据之后通过提交事务的方式，调用预言机合约中的 fulfillOracleRequest 方法，以交易的形式将数据提交到链上。其中 fulfillOracleRequest 方法的定义如下所示。

```
/**
 * @notice 由 ChainLink 节点调用来完成请求
 * @dev 提交的参数必须是 OracleRequest 事件所记录的哈希参数
 * 将会调用回调地址的回调函数，require 检查时不会报错，以便节点可以获得报酬
 * @param _requestID 请求 ID 必须与请求者所匹配
 * @param _payment 为 Oracle 发放付款金额（以 Wei 为单位）
 * @param _callbackAddress 完成方法的回调地址
 * @param _callbackFunctionID 完成方法的回调函数
 * @param _expiration 请求者可以取消之前节点响应的到期时间
 * @param _data 返回给 Token 合约的数据
 * @return 外部调用成功的状态值
 */
function fulfillOracleRequest(
    bytes32 _requestID,
    uint256 _payment,
    address _callbackAddress,
    bytes4 _callbackFunctionID,
    uint256 _expiration,
    bytes32 _data
```

```
    )
    external
    onlyAuthorizedNode
    isValidRequest(_requestID)
    returns (bool)
{
    bytes32 paramsHash = Keccak256(
      abi.encodePacked(
        _payment,
        _callbackAddress,
        _callbackFunctionID,
        _expiration
      )
    );
    require(commitments[_requestID] == paramsHash, "Params do not match request ID");
    withdrawableTokens = withdrawableTokens.add(_payment);
    delete commitments[_requestID];
    require(gasleft() >= MINIMUM_CONSUMER_GAS_LIMIT, "Must provide consumer enough Gas");
    return _callbackAddress.call(_callbackFunctionID, _requestID, _data);
}
```

fulfillOracleRequest 方法在进行一系列的检验之后，会将结果通过之前记录的回调地址与回调函数返回给 Token 合约。

```
_callbackAddress.call(_callbackFunctionID, _requestID, _data);
```

这样一次 Token 合约通过预言机请求外部数据的流程就全部完成了。

9.5.2 Witnet

Witnet 是一个基于信誉值的去中心化预言机项目。运行 Witnet 的节点是否正确地响应数据请求决定该节点是获得还是失去信誉值，正确性是由共识算法分析节点的结果后确定的。与共识结果不一致的节点会失去信誉值（如节点因下线或尝试作恶而产生了不一致），从而与正常节点区分隔离出来。当达成共识的过程超时时，只要最后节点结果和共识结果一致，节点就不会受到惩罚。

被称作目击者（Witness）的预言机节点，基于自身在网络中的信誉值，被随机分配任务并开挖区块。行为良好的节点可以迅速增加信誉值，并且在网络中承担更多的责任。相反，失效的和恶意的节点将迅速失去在网络中的信誉值，进而无法再为网络做出贡献，最终变得无足轻重。

因为 Witnet 中的信誉值非常重要，所以除（在完成一个任务后）在好坏节点间有信誉值的转移变化外，系统还设计了一个在所有节点间进行固定的信誉值重分配的机制，重分配的时间间隔为 90s，从而避免以下两种情况的发生。第一种情况是，信誉值集中在陈旧的忠诚节点上而导致中心化。第二种情况是，尸位素餐，即节点不再响应任务，只是获取挖矿收益。

在区块生产过程中，会使用滞纳金函数实现信誉值的重分配。生效节点的信誉值每次以对数函数方式减少，减少的信誉值由所有行为良好的节点共享。换句话说，所有节点的信誉值都会不断减少，那些信誉值最多的节点则损失最大。因此，为了在 Witnet 中保持信誉值名列前茅，必须时刻保持良好的行为。

Witnet 拥有自己的区块链网络，因此可以通过桥接节点提供去中心化的预言机服务。有了互操作性方案之后，可能（桥接节点）这种模式就不再那么有用了，但在互操作性方案开发出来之前，这种模式提供了一个可扩展的方案，降低了链上操作的费用，并且有助于解决关键漏洞。

去中心化网络不可篡改的特性所带来的机遇和挑战可以概括为一个词：激励机制。通过设计良好的激励机制，去中心化网络能进行空前的全球协作，并且保证理性的参与者的行为符合网络的利益。消除对任何第三方的依赖是一项挑战，任何事和任何人理论上都可能变坏，必须将风险降到可容忍的水平。虽然短期攻击的风险一直存在，但不应削弱网络贡献者们的长期激励，即使他们可以从中获得巨大的利益。

比特币矿工作为一个整体被视为可信的"实体"而被雇佣和信任，以保证比特币账本的安全。曾经出现过矿工利用漏洞进行短期获利的事件，但矿工更愿意进行理性的长期博弈，以保证自己的 ASIC 矿机投资和区块奖励不会大幅贬值。进一步说，以太坊因过度依赖像 Infura 或 Metamask 这样的服务（它们确实通过 Consensys 变得中心化）而饱受批评，但因为这些服务在以太坊中有巨大利益，因此能够保持不作恶。这些中间方案的风险在进一步的去中心化过程中是可容忍的。

与外部世界进行交互，是智能合约的下一步目标，这同样需要部署设计良好的激励机制来避免攻击。其中主要的挑战是强大经济刺激导致的不端行为。随着网络的发展，这些激励将变成网络贡献者们巨大的收入来源。日积月累，网络中会有足够的预言机服务提供商并保有巨大利益，在减少对单个（预言机）节点的依赖的同时充分保证服务质量。

胡萝卜加大棒的激励机制是强大的，目前主流的预言机项目已经可以通过使用代币和信誉机制，较好地提供可靠的预言机服务。当我们拥有可真正工作的预言机时，将会涌现出众多的使用场景和去中心化应用。

9.6 数据聚合方式

任何系统的安全性都是由其最短板决定的。去中心化的系统虽然保证了每时每刻的可用性，但却存在失效节点传递错误数据的风险，为此 ChainLink 提供了两种解决方案。

第一种解决方案是链上聚合，即在网络中并非只有一个预言机 O，而有 n 个不同的预言机 $\{O_1,O_2,\cdots,O_n\}$。每个预言机 O_i 都有自己的数据来源，不同预言机的数据来源可能会重叠也可能不会重叠。O_i 从各个数据来源处获取并聚合数据，并且将自己的聚合数据 A_i 发送至请求 Req，整个结构如图 9-5 所示。

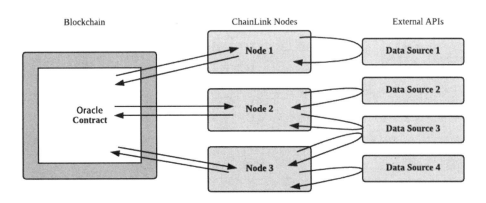

图 9-5　数据请求在预言机和数据来源层面去中心化

其中一些预言机可能出现问题，因此所有预言机返回的数据 $A_1, A_2 \cdots A_n$ 需要以可信的方式被聚合成一个单一且权威的值 A。在链上聚合方案中，当 $A_1, A_2 \cdots A_n$ 个预言机返回数据写入智能合约后，智能合约可以调用一个函数来计算这些数据的均值，从而获得权威的值 A。

链上聚合概念简单，也因为聚合数据的过程发生在智能合约中，所以具有高度的灵活性且公开透明，可以有更多的选择决定数据聚合的方式。

但是链上聚合引出了一个值得深思的技术问题，即吃空饷（Freeloading）。预言机 O_z 通过作弊看到另一个预言机 O_i 反馈的结果 A_i，然后决定抄袭它的答案。这样一来，预言机 O_z 就不用花费资源向数据来源请求数据，数据来源是按照请求次数收费的。吃空饷现象会削弱数据来源的多样性，也会打击预言机快速响应的积极性（因为响应速度慢的预言机可以免费抄袭别人的答案），因此会影响系统整体的安全性。

针对这个问题有一个比较好的解决方法，那就是建立先提交后解密的机制。这种机制可以避免预言机获取其他预言机的结果和互相抄袭。聚合后的最终结果将在有足够多的预言机提供数据后再在链上公布并被确定，但这会带来不小的计算成本。每个预言机都会发起一次交易，并且每次交易都需要达成共识，最后还需要在以太坊部署一个或多个聚合数据所需的智能合约。

> 先提交后解密的机制的流程分为三个阶段。第一阶段：收集多个有效的 SHA3 值，这个值的生成方式是所有希望参与随机数生成的生产者，在指定的时间窗口期内（如以太坊的 6 个出块周期，大约 72s），向智能合约 C 发送 m 个 ETH 的保证金，同时附上其任意挑选数字 s 的 SHA3 值；第二阶段：收集在生成有效 s 之前，所有成功提交 SHA3 值的生产者，在第一阶段结束后，在第二阶段指定的时间窗口期内，向智能合约 C 发送各自在第一阶段选中的数字 s。智能合约 C 检查数字 s 是否合格。如果合格，保存该 s 到最终随机数生成函数的 seeds 中；第三阶段：计算随机数，发放保证金及奖励，当全部的 s 收集完成后，以 $f(s_1, s_2, \cdots, s_n)$ 作为最终的随机数，把随机数写入智能合约 C 的存储空间中，向所有请求该随机数的其他智能合约返回结果。把生产者在第一阶段发送的保证金退还，同时把在本期随机数生成过程中，其他智能合约支付给 C 的手续费作为奖励发送给本期的所有生产者。

第二种解决方案是链下聚合,链下聚合能提高达成共识的经济性,但无法解决上文所说的吃空饷问题。ChainLink 提议采用基于门限签名的简单协议。现存许多签名机制都可以实现这一功能,但使用 Schnor 签名机制是其中最简单的。Schnor 签名机制:每一个参与任务的预言机都会收到一个针对此任务的[公钥,私钥]组合。预言机使用私钥为(被请求的)数据结果(已加密)生成部分签名。单一的部分签名无法直接使用,但当有足够数量的部分签名合在一起时(见图 9-6),会形成一个集体签名,该过程等价于一个链上交易对数据结果进行聚合。

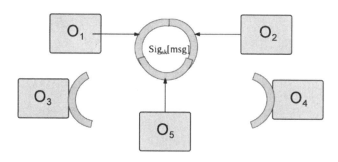

图 9-6　任意 $n/2+1$ 个预言机可以生成签名

这里的关键词是足够数量的部分签名,这意味着该方案提供了(当部分节点无法响应时的)容错机制。这种方案的缺点在于,即便是忠诚节点,如果消息传播花了太长时间导致超时而无法为消息聚合提供数据,那么这些节点也无法获得奖励,这使得节点对响应时间有依赖。这种方案解决了抄袭问题,因为结果揭晓之时已无法提交新答案了。

9.7　预言机面临的挑战

尽管在 2020 年,以 ChainLink 为代表的去中心化预言机项目蓬勃发展,但是对于预言机来说仍然面临着以下六大挑战。

1)预言机无法保证数据来源本身数据的准确性

预言机只能解决数据在传输过程中可能会被篡改的问题,从而在预言者和用户之间建立可信的机制,让不可信任的双方实现价值交换。但是,一旦数据来源本身出现问题,反馈给用户的数据同样是失真的。例如，黑客攻击采用两种不同方式攻击 GPS，第一种攻击方式是在地位数据的传输渠道中篡改目标定位的数据，第二种攻击方式是直接攻击 GPS 的数据存储系统。

假设预言机中大多数节点是忠诚的，显而易见，第一种攻击方式采用去中心化预言机的模式，只要 GPS 更新数据，将不同预言者调用数据的结果进行对比，就可以解决该问题；第二种攻击方式导致 GPS 本身数据来源的数据被篡改，即便 GPS 后期更新数据，它存储在数据库中的错误数据仍然没有被修正，从而导致定位数据失真，造成航运交割的违约。对抗数据来源出错数据失真的方法是保持数据来源的多样性，从而降低因数据来源本身的问题导致数据失真的可能性。但是，在数据来源单一（如 GPS 定位数据、IoT 设备传感器记录的数据）的情况下，这种缺陷造成数据失真的概率会更大。对于这种情况，如果苛求预言机来保证数据来源的正确性显然是不太现实的，即使可以保证数据来源的正确性，也会极大地减少数据来源的数量，可能最终又会回到只能提供链上数据的怪圈。

2）因不可篡改性导致难以修复安全漏洞

区块链的数据不可篡改性是一把双刃剑。不可篡改性的优势在于任何人都不能篡改已发生的智能合约，规则制度实现了去中心化（前提是大多数节点是忠诚的），但是存在较大的弊端。一方面，安全漏洞修复代价极高。调用数据的智能合约一旦出现安全漏洞或错误，因智能合约本身的不可篡改性会导致案例漏洞无法修复，除非社区更新软件版本并采用硬分叉的方式（如 ETC 和 ETH 的分叉）。此外，很多项目因出现类似问题没有及时修复而导致代币价值归零。

另一方面，如果数据来源在发现错误后更新，而智能合约的不可篡改性会导致记录在链上的仍然是更新前的数据。尽管在实际情况下，一切都可以篡改，但如果造成的后果不严重或只是少量数据的不一致，项目方或社区显然不会采用硬分叉这样代价高昂的方式来帮助修正这个问题。当然区块链数据的难以篡改是区块链本身的特性决定的，但是对于预言机来说是否有可能探索出一种低成本的方式，以此来修改数据来源更新导致的数据不一致的问题。

3）程序代码开源导致更容易被黑客攻击

从理论上来说，程序代码开源有利于让更多人对代码 Bug 起到修复的作用，进而对智能合约本身进行完善。但实际上，智能合约代码开源导致黑客或恶意节点更容易发起攻击。

因为绝大多数人没有足够的时间或精力去检查智能合约代码本身的问题，而且存在较大的技术壁垒，所以群众对智能合约代码的监督作用有限。

同时由于智能合约代码的不可篡改性，虽然任何人都不能任意更改交易规则，但是一旦代码出现漏洞再进行纠错的阻力较大，目前处理大规模漏洞的最好的方法是硬分叉（如 ETH 社区处理 The DAO），轻则让去中心化本身失去意义，重则导致项目破产。并且大多数项目方不具备足够的人力、物力和财力（如 ETH 社区），项目的收益远远小于风险带来的损失。

4）高效性与冗余容错设计的冲突

高效性和冗余容错存在不可避免的冲突。如果预言机采用中心化的商业模式（如 Oraclize），数据反馈速度就会比去中心化预言机更快，即便可以证明自己的忠诚，并且可以通过分布式服务器规避单点故障的风险，也难以分散无法验证数据来源导致的数据失真的风险。

反之，如果预言机采用去中心化的商业模式（如 ChainLink），则冗余容错将不可避免地导致数据反馈的低效，但是可以通过共识机制和信誉评级等机制充分证明预言者的诚实，并且可以有效分散数据来源失真的风险。

5）预言机对低时延的数据服务应当减少其交易时间

预言机应当尽可能降低服务时延。DeFi 产品大部分以智能合约的形式实现日常的交割，以 The DAO 为代表的产品需要通过预言机频繁地获取 ETH 等数字货币的实时价格数据，以有效地执行。

毫无疑问，数字货币当前价格信息实时获取是 Oraclize 和 ChainLink 等预言机网络中最频繁的数据服务请求，然而，数字货币资产价格波动的速度很快且波动的幅度较大，从而导致预言机反馈给客户的价格与当前实际价格产生严重的偏离。

6）数据壁垒加剧导致预言机网络引流困难

预言机网络本质上是一种数据资源整合平台，为了实现数据共享，需要通过引流扩大网络规模，但是数据壁垒让引流难度极高，使预言机网络规模受限。

目前，大多数数据掌握在 Facebook、Google、腾讯等极少数互联网巨头或 Swift 等行业寡头手中，他们不愿意共享自己的数据，使得获取核心数据的难度较高，导致预言机网络的规模受到制约。

一旦实现数据资源的引入将会使预言机网络规模快速扩大。例如，ChainLink 与 Google、甲骨文、Swift 等以数据为主导的网络巨头达成战略合作，Google 的 BigQuery 数据仓库等作为数据来源为 ChainLink 提供大量的数据流量支持，使 ChainLink 网络的活跃度大幅提升。

随着现代产权制度的逐步完善，数据壁垒将成为未来数据交互的巨大挑战，数据资产化的大趋势将成为必然，能够获得数据资源的预言机网络将获得更多的数据流量。

目前，预言机项目处于初创期，数据壁垒将会导致当前预言机项目损失大于收益，掌握数据资源的组织倾向于自己控制数据资产的定价权，这会从数据真实性和预言机网络规模两个维度形成掣肘。

一方面，数据来源的多样性是分散数据来源出错风险的唯一方法，但是实际上在绝大多数情况下，数据来源往往是单一的，数据来源出错导致的最终反馈给用户的数据失真的风险仍然无法得到有效分散。

另一方面，预言机网络的流量是决定预言机项目价值的决定性因素，如果掌握数据的巨擘（特别是 Google 等以数据为主导的公司）自行发展预言机项目将会带来巨大的冲击。因此，未来预言机网络的流量取决于掌控数据资源的一方是以什么形式参与到预言机市场的。

第 10 章

区块链标准

在区块链这样的系统中,需要大量的节点参与其中协同工作。但是,节点数量众多,并且分布在不同地理位置,节点的控制权也掌握在不同用户手中,因此,为了让大量节点协同工作就必须制定出一套标准与规范。区块链系统的各个参与者利益诉求不同,有些节点参与其中是为了挖矿获得收益,有些节点参与其中是为了满足业务需要,但只要符合激励相容原则,对区块链系统有利都应该被区块链标准接纳。

当众多区块链系统节点采用统一的协议协同工作后,随着时间的推移协议必然需要进行迭代和更新。然而如何更新协议就成为摆在众多区块链参与者面前的难题。针对这个问题,比特币系统和以太坊在参考现有成熟系统解决方案的同时,对这些方案结合区块链系统特点进行了一些优化和改进。

相较于公有链,联盟链和私有链的系统发起者对整个区块链系统具有更强的掌控力,所以对于协议的升级和系统的维护只要少数几个参与者达成共识满足业务需要即可。对应的协议升级方案,在开源社区已经有非常成熟的解决方法。

10.1 比特币标准

比特币系统是去中心化的和开源的,这意味着没有人拥有集中的权力来决定协议升级。任何人都可以自由地使用、修改和变更代码,但这并不意味着比特币系统是无政府主义式治理的。相反,比特币系统遵循开源软件传统的协作治理模式,比特币系统用于更新软件的过程,大量借鉴阿帕网(ARPANET)在 1969 年创建的请求评议(Request for Comments)模式。

比特币既是一种技术也是一种数字货币。虽然比特币交易是不可篡改的并会永久保留在区块链上,但其基础协议在不断改进和升级。比特币系统没有一个控制协议发展的中心机构,但这并不意味着基础协议年复一年地保持不变。

当研究者有更好的想法或有利于比特币发展的建议时,可以通过比特币改进提案(BIP)提出并执行对比特币协议的升级。

BIP 为贡献者提供了标准化流程,以便为比特币协议提出新想法,测试这些想法并对其进行同行评审。这种制衡系统旨在允许对比特币协议进行持续创新,同时确保通过共识和协作实现改进。

10.1.1 BIP 的需求

比特币系统代码最初完全由中本聪编写,用于验证像比特币这样的分布式点对点数字货币在技术上是否可行。令人惊讶的是,比特币系统达到了设计者预期的目的。但这意味着在比特币系统的早期阶段,是没有协作和开发协议的标准的。中本聪自己完成了大部分原始代码的编写,以及之后的更新和技术改进。尽管中本聪在改进比特币系统的时候征求了密码学邮件列表人的反馈,但最终比特币协议的控制权还是掌握在中本聪手中的。

在比特币系统发展的早期阶段,有人向中本聪报告了一个比特币代码库中的漏洞,这个漏洞使任何人都可以花费其他人的比特币。随着这个漏洞的修复,中本聪推动了比特币协议的更新,并且告诉网络上的每个人升级他们的客户端,但是没有解释需要升级的原因。

为了更好地推动比特币协议的发展,比特币协议需要开发流程来减少对某一单独个体的依赖,转而依赖更大的开发者社区。中本聪从比特币项目退出后实现了这一点。

早年，中本聪获得了 Gavin Andresen 的帮助，Gavin Andresen 是一位积极参与社区活动的开发人员。当中本聪宣布他将于 2011 年离开比特币项目时，他将比特币项目的控制权转交给了 Andresen。

Andresen 不想自己对代码承担全部责任，因此他征求了其他四位开发人员的帮助，这四位开发人员是 Pieter Wuille、Wladimir van der Laan、Gregory Maxwell 和 Jeff Garzik。这些开发人员被称为"比特币核心开发人员"，因为他们负责管理着比特币核心客户端的开发。

从历史上看，比特币核心开发人员一直负责比特币协议的大部分开发工作。他们维护着比特币代码库，是唯一能够将实时代码推送到比特币核心客户端的人。虽然这些年来有数百个人为比特币代码库贡献了代码，但只有十几个人曾经拥有对比特币代码库的访问权限。

这导致人们认为比特币核心开发人员对比特币协议的开发具有专制般的影响力，但事实并非如此。比特币核心开发人员参与的是粗略共识的过程，以确定最终包含在决策内的内容。比特币核心维护者和拥有访问比特币核心 Github 代码库的开发人员将考虑是否有补丁符合下面的条件，当条件满足时才会考虑是否添加补丁。

- 符合比特币项目的一般原则。
- 符合最低的安全标准。
- 符合比特币贡献者的普遍共识。

比特币核心的贡献者 Jameson Lopp 指出，虽然比特币核心维护者在技术上有可能劫持 GitHub 代码库或删改存在异议的开发人员甚至修改比特币核心组织的名字，但其结果将会导致比特币核心将不再是开发焦点。不同意比特币核心维护者行为的开发人员只需要将代码分叉并将其工作转移到不同的代码库即可，比特币核心维护者对这些开发人员没有管理员权限，所以比特币核心代码库是社区共识凝结的成果，而不需要依赖比特币核心维护者。

BIP 流程的建立是为了方便围绕比特币系统的开发过程展开讨论，并且让更多社区成员容易理解，以此使得比特币核心维护者已经使用的许多流程正规化。

10.1.2 BIP 的剖析

BIP 是一项提议改进比特币协议的标准，由 Amir Taaki 于 2011 年在 BIP-001 中提出，并且由 Luke Dash Jr 在 BIP-002 中进行了扩展。

BIP 大量参考了 Python 的改进提案（Python Enhancement Proposal，PEP-0001），甚至直接复制了其中的一些内容。BIP 提到了一个名为"On Consensus and Humming in the IETF"的文件，这是一套来自互联网工程任务组（Internet Engineering Task Force，IETF）的开源协作原则。

BIP 流程的目标是允许任何人对比特币协议提出改进想法。但是，在实施任何可能威胁网络稳定性的想法之前，需要彻底审查这些想法的安全性和可行性。BIP 流程旨在让社区围绕提出的想法建立粗略的共识。P. Resnick 将粗略共识定义如下：粗略共识意味着提出强烈反对意见的人必须经历辩论，直到大多数人都认为这些反对意见是错误的。

BIP 流程虽然在实践中比较繁复，但是可以很实际地赋予社区提出想法、进行同行评审及围绕想法达成共识的能力，对于比特币协议这样没有领导者的分布式协议的发展至关重要。自 BIP 流程建立以来，已经出现了 191 个 BIP Github 代码库的贡献者。

10.1.3 多种类型的 BIP

根据 BIP 所解决问题的不同，可以将其分为三种，分别是标准 BIP、信息 BIP 和流程 BIP。

1）标准 BIP

标准 BIP 提议了对比特币协议需要进行的更改，其中包括对网络协议、区块或交易有效性的更改，也包括对影响使用比特币的应用程序的互操作性的更改。

2）信息 BIP

信息 BIP 描述了比特币协议中的设计问题或负责向社区提供信息。信息 BIP 并不建议为比特币协议增加新的功能，只是对现有比特币协议提供更加完善的说明。

3）流程 BIP

流程 BIP 提出开发比特币系统的流程，并且建议对流程进行更改。流程 BIP 不直接影响比特币代码库，但它们可能影响新程序、开发决策的变更或比特币系统开发中使用的工具。

每个 BIP 必须经过几个不同的阶段才能付诸实施。图 10-1 所示是 BIP-001 中描述的 BIP 流程。

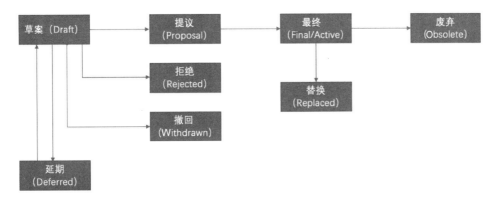

图 10-1　BIP 工作流程

BIP 想要顺利实施的话，必须经历从草案阶段，到提议阶段，再到最终阶段的过程。

- 草案（Draft）：BIP 作为草案提交到比特币开发者邮件列表和 BIP Github 代码库。
- 提议（Proposal）：BIP 包括了一个含有部署 BIP 计划的工作执行方案。
- 最终（Final/Active）：BIP 符合现实世界的采用标准，并且必须客观地验证这一点。

在验证过程中，BIP 可以被社区成员拒绝、撤回或替换。

- 延期（Deferred）：BIP 的提交人可以在没有取得任何进展的情况下将其状态更改为延期。
- 撤回（Withdrawn）：BIP 的提交人可以选择完全撤回 BIP。
- 废弃（Obsolete）：如果三年内没有取得任何进展，任何人都可以请求将 BIP 移至废弃状态。
- 替换（Replaced）：如果先前的最终 BIP 变得无关紧要，则将其标记为替换。这种情况可能发生在当一个在软分叉中实施的 BIP 在三个月后被硬分叉倾覆的时候。下面，我们将详细介绍 BIP 流程。

草案阶段的目标是将关于比特币系统的新想法格式化为标准的 BIP，并且尽快征求社区的反馈意见。BIP 的提交人负责审查社区成员的想法，以评估该想法的可行性，并且围绕可行性建立社区共识。社区成员应该在 Bitcoin Talk 技术论坛上分享想法。这有助于确定该想法是否原创、可行并保证草案可以成为一个独立的 BIP。

提交人创建了一份草案后，将其提交到比特币开发者邮件列表进行讨论。此过程允许提交人以 BIP 的标准格式呈现该想法并处理来自社区成员的其他任何问题。

在讨论之后，提交人为草案拉取提议请求并提交给 BIP Github 代码库。BIP Github 代码库的编辑器为草案分配一个数字，根据类型对其进行标记，然后将其添加到代码存储库中。编辑器只有在草案不符合特定标准的情况下才能拒绝草案。例如，草案的更新情况不清晰，或者在技术上不合理。

为了推动草案进入提议阶段，当提交人处理完社区成员存在的异议时，BIP 流程会认为草案阶段已经完成并且草案中包含了提议阶段的工作执行方案。草案阶段旨在允许提交人征求社区成员的反馈意见并修改草案以处理在此阶段提出的异议。一旦草案阶段完成并提交草案后，草案将被移至提议阶段。

当草案的状态更改为提议时，草案已准备进入实际比特币协议中。为此，每个草案都需要包含具体标准，概述如何编写代码，以便客户端使用。通常，这意味着需要通过软分叉或硬分叉将草案应用到代码中。

软分叉引入了向后兼容的更改协议，这意味着运行新软件的节点仍然与运行旧软件的节点兼容。与软分叉不同的是，硬分叉引入了不向后兼容的更改协议，这意味着如果大量节点不升级包含新软件的客户端，则链会被一分为二，就像比特币现金（Bitcoin Cash）硬分叉一样。因此，硬分叉是比软分叉实施风险更高的方式。

BIP-002 为了确认如何通过软分叉或硬分叉的方式最终实施一个 BIP，提供了一些指导原则：一个软分叉 BIP 需要通过"明显处于多数的矿工"来激活。也就是说，95% 的节点通过升级包含新软件的客户端来批准软分叉 BIP。软分叉 BIP 中必须包含该 BIP 在网络上的活跃时间。

硬分叉 BIP 需要被整个社区使用，网络上的所有节点都需要升级包含新软件的客户端。BIP-002 指出硬分叉 BIP "需要被整个比特币经济的参与者采用"，包括比特币的持有者，以及那些使用比特币提供服务的参与者。以硬分叉的方式实施 BIP 是非常困难的，由于很难满足硬分叉 BIP 的要求，实际上没有一个 BIP 是通过硬分叉实现的。

只有当草案成功地通过硬分叉或软分叉发起执行，并且在比特币协议中被实现时，才会被认为达到了最终阶段。

比特币系统运行在一个由节点、用户、开发者和矿工们提供支持的分布式网络上，是在没有任何能够控制比特币协议发展方向的中心化机构的干预之下运行的。虽然在比特币系统上进行的交易是永久性的和不可篡改的，但为比特币协议提供支持的底层技术在不断地更新演进。比特币协议通过 PoW 机制挖矿进行最终交易确认，达成关于交易的共识，同时必须就如何随着时间的推移更新和演进达成不同类型的社会共识。

BIP 流程是开发人员如何以分布式和开源式方法进行协作及为比特币系统做出贡献的关键。

10.2 以太坊标准

以太坊在发展初期借鉴了 BIP，发展出了 EIP。EIP 是一个设计文档，为以太坊社区提供信息，描述以太坊或其过程或其环境的新功能。EIP 应提供这些功能的简明技术规范和基本原理，同时 EIP 作者负责在社区内建立共识并记录不同意见。EIP 的工作流程如图 10-2 所示。

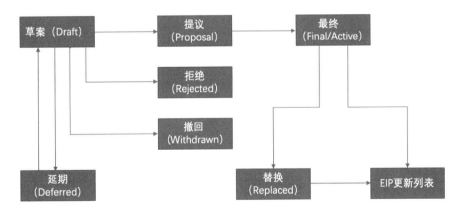

图 10-2　EIP 的工作流程

请求意见稿（Request For Comments，RFC）是由互联网工程任务组（IETF）发布的一系列备忘录。RFC 中收集了有关互联网标准的相关信息和技术文件。受此启发，以太坊提出了 ERC。ERC 包括了为以太坊网络设置的技术标准。

ERC 的增加是通过增加 EIP 来完成的，这是对比特币系统的 BIP 的致敬。EIP 由开发人员编写并提交给同行评审，评估其有用性，能够增加现有 ERC 的实用性。如果 EIP 被接受，那么 EIP 最终将成为 ERC 的一部分。一些 ERC 如图 10-3 所示。

EIP/ERC	标题	作者	层次	状态
EIP-1	EIP Purpose and Guidelines	Martin Becze, Hudson Jameson	Meta	Final
EIP-20	ERC-20 Token Standard. Describes standard functions a token contract may implement to allow DApps and Wallets to handle tokens across multiple interfaces/DApps. Methods include: totalSupply(), balanceOf(address), transfer, transferFrom, approve, allowance. Events include: Transfer (triggered when tokens are transferred), Approval (triggered when approve is called).	Fabian Vogelsteller, Vitalik Buterin	ERC	Final
EIP-152	Add BLAKE2 compression function F precompile	Tjaden Hess, Matt Luongo, Piotr Dyraga, James Hancock (@MadeOfTin)	Core	Final
EIP-721	ERC-721 Non-Fungible Token (NFT) Standard. It is a standard API that would allow smart contracts to operate as unique tradable non-fungible tokens (NFT) that may be tracked in standardised wallets and traded on exchanges as assets of value, similar to ERC-20. CryptoKitties was the first popularly-adopted implementation of a digital NFT in the Ethereum ecosystem.	William Entriken, Dieter Shirley, Jacob Evans, Nastassia Sachs	Standard	Draft
EIP-1108	Reduce alt_bn128 precompile gas costs	Antonio Salazar Cardozo, Zachary Williamson	Core	Final
EIP-1344	ChainID opcode	Richard Meissner, Bryant Eisenbach	Core	Final
EIP-1844	Repricing for trie-size-dependent opcodes	Martin Holst Swende	Core	Final
EIP-2028	Transaction data gas cost reduction	Alexey Akhunov, Eli Ben Sasson, Tom Brand, Louis Guthmann, Avihu Levy	Core	Final
EIP-2200	Structured Definitions for Net Gas Metering	Wei Tang	Core	Final

图 10-3　一些 ERC

与比特币系统从未进行硬分叉升级协议不同，以太坊多次采用硬分叉的方式来升级协议，在以太坊公布的整体发展计划中，以太坊的升级分成四个阶段，这四个阶段分别是前沿（Frontier）、家园（Homestead）、大都会（Metropolis）和宁静（Serenity）。2020年1月，以太坊升级到"大都会"阶段。"大都会"升级需要经过两次硬分叉，即"拜占庭（Byzantium）"和"君士坦丁堡（Constantinople）"。以太坊团队担心过快地升级到以太坊2.0会引起矿工和社区成员的抵制造成不可挽回的后果，于是在"君士坦丁堡"升级之后又加入了一次硬分叉"伊斯坦布尔（Istanbul）"，以使以太坊平滑地过渡到新的阶段。

以太坊在区块高度达到9 069 000时进行"伊斯坦布尔"升级，于2019年12月7日左右进行，以太坊团队就硬分叉中实施的以太坊改进提案达成共识，共有六个以太坊改进提案被接纳，分别如下。

（1）EIP-1108：降低了在alt_bn128曲线的预编译中Gas的消耗量，让zk-SNARKs运算变得更便宜，让更便宜的扩展和隐私应用能开发出来。

（2）EIP-1344：增加ChainID操作码，为智能合约增加一种跟踪自己所在以太坊链的方式，让智能合约可以更好地支持以太坊2.0。

（3）EIP-1884：重新规定trie-size-dependent操作码所需的Gas，以防止滥发交易攻击并更好地平衡每个区块的计算开销。

（4）EIP-2028：降低calldata操作的Gas消耗量。

（5）EIP-152：增加Blake2压缩函数F预编译功能，开启了Zcash和以太坊之间中继交易及原子化互换交易的可能。

（6）EIP-2200：改变EVM数据存储操作的Gas消耗量计量方式，让智能合约能够引入一些新的函数。

ERC-20最初作为一种尝试，旨在为以太坊上的Token合约提供一个特征与接口的共同标准。符合ERC-20标准的代币仅仅是以太坊代币的子集，为了充分兼容ERC-20接口，开发者需要将一组特定的函数（接口）集成到他们的智能合约中，以便在高层执行这些操作。这些操作包含获得代币总供应量、获得账户余额、转让代币和花费代币。

ERC-20让以太坊上的其他智能合约和去中心化应用之间无缝交互。一些具有部分但非所有ERC-20功能的代币被认为是部分ERC-20兼容的，这要视其具体缺失的功能而定，但总体上它们很容易与外部交互。ERC-20也有其缺点，符合ERC-20标准的代币无法发送给与该代币不兼容的智能合约，正是因为这样，部分代币存在丢失的风险。曾出现过由于被发送到"错误"的智能合约上，大约价值 40 万美元的符合 ERC-20 标准的代币被困的事件。后续有一些基于 ERC-20 缺陷改进的提案，如 ERC-777 和 ERC-621 等。更多的提案和细节可以通过以太坊 EIP 项目网站查看。

10.3　金融分布式账本技术安全规范

2020 年 2 月 5 日，《金融分布式账本技术安全规范》（JR/T 0184—2020）金融行业标准由中国人民银行正式发布。该标准规定了金融分布式账本技术的安全体系，包括基础硬件、基础软件、密码算法、节点通信、账本数据、共识协议、智能合约、身份管理、隐私保护、监管支撑、运维要求和治理机制等方面。该标准适用于在金融领域从事分布式账本系统建设或服务运营的机构。

金融分布式账本技术是密码算法、共识机制、点对点通信协议、分布式存储等多种核心技术高度融合形成的一种分布式基础架构与计算范式。发布并实施《金融分布式账本技术安全规范》有助于金融机构按照合适的安全要求进行系统部署和维护，避免出现安全短板，为金融分布式账本技术大规模应用提供业务保障能力和信息安全风险约束能力，对产业应用形成良性的促进作用。

《金融分布式账本技术安全规范》由全国金融标准化技术委员会归口管理，由中国人民银行数字货币研究所提出并负责起草，由中国人民银行科技司、中国工商银行、中国农业银行、中国银行、中国建设银行、国家开发银行等单位共同参与起草。《金融分布式账本技术安全规范》经过广泛征求意见和论证，通过了全国金融标准化技术委员会审查。

《金融分布式账本技术应用指南》是我国牵头的首个金融区块链国际标准。该标准为框架标准，我国可据此开展对金融区块链国际标准体系的规划布局，增加参考架构、风险控制、安全和隐私保护、各领域金融区块链业务规范等子标准，通过"以一带多"的方式推动金融区块链各重要方面在 ITU-T 的标准化工作，促进金融区块链技术和相关产业健康发展，为国际规则设定做出更多贡献。

10.4 区块链服务网络

无论是比特币改进提案、以太坊征求意见还是《金融分布式账本技术安全规范》，都是针对单个区块链平台的优化建议和标准。这会导致各个区块链平台及生态环境较为割裂，增加区块链平台使用者和参与者的开发、部署、运维、互通和监管方面的成本。为了解决这些问题，降低区块链平台的使用成本，将区块链平台打造成一种公共基础设施网络，中国国家信息中心牵头发起了区块链服务网络。

区块链服务网络（Blockchain-based Service Network）（以下称为"服务网络"或"BSN"）是一个跨云服务、跨门户、跨底层框架，用于部署和运行各类区块链应用的全球性基础设施网络。

BSN 从 2019 年 10 月正式开始内测，仅半年之后开始正式上线商用运营。在内测期间，相关的研究和部署工作一直在持续展开。

最初，中国国家信息中心博士后科研工作站于 2018 年 8 月联合北京大学（天津滨海）新一代信息技术研究院、大连理工大学电子信息与电气工程学部成立了"区块链技术与应用实验室"，共同开展区块链基础技术和应用研究。之后基于面向支撑国家智慧城市和数字经济发展提供可信服务载体的现实需求，中国国家信息中心提出了 BSN 的总体规划和顶层设计方案，并且在中国移动等单位的支持下，初步完成了全国范围内 BSN 的部署。

2019 年 10 月 15 日，中国国家信息中心、中国移动、中国银联等在北京共同宣布，由六家具体单位共同设计并建设的 BSN 正式内测发布，并且在会上发布了《区块链服务网络基础白皮书》（以下简称"白皮书"）。

2019 年 11 月中国银联区块链负责人周钰在接受《上海证券报》采访时透露，BSN 内测 6 个月后，将有望正式商用。

2019 年 12 月，中国国家信息中心、中国移动、中国银联等发起的区块链服务网络发展联盟在杭州举办首届区块链服务网络合作伙伴大会，BSN 通过统一的运维机制、统一的密钥体系及监管部门的一站式监管等举措，极大降低了区块链应用的开发、部署、运维、互通和监管成本，解决了区块链行业"成链成本高、技术门槛高、监管难度高"的固有问题，成为中国发展数字经济、智慧城市的基础设施和支撑数字治理、数字金融和数字产业高速发展的新引擎。

2019年10月—2020年3月是BSN的内测期，提供给400个企业者和600个开发者免费内测，杭州是第一个试点城市。

截至2020年4月25日，在中国移动、中国电信、中国联通、亚马逊AWS、百度云等云服务商的大力支持下，BSN已经在全球建立了128个公共城市节点，其中国内120个，国外8个，分布在除南极洲外的六大洲。

区块链服务网络发展联盟囊括了国家机构、通信行业、金融行业和软件行业的机构和企业。从2020年发展的情况来看，包括区块链在内的新一代信息通信技术，其技术创新和行业融合的速度不会太快，除技术层面还需要不断试验和寻求突破外，行业更多地在做区块链相关的前期标准化工作。BSN的正式商用，或将为相关行业布局提供更多参考范例。